이일하 교수의
식물학
산책

이일하 교수의
식물학
산책

**사계절을 따라 읽는
식물이란 무엇인가?**

궁리
KungRee

추천사

몇 년 전 이일하 교수로부터 지구 남반구와 북반구에서 등나무의 줄기가 감기는 방향이 어떤 차이가 있는지 질문을 받은 적이 있습니다. 그때 저는 등나무에 국한하기보다는 덩굴식물의 감기는 방향에 대한 일반적인 이야기를 나누면서 식물을 바라보는 그의 예리한 관찰력에 놀라지 않을 수 없었습니다.

이 책 『이일하 교수의 식물학 산책』은 필자의 섬세한 식물 관찰을 바탕으로 쓰여졌습니다. 식물에 대한 사랑과 끊임 없는 관찰, 그리고 식물 연구자로 쌓아온 오랜 경험과 광범위한 지식을 집대성한 교양서적입니다. 필자의 전문가적 식견을 일반인들도 쉽게 이해할 수 있도록 구성·집필한 것이 특히 돋보입니다.

이 책은 씨앗에서 발아, 성장, 분화, 개화, 결실, 노화에 이르는 식물의 일생을 다루고 있습니다. 또한 광합성 및 신호전달을 포함한 식물의 모든 생리적인 현상, 구조와 기능의 어울림, 우리 인간이 식물을 이용하는 농업 분야와 식물의 형질변환에 이르기까지 식물에 관한 거의 모든 지식이 총망라되었습니다. 다양한 식물의 생명현상을 봄, 여름, 가을, 겨울의 시각 속에서 독자들이 읽기 편하게 구성한 것이 이 책의 최대 장점입니다. 식물을 공부하는 학생들뿐 아니라 일반인들에게도 좋은 안내서가 될 것입니다.

식물도 동물과 마찬가지로 생명체입니다. 따라서, 식물과 동물은 많은 생명현상을 공유합니다. 그러나 식물은 동물과는 오래전에 분기하여 독립적인 진화계열을 걸으면서 생명현상도 크게 달리 발전하였습니다. 식물에 대한 연구는 동물에 대한 연구보다는 아직도 많이 부족합니다. 그러다보니 과학적인 사실이 아닌 추측에 의해 식물도 그럴 것이라고 생각하는 사람들도 꽤 있습니다. 필자는 이 책에서 이러한 유사과학을 경계하고 과학적이고 논리적으로 식물을 바라볼 것을 강조하고 있습니다.

자연계에는 40만 종의 식물들이 살고 있습니다. 따라서 식물 종들 간에도 동일하거나 유사한 생명현상이 있지만, 식물 종류에 따라서 생명현상이 크게 다를 수 있습니다. 필자는 이 책에서 식물의 보편적인 생명현상을 먼저 설명하고, 식물군에 따른 여러 다양한 변이도 같이 소개하는 세심함을 유지하고 있습니다. 또한, 글과 함께 그림과 사진을 적절하게 곁들여 독자들의 이해를 돕도록 충분히 배려하고 있습니다.

식물학자로서 식물을 주제로 한 다양한 교양서적을 읽어보았지만 이 책만큼 광범위한 식물의 생명현상을 독자들이 읽기 쉽게 풀어낸 책은 발견하기 어렵습니다. 이 책이 식물에 관한 이해를 한 단계 높여줄 식물학 분야의 훌륭한 교양서적으로 가닿기를 기대합니다.

김기중(고려대학교 생명과학부 교수)

식물은 생물 총량으로 볼 때 지구생태계 전체의 80퍼센트 이상을 차지하며, 유기물을 합성하는 생산자로서 지구에 생명성을 제공하는 중요한 생물이다. 우리 인류에게는 식량과 의복, 가옥의 자재, 연료를 제공해왔던 소중한 생물이기도 하다. 그런데 놀랍게도 우리는 식물에 대해 아는 것이 별로 없다. 공기처럼 소중한 존재로 우리 곁을 늘 지키고 있지만, 그 때문에 더더욱 식물에 대해 무관심한 것이 아닐까.

생각해보면 식물은 우리 일상생활에 깊이 들어와 있다. 동서양을 막론하고 사랑 고백의 도구로 애용하는 것이 꽃다발이며, 조용하고 차분한 방 분위기를 연출하기 위해 즐겨 활용하는 것이 난초나 화분이다. 항상 우리 주위에 있기 때문에 식물에게 나타나는 여러 현상을 보고 의문을 갖기도 한다. 이를테면 잔디밭의 잡초는 왜 뽑아도 뽑아도 계속 돋아나는지, 단풍나무 아래 차량을 주차해놓으면 왜 유리창에 끈적끈적한 설탕물이 점점이 떨어져 있는지, 왜 산림 속에 들어가면 서늘함과 함께 촉촉해지는 느낌을 받게 되는지, 왜 나무들은 겨울이 되면 잎을 죄다 떨어뜨려 헐벗게 되는지 등등. 이 모든 의문들이 식물을 과학적으로 이해하면 해소되는 물음들이다. 그러나 여기에 참고할 만한 책은 예상 밖에 별로 없다.

한편 식물에 대한 경외심이 과해지면 과학적으로 설명하기 어려운 식물의 초자연적 현상에 대해 집착하기도 한다. 대표적인 사례가 식물의 초감각을 설명하고자 시도했던 『식물의 신비생활*The Secret Life of Plants*』(피터 톰킨스·크리스토퍼 버드) 같은 유의 도서이다. 과학적인 내용으로 보이지만 아직은 유사 과학의 영역에 머물러 있는 주장들이다. 우리나라에서도 이러한 영향을 받아 한때 농악과 클래식을 구분하는 농작물에 관한 기사가 언론에 회자되기도 하였다. 외국에서도 음악이 식물의 생장에 미치는 영향에 대한 일련의 논문이 발표된 적이 있었지만 이는 결국 소리가 내는 파동이 식물의 잎에 접촉 자극을 주어 나타나는 현상으로 판명되었다. 식물이 수행한다고 주장되는 이 모든 초자연적 현상들도 결국 식물에 대한 정확한 과학적 이해의 부족 때문에 생기는 오해일 가능성이 높다. 식물에 대한 지나친 억측이나 이해 부족은 모두 식물에 대한 무관심에서 기인한 것이 아닌가 한다.

이러한 무관심 때문인지 필자는 20여 년 전 생물학 전공의 학자에게조차 '식물에도 신호전달체계가 있어요?'라는 질문을 듣기까지 했다. 이때의 충격으로 식물을 제대로 설명하는 교양과학서적이 필요하다고 믿게 되었다. 식물이라 불리는 생명이 어떤 특징을 가지고 있고, 그 특징들이 자연에서 어떻게 관찰되며, 이것이 우리 인류의 문명에 어떤 영향을 미쳐 왔는지 설명하는 교양서가 한 권쯤 있으면 좋겠다는 필자의 희망을 담아 이 책을 집필하게 되었다.

책이 학술적인 내용으로만 흘러가면 독자들에게 읽는 재미가 떨어질 텐데 하는 고민을 저자로서 늘 안고 있었다. 고민 끝에 봄·여름·가을·겨울 사계절을 따라 식물을 설명하기로 했다. 계절의 흐름을 느끼며 식물에게 보이는 재미있는 생명현상을 설명하다 보면 식물에 관한 유익한 정보는 물론 일상에서 사람들과 대화할 때 나누기 좋은 에피소드도 전달할 수 있지 않을까 하는 기대도 있었다. 가능하면 이 책을 통해 식물도 동물이나 인간 못지않게 복잡한 생명현상과 유전자 작용이 있음을 전하고자 했으며 진화적으로 갈라진 시간만큼 동물이나 인간과는 다른 독특한 생명현상이 식물에 있음을 보여주려 했다. 식물이 보여주는 생명현상을 설명하려 했다는 점에서 이 책은 필자의 전작『이일하 교수의 생물학 산책』후속작이라 할 수 있다.

이 책이 필자의 의도를 얼마나 충실하게 반영했는지는 이제 독자들의 몫으로 돌린다.

차례

1부. 봄

2부. 여름

3부. 가을

4부. 겨울

프롤로그

우리는 경험을 통해 식물이 무엇인지 잘 알고 있다. 살면서 한 번도 본적 없는 식물을 보여줘도 그것이 동물인지 식물인지 혹은 광물인지를 물어보면 우리는 단번에 식물임을 알아본다. 한 번도 본 적 없지만 식물로 분류할 수 있다는 것은 식물이 가지고 있는 고유의 이데아가 있다는 뜻이다. 그러한 이데아 때문에 간혹 산호초가 동물이라는 사실을 잊기도 한다. 그 이데아를 한번 생각해보자. 우선 식물은 운동성이 없다. 발아한 그 장소에서 죽을 때까지 살아야 할 운명을 안고 사는 생물이 식물이다. 왜 운동성이 없을까? 이 질문을 학생들에게 던지면 대개 뿌리 때문이라는 답이 돌아온다. 필자는 슬쩍 "그럼 뿌리를 자르면 그때부터 움직이겠네"라고 비틀어본다. 뿌리 때문에 움직이지 못하는 것은 분명 아니다.

| 고착성 생활 |
식물이 움직이지 못하는 것은 세포 수준에서 섬유질로 가득한 세포벽으로 둘러싸여 있기 때문이다. 세포벽으로 둘러싸여 있어 꼼짝을 못 하는 상황은 우리의 옛 풍습 중 하나인 멍석말이를 생각나게 한다. 짚풀로 짠 멍석으로 사람을 말아놓으면 꼼짝을 못 하게 되는데 이런 상황에서 모진 매질을 하는 것이 멍석말이이며 과거 양반들이 사적 체벌을 가할 때 사용하던 악습 중 하나이다. 섬유소 성분의 세포벽으로 둘러싸인 세포 또한 이처럼 꼼짝을 못 해 운동성을 잃게 된다. 세포 수준에서 운동성이 없기 때문에 이 세포들로 이루어진 다세포 생물체인 식물은 씨앗에서 발아하면 그곳에서 죽을 때까지 살아야 할 운명을 감내하게 된다.

왜 식물은 이런 불리한 진화적 전략을 채택했을까? 동물처럼 움직일 수 있다면 햇빛을 받아 광합성도 하고 다른 초식동물에게 잡아먹히는 위험도 피하고 금상첨화일 텐데 왜 식물은 고착성 생활을 하게 되었을까? 이 질문에 대한 답을 하다 보면 닭이 먼저냐 달걀이 먼저냐와 같은 순환논리에 빠지게 된다. 식물의 또 다른 특성 중 하나는 광합성을 통해 스스로 유기분자를 생산하는 것이다. 비유하자면 스스로 식량을 생산할 수 있는 생물인 셈인데, 이 때문에 구태여 먹이를 찾아 헤맬 필요가 없어져서 식물은 운동성을 서서히 잃게 되지 않았을까 추측한다.

운동성을 잃게 되면서 식물은 자신을 보호할 수단이 필요해지게 되었고, 이 수단으로서 갖게 된 것이 단단한 세포벽이 아니었을까! 세포벽을 갖게 됨으로써 식물은 자신의 세포를 보호할 수 있게 되었지만 이에 대한 반대급부로 운동성을 완전히 상실하게 된 것이리라. 말하자면 운동성을 잃어 세포벽이 생긴 것인지, 세포벽이 생겨 운동성을 잃은 것인지 닭과 달걀의 순환논리에 빠지게 된다.

| 식물의 생장은 동물의 운동 |

생물이 가진 다섯 가지 주요 특징[*] 중 하나가 자극에 대한 반응이다. 따라서 운동성을 갖지 못한 식물도 외부 환경에 대해서 적절히 반응을 해야만 한다. 예를 들면 식물이 자라고 있는 장소에 어느 날 갑자기 큰 건물이 들어서서 햇빛을 가려버린다면 식물은 어떻게 될까? 이때 식물은 빛이 들어오는 장소로 이동하는 대신에 그 방향으로 생장을 하게 된다. 이를 식물의 굴광성 반응이라 하는데 이는 전형적인 식물의 생장반응 중 하나이다. 유튜브에서 '식물의 운동(Plant Movements)'이라고 검색해보면 식물이 빠른 속도로 움직이는 동영상을 꽤 많이 볼 수 있다. 이 중 일부는 미모사의 운동과 같이 실제로 재빨리 움직이는 식물의 운동도 있지만 대부분은 식물이 생장하는 과정을 타임 랩스 방식으로 촬영하여 동영상을 만든 것이다. 이 동영상들을 보면 식물도 장애물이 나타나면 타고 넘는가 하면 잎을 펼쳤다 접었다 하기도 한다. 이런 동영상이 우리에게 알려주는 가장 큰 교훈은 식물도 운동을 한다는 것이다. 다만 시간의 스케일이 식물과 동물이 서로 다르기 때문에 동물의 입장에서 식물은 정적인 생물처럼 보이는 것뿐이다. 생물학적으로는 식물의 생장이 동물의 행동에 해당한다는 사실을 직관적으로 깨닫게 해준다.

| 영원히 사는 식물의 비밀 |

식물의 생장이 동물의 행동에 해당하기 때문에 식물은 개념적으로 끊

---

[*] 『이일하 교수의 생물학 산책』(궁리, 2014)에서 생물의 다섯 가지 특성으로 물질대사, 자극에 대한 반응, 환경에 대한 적응, 생식, 진화를 꼽았다. 책 17~19쪽.

그림 **김해 천곡의 이팝나무.** 초봄에 꽃 피기 전(왼쪽)과 한창 꽃이 피고 있을 때(오른쪽). (이은주 교수 제공)

임없이 생장하는 특성을 가진다. 생명의 특성 중 하나가 자극에 대한 반응이고 식물은 생장을 통해 반응을 하기 때문에 생명이기 위해서는 영원히 생장해야 하는 것이다. 실제로 우리의 시골 마을에는 으레 500년쯤 된 고목들이 정자 근처에 자라고 있다(그림). 현존하는 가장 오랜 수명을 자랑하는 생명체는 미국 애틀랜타에서 자라는 브리슬콘 소나무인데 5,000년쯤 된 것으로 추정하고 있다. 십장생* 중 생명체로는 소나무가 으뜸인 셈이다. 이렇게 영원히 사는 식물의 비밀은 식물이 간직한 정단분열조직에 있다. 이는 여름 편의 '영속적 배발생'에서 자세히 설명할 것이다. 정단분열조직은 분화가 안 된 미분화 상태의 줄기세포—배아줄기세포(embryonic stem cells)라고 할 때의 줄기세포—조직이며, 줄기세포의 특성이 영원한 생장을 가능하게 해준다. 비유하자면 식물은 영속적 배발생을

---

* 십장생은 해, 산, 물, 돌, 달, 소나무, 대나무, 불로초, 거북, 학을 말하며 장생불사(長生不死)를 표상한다.

하는 생물이며 생장하는 동안에 새로운 기관과 조직을 끊임없이 생성하는 특별한 생물이다.

| 세대교번 |

고등동·식물은 2배체 생명체이다. 간단히 말하면 모든 세포가 2벌의 유전체를 가지고 있다는 말이다. 여성의 경우 46개의 염색체 혹은 23쌍의 염색체를 가지는데, 한 벌 23개의 염색체는 어머니에게서 받은 것이고 또 다른 한 벌 23개의 염색체는 아버지에게서 받은 것이다. 각각의 23개 염색체는 서로 동일한 정보를 가진 염색체이기 때문에 똑같은 정보 두 벌을 가지고 있는 셈이라 2배체 생명체라 한다. 이를 유전학적으로 표기한 것이 2n=46이다.[*] 고등식물도 이와 같아서 모델식물인 애기장대의 경우 2n=10의 염색체를 가진다고 표기하지만, 유전체는 5개의 염색체에 들어 있는 유전정보를 의미하게 된다. 고등동물은 생활사의 거의 대부분이 2배체 상태이다. 즉 생활사 가운데 반수체(n 상태)일 때는 정자와 난자가 만들어져 수정되기 전까지 아주 잠깐뿐이다.[**]

한편 하등생물은 반수체 상태와 2배체 상태를 번갈아가며 생활사를 보낸다. 예를 들면 고사리의 경우 우리가 먹는 고사리 잎은 2배체 상태이지만, 고사리가 자라는 아래쪽을 보면 간혹 초록색이 넓게 퍼진 형태의 전엽체라는 것을 볼 수 있는데 이는 반수체 상태의 다세포 식물조직이다. 이와 같이 고사리는 반수체와 2배체의 생활사를 번갈아가며 살아가는데

---

[*]   사람의 경우 성이 있기 때문에 남자는 22쌍의 동일한 염색체와 X, Y라는 성염색체 한 쌍을 가지게 된다. 이 때문에 사람의 유전체는 24개(22개+X+Y 염색체)의 염색체에 들어 있는 유전정보의 총합이 된다.
[**] 이러한 생활사를 2배체 생활사(diplontic life cycle)라 한다.

이를 세대교번이라 한다. 재미있는 것은 생물이 하등할수록 반수체로 살아가는 기간이 점점 길어진다는 점이다. 고사리보다 하등한 이끼의 경우 우리가 눈으로 보는 이끼는 반수체 다세포 조직이고, 간혹 이끼 잎 위로 삐죽이 올라온 고깔 모양의 갈색 자루가 2배체 조직이다. 물론 이보다 더 하등한 세균은 반수체로만 살아간다.

세대교번을 설명하기 위해 옆길로 잠깐 벗어났다. 식물의 경우 생활사의 거의 대부분을 2배체 상태로 살아가지만 고등동물과 달리 고등식물은 여전히 세대교번을 하는 생물체이다. 고등할수록 반수체가 짧아지는 생물 진화의 특성에 따라 고등식물의 경우 반수체 상태의 생활사가 상당히 짧아져 있을 뿐이다. 꽃가루와 정세포가 만들어지는 과정에 엄연히 다세포로 이루어진 반수체 웅성 조직이 만들어지며, 씨방과 알세포가 만들어지는 과정에 엄연히 다세포로 이루어진 자성 조직이 만들어진다.[*] 왜 동물과 달리 고등식물은 세대교번을 고집스럽게 유지하고 있을까? 고등동물처럼 식물도 정자와 난자를 바로 만들어 수정에 이용하면 간단할 텐데 왜 이런 복잡한 과정을 거칠까 하는 의문이 생긴다.

식물이 세대교번을 고집하는 이유는 생식기관을 후천적으로 생성하는 생물학적 특징 때문이라 할 수 있다. 즉 동물은 생식기관을 배발생 초기에 만들기 때문에 생식세포를 철저히 보호하기 위한 다양한 장치를 마련할 수 있다. 그러나 식물은 배발생은커녕 이미 성체로 충분히 자란 이후에 꽃이라는 생식기관을 만들게 된다. 따라서 돌연변이를 유발하는 각종

---

[*]   자세한 설명은 3부 5장 '꽃들의 키스, 수정'에서 할 것이다.

환경에 고스란히 노출된 이후에 생식세포가 만들어진다. 이 때문에 식물은 유전적으로 불량한 생식세포를 걸러내는 안전장치가 필요한데 이것이 반수체 조직이다. 반수체 상태에서는 돌연변이에 의해 불량해진 유전자를 가진 세포들을 쉽게 걸러낼 수 있다. 즉 중요한 유전자가 망가진 돌연변이 세포는 반수체 조직에서 더 이상 생존하지 못하기 때문에 저절로 정세포나 알세포와 같은 생식세포에서 배제되게 되는데 이를 **반수체 불량검증(haploinsufficiency test)**이라 한다. 고등동·식물이 2배체로 진화한 이유가 돌연변이에 의해 쉽게 죽는 것을 막기 위함인데, 식물은 유전적으로 우량한 생식세포를 골라내기 위해 다시 반수체 조직을 선택한 것이다. 유전적으로 우량한 자식을 골라내기 위해 사자는 새끼를 낭떠러지로 떨어뜨린다고 했던가!

| 전체형성능 |

1950~60년대에는 식물조직배양 기법이 빠른 속도로 발전했다. 이 당시 개발된 기술이 GMO를 생산하는 기술의 기초인 식물 재분화 기술이다. 식물 재분화 기술이란 식물의 일부 조직, 잎, 뿌리, 줄기 등을 떼어내서 적당한 비타민, 염분, 호르몬과 당을 처리하면 새로운 식물체를 만들어낼 수 있는 기법이다. 이 당시 언론에서도 식물 재분화 기술에 높은 관심을 보여 이 기술을 이용하면 쉽게 종자를 대량 생산할 수 있을 것이라고 허황된 기사를 내보내기도 했다. 이 개념은 학술적으로 식물의 어떤 조직과 세포도 뿌리, 줄기, 잎 등의 모든 기관을 만들어낼 수 있는 능력을 가지고 있음을 의미한다. 이러한 능력을 **전체형성능(全體形成能)**이라 한다.

필자가 대학생이던 1980년대는 말할 것도 없고 복제양 돌리기 등장한

1997년까지 전체형성능은 식물만이 가지는 전매특허로 여겨졌다. 그러나 복제양 돌리가 등장하면서 고등동물도 분화가 끝난 젖가슴 세포에 적절한 처리를 해주면 수정란처럼 모든 조직과 기관을 형성하는 것이 가능하다는 사실이 알려지게 되었다. 전체형성능이 식물세포만의 특성은 아니고 난이도 문제임이 밝혀진 것이다. 더구나 2000년대 중반에는 식물에서도 모든 세포가 전체형성능을 갖는 것이 아니고 줄기세포 기능을 가진 특별한 세포만 전체형성능이 있다는 사실이 알려지게 된다. 이제 더 이상 전체형성능은 식물만의 특성이라 할 수 없게 되었다. 하지만 꺾꽂이를 해본 사람이라면 식물이 조직의 일부를 가지고 이토록 쉽게 새로운 개체를 만들 수 있다는 사실에 감탄한 적이 있을 것이다. 이를 식물이 가진 가소성(plasticity)이라 한다. **식물 가소성**은 어떤 환경에도 유연하게 대처하면서 생존할 수 있게 해주는 식물의 특성이라 할 것이다.

| 유전자 |

식물은 세포 유형으로 보면 20여 가지 정도밖에 되지 않는 세포로 이루어진 다세포 생물체이다. 이와 달리 동물은 일반적으로 매우 다양한 유형의 세포들로 구성된다. 예를 들면 초파리의 경우 무려 150여 가지의 서로 다른 세포 유형으로 이루어져 있다. 다양한 조직과 기관으로 이루어진 동물에 비해 식물은 구조도 매우 단순하다. 모든 생물은 모듈화되어 있지만 식물은 특히 잎+가지라는 모듈이 단순 반복된 매우 단순한 형태이다. **잎+가지 모듈의 반복이 식물의 이데아**인 셈이다. 산호초가 동물임에도 식물처럼 보이는 이유가 바로 이것이다.

식물의 단순한 형태를 보면 유전체 내에 총 유전자의 수가 동물에 비해

적을 것이라 판단하기 십상이다. 그러나 2000년에 모델식물인 애기장대와 모델동물인 초파리의 유전체가 밝혀지면서 식물이 동물보다 훨씬 더 많은 유전자를 가지고 있다는 사실이 확인되었다. 애기장대는 유전체에 무려 3만 개의 유전자를 가지는 반면 초파리는 고작 1만 7,600개의 유전자를 가지는 데 그쳤던 것이다.

왜 그럴까? 훨씬 더 단순한 구조의 식물이 훨씬 더 많은 수의 유전자를 가지는 이유는 결국 식물의 고착성 생활 때문이라 할 수 있다. 동물은 환경이 불리하면 도망갈 수 있기 때문에 불리한 환경에서 구태여 살아남으려 애쓸 필요가 없다. 하지만 식물은 발아하고 뿌리내리면 그곳에서 어떡하든 살아남아야 하는데, 이 때문에 다양한 환경에 적응하는 데 필요한 유전자를 유전체 수준에서 모두 확보하고 있는 것이다. 더불어 식물은 고등동물이 가지고 있는 후천성 방어 기작인 항체 형성 유전자*가 없기 때문에 다양한 병저항성 유전자를 유전체에 간직하고 있어야 한다. 이 두 가지가 식물이 많은 유전자를 필요로 하는 이유일 것이다.

| 식물호르몬 |

호르몬이란 일반적으로 내분비기관에서 생성되는 화학물질로서 소량으로 큰 생리학적 효과를 일으키는 물질을 말한다. 식물호르몬도 소량으로 큰 생리적 효과를 일으킨다는 측면에서 동물과 크게 다르지 않으나 생성되는 특별한 내분비기관이 없고, 생성되는 기관과 작용하는 기관이 분리되어 있지 않은 경우가 많다는 차이점이 있다. 더구나 각 호르몬의 기능

---

*   항체 형성 유전자는 고작 수천 개의 유전자 조각으로 거의 무한대의 항체를 생성하는 재조합 기작을 가진다.

이 한두 가지로 특정되지 않는다는 특성도 있다. 예를 들면 옥신이라는 호르몬은 줄기 생장도 촉진하지만 뿌리 형성에도 작용을 하고, 정단우성*에도 영향을 미치는 등 다양한 기능을 한다. 모든 식물호르몬이 다양한 기능을 수행하는 것을 보면 이러한 기능의 다양성이 식물호르몬의 특성 중 하나인 것으로 생각된다. 이러한 호르몬의 작용으로 식물의 가소적 생장이 가능한 것이리라. 이들 식물호르몬에 대해서는 사계절에 따른 식물의 생장과 발달 과정을 설명하면서 하나씩 소개할 것이나 이를 일목요연하게 보고 싶은 독자들을 위하여 각 부의 끝에 식물의 5대 호르몬을 따로 정리하였다.

식물의 일반적인 생물학적 특성을 살펴보았으니 이제 그 특성이 어떻게 생장·발달 과정에서 구현되는지 사계절을 따라 식물을 찬찬히 들여다보자.

---

* 정단우성(apical dominance)이란 식물의 정단부위(shoot apex)가 인접한 곁눈의 생장을 억제하는 현상을 말한다. 정단우성 때문에 우리가 식물을 단순화시켜 그릴 때 삼각형에 줄 하나 그은 형태로 표현할 수 있게 된 것이다. 나무 꼭대기의 정단조직에서 식물호르몬 옥신이 생성되어 아래 방향으로 줄기를 타고 이동하면서 곁눈의 생장을 억제하기 때문에 위쪽의 2차 줄기는 높은 농도의 옥신에 의해 짧고, 아래쪽으로 내려갈수록 2차 줄기는 점차 낮은 농도의 옥신에 의해 점점 길어지는 삼각형 모양의 수관을 형성하게 된다.

1부

봄

1
새싹

　나는 매달 둘째, 넷째 토요일마다 전국의 명산을 찾는 모임에서 산행과 식도락을 즐기고 있다. 내가 소속된 학교의 교수산악회 모임이다. 대개 봄 학기가 막 시작되는 3월 둘째주 토요일에 시산제를 지내며 그해의 산행을 시작한다. 시산제는 항상 서울대학교의 명소 중 하나인 사방댐 넘어 관악산 산자락에 있는 너른 바위 위에서 지낸다. 한 해 산행 중 아무런 액운이 없기를 빌며, 산신께 시루떡과 돼지머리를 올린 고사상을 뇌물로 바치고, "유세차"로 시작하는 제문을 읽으며 사뭇 엄숙히 진행된다. 역시 고사의 별미는 돼지머리 콧구멍 속에 찔러 넣는 지폐이리라.

　시산제가 끝나면 관악산 등반 겸, 쓰레기 청소 겸 정상에 오르며 한겨울 쌓였던 이런저런 쓰레기를 줍는다. 아직 3월 둘째주는 춥고 음지에는 눈싸라기들이 덮여 있어 새 생명이 싹트기에는 이른 감이 없지 않다. 그러나 간혹 양지바른 바위틈 사이에 이름 모를 들풀들이 한겨울 풍파로 얇아진 종자껍질을 뚫고 수줍게 싹을 드러낸다(그림 1-1). 생명이 시작되는

그림 1-1 **초봄의 새싹 발아.** 단풍나무(왼쪽)와 신갈나무(오른쪽, 계승혁 교수 제공) 열매의 발아.

장엄한 순간을 식물들은 천천히 슬로모션으로 펼쳐 보인다.

새싹이 껍질을 뚫고 나오는 모습은 저마다 처한 환경에 따라 천태만상이다. 어떤 새싹은 꼿꼿이 반듯한 모습으로 두 장의 대칭된 떡잎을 지상으로 밀어 올린다. 이들은 세상 풍파 크게 거치지 않은 운 좋은 녀석들이다. 그러나 어떤 새싹들은 꼬깃꼬깃 구겨놓은 종이를 펼쳐놓은 것 같은, 한눈에 봐도 힘겹게 발아를 하고 있구나 하는 모습으로 올라온다. 이들 새싹들이 지상으로 올라오기 위해서 어떤 일들이 벌어질까?

땅속에 깊이 박힌 종자는 토양을 뚫고 나오는 동안 구부러진 모습으로 자란다. 떡잎의 가운데에 있는 정단분열조직이라는 기관이 발아 중 조그마한 자갈을 만나 손상되지 않도록 애써 보호하기 위함이다. 정단분열조직은 이후 식물의 지상부 생장 과정에 잎, 줄기, 가지, 꽃 등 모든 기관을 만들어내는 소중한 부위이기 때문이다.

진화론의 대가 찰스 다윈은 식물생리학자이기도 한데 그는 초기에 식물의 '뇌'가 정단분열조직에 있다고 믿었다. 정단분열조직이 손상되면 그 새싹은 더 이상 자라지 못하고 죽기 때문이다. 줄기정단분열조직의 크기는 식물에 따라 다른데 대략 100~500마이크로미터―1미터의 100만분의 1―정도이다. 현미경으로만 관찰이 가능한 크기이다. 그렇게 작은 기관이 세포분열을 통해 수백 미터 길이의 삼나무를 생산해낸다. 지수함수로 증가하는 세포분열의 기적이라 할 수 있다.

두터운 토양 속에서 발아하는 식물의 뒤틀린 모습(그림 1-2)은 식물의 5대 호르몬 중 하나인 '에틸렌'에 대한 식물의 3중반응에 의한 것이다(에틸렌의 기능 161~162쪽 참조). 식물은 스트레스를 받으면 에틸렌을 생산하는데, 토양 속에서 발아를 시작한 새싹도 토양 무게에 의한 엄청난 스트레스를 받게 되고 그 결과 토양 속 갇힌 공기 중에 에틸렌 농도가 상당히 높게 증가한다. 고농도의 에틸렌에 노출된 유식물은 '3중반응'이라는 생리적 반응을 하게 되는데, 첫째, 떡잎 아래쪽의 하배축이 두껍게 되고, 둘째, 떡잎은 닫힌 상태를 유지하게 되고, 셋째, 하배축이 배배 꼬이는 생장 반응을 하게 된다. 그 결과 그림 1-2에 보이는 유식물의 생장 상태를 보이게 되는 것이다. 이 과정을 분자유전학적으로 규명하기 위해 미국 위스콘신 대학의 앤서니 블리커 (Anthony Bleecker) 교수는 연구를 위한 모델 식물, 바로 애기장대를 이용하여 에틸렌 배지 하에서 3중반응을 보이지 못하는 돌연변이체 *etr1*(*ethylene resistance1*)을 동정하였다(그

그림 1-2　**유식물의 에틸렌에 대한 3중반응과 *etr* 돌연변이체의 모습**. 가운데 우뚝 솟은 식물이 에틸렌에 3중반응을 하지 못하는 *etr* 돌연변이체이고, 그 아래의 나머지 유식물들은 3중반응에 의해 뒤틀린 형태를 보여주는 정상 식물이다. 《사이언스》 저널 표지(1988년)에 실린 고(故) 앤서니 블리커 교수의 실험 사진.

림 1-2). 이후 소크 연구소(Salk Institute for Biological Studies)의 조 에커(Joe Ecker) 박사는 이와 유사한 방법으로 에틸렌에 반응하지 못하는 다량의 돌연변이체를 선별하였고, 이들로부터 원인 유전자를 클로닝*하여 그 기능을 밝힘으로써 에틸렌 반응을 조절하는 유전자 네트워크를 규명하였다.

토양을 뚫고 나온 새싹은 빛에 노출되면서 급격한 생리적 변화를 일으킨다. 토양 속 어두운 곳과 달리 지상으로 올라오면 빛에 의해 활성화되는 파이토크롬이라는 광수용체 단백질**에 의해 광형태발생(**빛**에 의해 식물의 **형태**적 변화가 일어나는 **발생** 과정)이라는 것이 진행된다. 이 과정을 통해 연녹색이었던 새싹은 초록색으로 바뀌게 되고 구부러졌던 하배축이 펼쳐지면서 꼿꼿한 모습으로 바뀌게 된다. 이 과정을 지켜본 사람은 많지 않을 것이다. 이 과정은 식물의 생장반응 중 드물게 빨리 진행되기 때문이다. 필자는 이 과정을 소크 연구소에서 박사후연구원으로 일하던 중 애기장대에서 관찰한 적이 있었는데, 암소(暗所)에서 자라 노란 콩나물 형태였던 애기장대 유식물을 빛이 있는 실험대에 올려놓자 대략 2~3시간 만에 초록빛을 가진 꼿꼿한 새싹으로 바뀌는 장면을 보았다. 물론 동물의 행동에 비하면 여전히 느린 과정이지만 이렇게 생동하는 식물의 모습을 보는 것은 감동이었다. 이때의 깨달음이 식물은 천천히 움직일 뿐, 동물과 다름없이 생동하는 생물이라는 사실이다.

---

* 유전자에 해당하는 DNA 조각을 대량으로 증폭하고 쉽게 조작하기 위해 벡터 DNA에 삽입하는 것을 클로닝(cloning)이라고 한다.

** 빛을 인지하게 하는 단백질로 식물은 적어도 세 가지 유형의 서로 다른 광수용체, 즉 적색광수용체(파이토크롬), 청색광수용체, 자외선(UV)광수용체를 가지고 있다. 한 종류의 눈만 있는 동물과 달리 식물은 세 종류의 서로 다른 눈을 가지고 있는 셈이다.

지하에서 세상으로 나온 새싹은 이제 본격적으로 광합성을 하는 자가 영양 생물체로서의 역할을 수행하게 된다. 빛에 의해 활성화된 파이토크롬이 엽록소를 비롯한 다양한 광합성 관련 단백질들을 생성하게 만들고, 결국 엽록체가 대량으로 생산되면서 무기물을 유기물로 전환할 수 있게 된다. 지상 대부분의 유기분자를 빛, 공기, 물이라는 3원소만을 가지고 빚어내는 이 과정이 광합성이다. 식물의 생활사라는 긴 여정을 이들은 이렇게 시작한다.

2
깨어나기

내가 속한 산악회의 두 번째 산행은 3월 마지막 주 토요일에 이뤄진다. 대개는 가까운 서울 근교의 산행을 택한다. 3월 말의 서울 근교 산은 아직 춥다. 때문에 어린 연녹색 잎을 기대하고 산행을 나섰다면 실망할 수밖에 없다. 그러나 나뭇가지마다 매달린 겨울눈이 잔뜩 부풀어 올라 금방이라도 터질 것 같은, 때깔 바뀐 자태를 쉽게 관찰할 수 있다. 기나긴 혹한의 겨울을 이겨낸 새싹들이 따뜻한 새봄을 맞이하기 위해 안으로 치열하게 대사활동을 시작한 것이다. 한편 땅 아래에서는 겨울의 추위와 가뭄을 버텨내며 숨죽이고 있던 씨앗들이 서서히 녹아내린 물방울들을 조금씩 들이마시며 새로이 깨어나고 있다.

| 종자 발아 |

땅에 떨어진 씨앗들이 한겨울을 이겨내고 새로운 삶을 시작하는 과정을 종자 발아라고 한다. 씨앗, 종자는 식물이 자손에게 제공하는 헌신적 사랑의 산물이다. 부모 세대가 자식에게 주는 헌신적 사랑은 동물이나 식물이나 다를 바 없다. 식물은 4억 년 전쯤 건조한 육상 환경에 적응하여 자손을 보다 잘 보존하기 위해 종자라는 특별한 기관을 진화시켰다. 종자에는 건조한 환경에서도 오랫동안 생존할 수 있는 특별한 생명 연장의 비밀이 숨어 있다. 수천 년 된 유물에서 발견된 보리 종자나 연꽃 씨앗이 발아했다는 기사가 심심치 않게 전해질 정도로 식물은 가녀린 생명의 끈을 수천 년 이어가는 특별한 능력을 지녔다. 그 신비를 현대의 과학자들도 속속들이는 모른다. 현재의 지식으론 5대 식물호르몬 중 하나인 아브시스산(abscisic acid)이 중요한 역할을 한다는 정도에 지나지 않는다(아브시스산의 기능 254쪽 참조). 그 정도 지식으로는 종자를 인위적으로 수천 년간 보관하지는 못한다.

종자의 또 다른 특성은 모체가 자손을 위해 축적해둔 영양분에 있다. 모든 종자에는 새싹이 발아해서 스스로 양분을 생산해낼 수 있을 정도로 자랄 때까지, 혹은 빛과 물이 충분한 장소를 만날 때까지 버틸 수 있도록 양분이 축적되어 있다. 모체가 자손에게 제공하는 헌신적 사랑의 구체적 형태인 이 양분은 대부분 전분 형태의 탄수화물이며, 이외 지방과 단백질, 핵산 등으로 이루어져 있다. 이들 양분을 이용하려면 양분을 분해하는 효소가 필요한데, 이 효소는 모든 생명현상이 그렇듯이 유전자의 발현을 통해 생산된다. DNA 정보는 비교적 안정해서 종자에 오랫동안 보관이 되지만 효소 단백질은 오랫동안 종자에 보관할 수 없기 때문에 일반적으로 종자에는 효소가 함께 들어 있지 않다. 따라서 종자가 발아하면서 모체에게 물려받은 DNA 정보를 이용하여 효소를 생산하게 되는데, 이 과정에 지베렐린(gibberellin)이라는 호르몬이 작용한다(지베렐린의 기능 90~91쪽

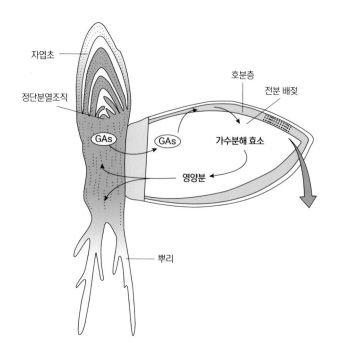

자엽초

정단분열조직

호분층

전분 배젖

GAs

GAs

가수분해 효소

영양분

뿌리

그림 1-3 **종자 발아의 생리학적 기작.** 곡식의 종자가 발아할 때 배아에서 지베렐린(GA)이라는 호르
몬이 생성되어 배젖으로 분비된다. 분비된 지베렐린은 보리 씨앗을 싸고 있는 세포층인 호
분층을 자극하여 각종 가수분해 효소 유전자를 발현시키게 만든다. 그 결과 배젖 속의 영양
분들이 잘게 분해되어 배아에 제공됨으로써 유식물의 생장 즉 발아를 촉진하게 된다.

참조). 이 과정을 과학적으로 밝혀내는 것이 필자의 석사학위 논문 주제
였으며, 이 분야의 지식을 깊이 확장하는 데 큰 기여를 한 과학자가 샌디
에이고 소재 캘리포니아 주립대(UC San Diego)의 마틴 크리스펄(Maarten
Chrispeels) 교수이다. 그 연구 결과를 간략히 소개한다(그림 1-3).

　종자에는 아주 작은 배아―동물의 태아에 해당―가 들어 있다. 종자가
따뜻한 봄에 수분을 흡수하면, 배아가 활성화되면서, 즉 대사 작용이 시작
되면서 제일 먼저 지베렐린을 생산하게 된다. 생산된 지베렐린은 종자의
내피 껍질을 둘러싼 세포층에 전달되어 세포층의 유전자 발현을 활성화

시키게 된다. 이 작용으로 여러 가지 효소들이 생산되면 종자의 영양분이 축적되어 있는 배젖으로 효소가 확산되어 영양분들이 잘게 소화된다. 잘게 소화된 영양분은 배아에 에너지와 유기물로 제공되어 배아가 빠른 속도로 성장하게 된다. 그 결과 배아는 종피를 뚫고 나와 발아를 하게 되는 것이다. 양분이 저장된 기관은 식물에 따라 배젖일 수도 있고 떡잎일 수도 있다. 이는 '가을'을 다룰 때 종자 형성 과정을 소개하면서 다시 설명할 것이다.

자연에서 일어나는 종자 발아는 대단히 무작위적으로 일어난다. 야생의 씨앗들을 채집하여 실험실에서 배양을 해보면 똑같은 수분, 온도, 공기—초등 교과서에서 배우는 종자 발아의 3 조건—조건 하에서도 발아하는 시기가 같지 않고 중구난방이다. 이것이 식물의 생존을 위한 진화적 전략임을 쉽게 이해할 수 있다. 끊임없이 변화하는 환경조건 하에서 모든 씨앗들이 동시에 발아해버린다면, 이때 갑자기 꽃샘추위가 들이닥쳐 버린다면 이 식물종은 멸종을 당할 수도 있다. 식물의 입장에서는 똑같은 환경조건 하에서도 제각각 다른 시기에 발아를 할 수 있어야 종의 존속을 보장받을 수 있게 되는 것이다.[*] 각자의 개성을 존중해주는 것이 사회의 존속과 번영에 도움이 된다는 우리 인간 사회의 교훈을 자연에서도 볼 수 있다.

---

[*]　내가 안식년을 보낸 호주의 일반주택에는 두 평 남짓한 잔디밭이 뒤뜰에 있었다. 잔디밭과 베란다 사이에는 보도블록이 깔려 있어 잔디밭과 경계를 만들어놓았는데, 이 보도블록들 사이사이에 잡초가 끊임없이 올라와 주말마다 잡초 뽑는 데 꽤 많은 시간을 보내야 했다. 잡초들은 몇 가지 종류가 되지 않았는데 뽑아도 뽑아도 새로운 싹이 올라와 결국 안식년 기간 내내 잡초를 뽑아야 했다. 제각각 다른 시기에 발아함으로써 자연재해(실은 인간재해)로부터 멸종을 피하는 잡초의 진화적 힘을 느낄 수 있었다.

이와 달리 농작물의 종자 발아는 같은 환경조건 하에서는 모두 동시에 진행된다. 동시에 발아하고 동시에 생장하는 것이 농부들의 일손을 돕는 좋은 형질이기 때문에 오랜 기간 농부들이 이 형질을 선택해온 것이다. 이를테면 콩나물을 키우는 농부의 콩은 모두 한날한시에 똑같이 발아하여 올라온다. 간혹 혼자서 느지막하게 발아하는 콩이 있다면 농부는 그런 싹은 주저하지 않고 뽑아내서 버리게 된다. 자연선택을 대신한 농부의 인공선택이 오랜 농사 과정을 거치면서 작물의 품종을 개량하여 동시에 발아할 수 있게 된 것이다. 논에서 자라는 벼도, 밭에서 자라는 배추도 모두 이와 같은 농부의 선택 과정을 오랜 시간 거쳐 동시 발아를 한다(그림 1-4). 작물의 동시적 발아는 생명체에 가해지는 자연선택의 힘을 깨닫게 해주고, 진화가 생명의 중요한 특성 중 하나임을 설명해준다.

그림 1-4 **벼의 동시 발아를 보여주는 모판.** 농부가 모내기를 준비 중이다. 논에 볍씨를 직접 뿌리지 않고, 모판에서 미리 키워놓은 모종을 옮겨 심는다. (ⓒ 연합뉴스)

| 겨울눈의 새싹내기 |

초봄의 나뭇가지에 매달린 겨울눈은 두 가지 종류이다. 하나는 잎을 내기 위한 것이고 또 다른 하나는 꽃을 펼쳐내기 위한 것이다. 겨울눈이 매달린 나무를 가만히 들여다보면 꽃눈과 잎눈의 형태가 조금 다르다는 것을 알 수 있다(그림 1-5). 잎눈은 상대적으로 뾰족하게 생겼고 꽃눈은 동그랗게 생겼다. 봄 산행 중 피목이 매끄러운 생강나무를 만나면 자세히 관찰해보라. 위에 매달린 잎눈과 아래 가지에 매달린 꽃눈의 형태가 확연히 다른 걸 볼 수 있다. 비교적 뾰족한 잎을 말아놓았을 때와 오므리면 동그래지는 꽃의 형태를 상상하면 둘의 차이를 쉽게 이해할 수 있을 것이다.

그림 1-5 **겨울눈의 두 종류, 꽃눈과 잎눈.** 생강나무의 겨울눈. (가) 꽃이 피기 전의 꽃눈과 잎눈. (나) 잎눈. (다) 꽃이 핀 후의 잎눈. (라) 꽃눈. (계승혁 교수 제공)

겨울눈은 나무가 겨울을 나기 위해 미리 여름부터 가을 사이에 준비해 놓은 월동장비 기관이다. 우리나라와 같은 온대지방 나무들의 생활사를 보면, 봄에 잎이 돋아나면서 대사활동을 시작하여, 여름에 최전성기의 대사활동을 진행하게 되고, 가을에 대사활동이 점차 약화하면서 그동안 생산한 대사물들을 체내에 저장하기 시작한다. 대사물, 즉 영양분들은 물관과 체관을 포함한 관다발 조직에도 축적이 되고 겨울눈에도 축적이 된다. 다음해 새로이 생명활동을 시작할 새싹들을 위해 양분을 저장해두는 지혜를 자연이 보여주는 것이다.

꽃눈의 형성 과정은 식물에 따라 다른데, 꽃이 언제 피느냐가 중요하다. 봄에 꽃 피는 나무들은 대개 여름을 지낸 뒤 또는 늦가을에 꽃눈을 생성한다. 반면 늦여름, 혹은 가을에 꽃 피는 나무들은 꽃눈을 형성하지 않는다. 봄, 여름을 나면서 스스로 충분한 영양분과 에너지를 축적하여 꽃을 생산하는 데 쓸 수 있기 때문에 월동기관으로서의 꽃눈은 필요가 없는 것이다.

나무에 따라서는 겨울눈을 만들지 않는 나무들도 있다. 대추나무가 좋은 예인데, 이들은 여름에 꽃을 피우기 때문에 꽃눈이 필요 없고, 비교적 늦은 봄에 잎을 생산하기 때문에 어느 정도 형태가 갖추어진 잎눈을 생산할 필요도 없다. 그러나 이들도 겨울을 지내고 다음해 새로운 생명활동을 시작할 생장점은 만들어야 한다. 이들 생장점은 앞서 '새싹' 설명 과정에 소개한 줄기정단분열조직을 포함한 조직으로 잎이 매달려 있었던 자리에서 매우 가깝게 위치해 있다. 이들 생장점은 너무 작아 대개 해부현미경으로 확대해서 봐야 간신히 보인다. 그것도 염색을 하고 단면을 절단해야 확대현미경으로 볼 수 있다. 겨울눈이 되었건 생장점이 되었건 그들이 가

그림 1-6 **은행나무 잎의 펼쳐지기.** (가) 은행나무 새싹이 날 때의 전경(서울대 자연대 건물 옆 은행나무 암그루). (나) 새싹의 틔는 모습 확대. (다–라) 꽃눈(수술)의 싹이 틔는 모습. (마–자) 잎눈이 틔는 모습. 잎이 펼쳐지는 모습을 대략 12시간 간격으로 촬영.

지고 있는 월동 영양분은 대개 가을에 낙엽이 지면서 잎에 들어 있던 양분을 재순환해서 얻는다. 또한 둘 다 공히 겨울을 얼지 않고 버틸 수 있게 해주는 부동액을 가지고 있고 대사작용이 거의 제로에 가까운 상태로 버틴다. 대사작용이 제로에 가깝다는 측면에서 겨울눈은 생리학적으로 종자와 유사하다.

겨울눈은 식물의 조직과 기관이 압축되어 있는 형태이며 부동액을 채워 겨울을 나게 해주는 식물의 특별한 기관이다. 꽃눈을 해부해보면 그 속에는 꽃의 모든 기관, 즉 꽃받침, 꽃잎, 수술, 암술의 기관들이 채 성숙하지 않은 형태로 응축되어 있다. 이들이 다음해 봄에 활짝 펼쳐지면 구김살 하나 없는 꽃이 되는 것에 아연 놀라지 않을 수 없다. 이것은 잎눈 또한 마찬가지다. 필자는 어느 해 4월 중순경에 은행나무의 잎눈이 펼쳐지는 광경을 우연히 관찰하게 되었다. 잎이 펼쳐지는 과정은 마치 꼬깃꼬깃

뭉쳐놓은 종이뭉치가 서서히 펼쳐지며 자신의 모양을 만들어가는 것처럼 보였다(그림 1-6). 마치 이사를 위해 이불 보따리를 비닐봉지에 넣고 진공청소기로 공기를 빼주면 쭈글쭈글 볼품없는 형태가 되는데, 이삿짐을 옮긴 뒤 다시 공기를 주입하면 원래 이불의 모양이 되살아나는 것과 비슷했다. 겨울눈이 펼쳐지는 과정은 활발한 대사작용을 통해 더 많은 세포가 생성되는 과정이기도 하지만 기본 형태는 이미 겨울눈 안에 다 들어 있는 것이다.

이들 겨울눈 혹은 생장점은 어떻게 깨어나 대사활동을 시작할까? 정확한 답은 아직 모른다. 현재 연구가 진행되고 있지만 이 또한 초기 단계여서 특별히 설명할 만한 것이 없어 아쉽다. 겨울눈 속의 아브시스산 농도가 겨울 기간에 높았다가 새싹이 피기 직전 뚝 떨어지는 현상이 깨어나기와 관련이 있을 거라는 정도가 과학자들이 지금까지 이해하는 것의 전부다. 겨울눈 연구는 나무를 통해서 할 수밖에 없는데 나무를 이용한 연구는 아직 식물학자들에게 어려운 과제이다.

따뜻한 봄이 오면 나무들은 잎을 피워낸다. 피워낸다는 말이 어울릴 정도로 초봄의 연노란 잎들이 돋아나는 과정은 꽃이 피는 것 못지않게 눈부시다. 이맘때쯤이면 모든 이들의 마음이 설레게 되는 이유가 아닐까.

3

봄꽃의 향연

4~5월에 가까운 산책로나 캠퍼스를 가보면 그야말로 꽃 천지이다. 내가 사계절을 보내는 서울대 관악캠퍼스 역시 봄꽃들로 한창이다. 학교 정문의 '샤' 글자 철제 교문을 들어서면 왼편에 40년은 더 된 수양벚나무가 축축 드리워진 가지들을 따라 벚꽃들을 풍성하게 피어내고 있다(그림

1-7). 화사한 벚꽃의 향연이 뇌리에서 채 사라지기도 전, 운동장 끝자락쯤 순환도로를 따라 심어놓은 진달래와 개나리가 반갑게 사람들을 맞는다. 노란색과 분홍빛의 조화, 그리고 따뜻한 봄햇살이 이곳에 새 생명이 다시 찾아왔음을

그림 1-7 **서울대 정문 옆의 수양벚나무.** 가지가 수양버들처럼 축축 늘어져 있어 수양벚나무라 한다.

그림 1-8   서울대 관악캠퍼스 대학본부와 학생회관 사이의 살구나무.

그림 1-9   서울대 자하연에 핀 벚나무. (노유선 교수 제공)

충분히 만끽하게 한다. 순환도로에서 대학본부 쪽으로 방향을 꺾어 들어
가면 그곳엔 자두나무와 살구나무가 흰꽃, 분홍꽃을 예쁘게 피어내고 있
다(그림 1-8).

　캠퍼스 조경은 대학시설관리과에서 정성 들여 관리하기 때문에 항상
다양한 꽃을 볼 수 있지만 5월의 봄철엔 특별한 관리 없이도 아름다운 꽃
들의 향연을 볼 수 있다. 대학본부 왼편엔 조선시대의 선비였던 자하 신
위 선생의 호를 따서 만든 자하연이란 연못이 있다. 5월 봄날엔 이곳이 관
악캠퍼스에서 가장 아름다운 장소이다. 연못을 따라 왕벚나무를 죽 둘러
심었기 때문에 그 화사함이 이루 말할 수 없을 정도이다(그림 1-9). 해 질
무렵 이곳의 벚꽃 구경은 특히 백미다. 세상이 차분히 가라앉고 있는 시
간에 고즈넉함과 더불어 화사함을 제대로 만끽할 수 있기 때문이다.

　자하연의 왼편으로 법학관, 예술계복합교육연구동, 그리고 음악·미술
대학을 따라서 가면 그곳엔 더 많은 봄꽃들을 즐길 수 있다. 조팝나무의
흰쌀밥을 닮은 오종종한 꽃들이 순백색의 아름다움을 선사하고 주변의
잔디밭에는 군데군데 보라색 제비꽃들이 모여서 저마다 서로 봐달라고

그림 1-10　**서울대 관악캠퍼스 음악·미술대 입구의 조팝나무.** 사진 오른쪽 조그만 흰꽃이 가지에 총
　　　　　총히 매달린 나무가 조팝나무이다. 꽃이 핀 모습이 튀긴 좁쌀을 붙여놓은 것처럼 보인다
　　　　　하여 조팝나무라는 이름을 얻었다.

그림 1-11　**자하연 둔덕의 복수초.** 노란 복수초가 이른 봄 자하연 연못 둔덕에 피어 있다. 오른쪽은 눈밭의 복수초.

재잘거린다(그림 1-10). 곧 철쭉과 수수꽃다리(라일락)가 필 것이고, 이어서 흰색 병아리꽃나무 꽃과 노란색 황매화 꽃이 피게 될 것이다. 캠퍼스 내 '가장 걷고 싶은 거리'로 꼽을 만하다.

이보다 이른 시기의 인문대 1동 뒷마당의 풍경도 빼놓을 수 없다. 따스한 햇살과 분지처럼 생긴 지형 때문에 이곳은 관악에서 봄을 먼저 확인할 수 있는 곳이다. 봄마다 애써 이곳을 찾아 매화꽃을 관찰한다. 3월 중순경 매화꽃과 산수유 꽃이 피기 시작하면 캠퍼스에 봄이 왔음을 실감할 수 있다.[*] 비슷한 시기 자하연 둔덕에서도 노란색 어여쁜 복수초 꽃을 볼 수 있다(그림 1-11). 관악캠퍼스는 1975년 이곳에 자리 잡은 후 45년이라는 세월이 흐르면서 아름다운 캠퍼스로 변모했다. 45년 전 황량했던 캠퍼스가 울창하고 아름다운 캠퍼스로 탈바꿈한 것이다. 자연과 세월의 힘이 느껴진다.

---

[*]　관악캠퍼스에서 가장 먼저 꽃이 피는 식물은 농생대 건물 앞에 관상수로 심어진 풍년화이다. 꽃잎의 모양이 가늘고 긴 종이를 매달아놓은 듯 독특하다. 봄꽃의 화사함을 드러내지는 않지만 3월 초순에 가장 먼저 꽃을 피운다.

글을 쓰다 보니 공교롭게도 소개한 모든 꽃나무가 쌍떡잎식물*이다. 일 반적으로 쌍떡잎식물들은 꽃잎의 수가 4~5장 혹은 그 배수이다. 해서 벚 꽃, 살구나무와 자두나무의 꽃은 꽃잎이 5장이다. 한편 산수유, 수수꽃다 리는 꽃잎이 4장이며, 개나리와 진달래는 통꽃이라 아래쪽에서 융합되어 있기 때문에 잎의 장수를 세기 애매하지만 각각 4장과 5장이다. 반면 외 떡잎식물은 대개 꽃잎의 수가 6장이며, 그보다 많으면 3의 배수를 가진 다. 그 예로 백합, 난초, 튤립 등의 꽃잎이 6장이다.

왜 식물의 꽃이 이런 규칙을 따르는지에 대한 과학적 답은 아직 없다. 그러나 정단분열조직의 공간적 배치 때문일 것이라는 짐작은 쉽게 할 수 있다. 말하자면 잎의 생성 규칙이 피보나치 수열을 따르는 이유가 정단분 열조직의 공간적 배치 때문이듯이 말이다. 이는 잎의 생성 과정을 소개하 면서 다시 살펴볼 것이다.

---

*   식물은 발아할 때 발생하는 떡잎의 수에 따라 쌍떡잎(2장)과 외떡잎(1장)으로 나뉜다. 쌍떡잎과 외떡잎 식물은 이외에도 잎맥이 그물맥, 나란히맥으로 다르고, 관다발의 형태도 서로 다르다.

4

꽃기관 생성 규칙, ABC 모델

우리가 일상적으로 만나는 대부분의 꽃은 4개의 꽃기관으로 이루어져 있다. 바깥쪽에서 안쪽으로 꽃받침, 꽃잎, 수술, 암술이 환형*으로 배열되어 있다. 이렇게 네 가지 꽃기관을 모두 갖춘 꽃을 완전화라고 한다. 완전화가 있다면, 불완전한 꽃도 있을까? 있다. 불완전한 꽃도 우리 주변에서 쉽게 볼 수 있다. 이를테면 개량된 장미는 수술과 암술이 없고 튤립은 꽃받침이 없다. 각각 농부의 인공선택 과정을 거치면서 보다 예쁘게 꽃의 형태가 변형된 것이다.

여기서는 완전화를 기준으로 각 꽃기관이 어떻게 형성되는지를 간단히 살펴보고, 변형된 꽃은 어떤 유전적 변이에 의한 것인지 알아본다. 꽃기

---

* 　환형(環形)은 whorl을 번역한 것이다. 한자어라 못마땅하지만 현재로는 이것 말고 적당한 용어를 찾을 수 없어 유감이다. 연못에 돌을 풍덩 던지면 원형의 동그라미가 시간에 따라 하나, 둘, 셋… 생기는데 이런 형태를 환형이라 한다. 실제 꽃받침, 꽃잎, 수술, 암술이 생기는 과정을 전자현미경으로 관찰하면 돌을 던져 동그라미가 형성되는 것처럼 꽃받침, 꽃잎, 수술이 순서대로 동그라미를 따라 생긴다.

관이 형성되는 유전적 원리를 밝혀낸 연구자는 미국 칼텍(Caltech) 대학의 엘리엇 마이어로위츠(Elliot Meyerowitz) 교수와 영국 존 이네스 센터(John Innes Centre)의 엔리코 코엔(Enrico Coen) 교수이다. 마이어로위츠 교수는 애기장대의 돌연변이 연구를 통해, 코엔 교수는 금어초 돌연변이체를 통해 똑같은 결론, 즉 ABC 모델을 얻었다. ABC 모델의 확립과 이를 입증하는 일련의 분자생물학적 연구는 식물과학 분야에서 분자유전학을 활용하여 생물학적 작용 기제를 밝히는 선구적 연구가 되었다.

마이어로위츠 교수는 원래 초파리 유전학의 대가였다. 초파리 발생유전학 분야에는 이미 뛰어난 과학자들이 넘쳐나고 있었고, 칼텍에서 어느 정도 자리를 잡은 마이어로위츠 교수는 관심을 식물유전학으로 돌렸다. 우선 그는 분자유전학을 적용할 수 있는 적절한 모델식물의 개발에 관심을 기울여 애기장대라는 십자화과 식물을 발굴하고, 이를 분자유전학에 활용할 수 있도록 기초적인 분자 연구를 수행하였다. 이를테면 애기장대가 기존에 알려진 고등식물 중 가장 유전체가 간단함을 밝혔고,* 분자 마커를 활용한 염색체 지도를 작성하였다. 이를 토대로 이후의 연구자들은 돌연변이체만 얻으면 원인 유전자를 염색체 지도를 이용하여 클로닝할 수 있게 되었다.

다음으로 마이어로위츠 교수는 초파리에서 볼 수 없는 식물만의 기관인 꽃에 관심을 가지게 되었다. 꽃을 이해하기 위해 제일 먼저 그가 수행

---

*　애기장대의 유전체는 크기가 150메가염기쌍(메가는 10^6)으로 이루어져 있는데, 이는 백합의 1/1000, 담배의 1/30, 벼의 1/3 크기로 현재까지 분석된 고등식물 중에서는 제일 작다. 이는 분자유전학 연구에 매우 유리한 특성이다. 참고로 사람의 유전체는 애기장대의 20배 크기이다.

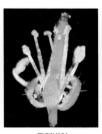

| 야생형, 정상꽃 | a 돌연변이 | b 돌연변이 | c 돌연변이 |

그림 1-12 **애기장대 꽃기관 돌연변이체들.** 왼쪽은 정상 형태의 꽃. 오른쪽에 순서대로 a, b, c 돌연변이체. a와 b 돌연변이체는 꽃잎이 생성되지 않아 각각 *apetala2*와 *apetala3*이라 이름 붙였으며, c 돌연변이체는 수술과 암술의 배우체(gamete)가 없어 *agamous*라 이름 붙였다.

한 실험은 꽃기관이 변형된 돌연변이체를 선별하는 것이었다. EMS(Ethyl Methane Sulfonate)라는 돌연변이 유발 화학물질을 처리한 애기장대 종자를 발아시켜 꽃의 형태가 바뀐 돌연변이체를 그림 1-12에서와 같이 얻었다. 애기장대는 전형적인 십자화과 식물*로 4장의 꽃받침, 4장의 꽃잎, 6개의 수술, 2개가 융합된 암술로 이루어진 꽃을 생산한다. 그런데 마이어로위츠 교수는 하나의 유전자에 일어난 돌연변이에 의해 정상적인 꽃기관 배열과 사뭇 다른 돌연변이체를 얻었고 이들을 각각 a 돌연변이, b 돌연변이, c 돌연변이라 이름을 붙였다. 그림을 가만히 들여다보면 a 돌연변이체는 꽃받침과 꽃잎이 없고 대신 수술과 암술의 수가 더 많은 것을 알 수 있고, b 돌연변이체는 꽃잎과 수술이 없고 대신 꽃받침과 암술의 수가 더 많은 것을 볼 수 있다. c 돌연변이체는 수술과 암술이 없고 대신 꽃잎과 꽃받침의 수가 상당히 많이 늘어난 것을 알 수 있다. 마이어로위츠 교수

---

* 십자화과 식물은 꽃의 형태가 십자 형태로 생겼다고 붙인 이름이며, 이에 속하는 식물로는 배추, 유채 등 채소 작물이 많이 포함된다.

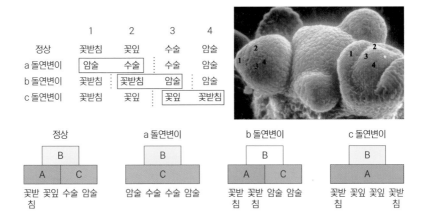

그림 1-13 **애기장대 꽃기관 돌연변이체 해석과 ABC 모델.** (왼쪽 위) 꽃기관 돌연변이의 해석. (오른쪽 위) 화분열조직에서 각 꽃기관이 형성되는 자리를 숫자로 표시. (아래쪽) ABC 모델을 a, b, c 돌연변이체에 적용.

와 그의 대학원생 존 보먼(John Bowman)[*]은 이렇게 얻어진 돌연변이체를 가지고 한동안 씨름한 끝에 꽃기관의 발생을 설명하는 ABC 모델이라는 가설을 만들어내었다.

우선 이들은 세 꽃기관 돌연변이체들을 그림 1-13과 같이 단순화시켜 해석하였다(실제로 돌연변이체 꽃들을 세세히 들여다보면 이렇게 단순화시키는 것에 문제는 없는지 이의를 제기할 사람들도 있을 것이다). 이 ABC 모델을 만드는 데 가장 중요한 순간을 들라면 이렇게 단순화시켰을 때일 것이다. 많은 과학적 발견들이 이런 단순화를 통해서 개념의 핵심을 잡아낸다. 생각해보라. 뉴턴의 운동 법칙들이 이런 단순화가 없었다면 가능했겠는가? 실험에서 나타나는 온갖 종류의 변수들, 예를 들어 표면의 마찰이나 불균

---

[*] 존 보먼은 현재 호주 모내시(Monash) 대학에 교수로 있으며 식물진화발생학을 연구하고 있다.

일성 따위를 생각해보면 법칙에 딱 맞아떨어지는 결과가 나왔을 리 만무하다. 이러한 실험적 변이들을 뭉쳐서 단순화시켰기에 관성의 법칙이나 가속도의 법칙 등이 발견될 수 있었던 것이다. 이는 사고실험의 하나이기도 하다.

다시 ABC 모델로 돌아가자. 그림 1-13의 단순화 해석을 얻고 나면 ABC 모델은 저절로 만들어진다. 나는 이 테스트를 서울대 의예과 학생들을 대상으로 몇 차례 해본 적이 있다. 학생들 간의 개인차가 있기는 하겠지만 거의 대부분의 학생들이 1시간 이내에 그림 1-13의 단순화 해석을 힌트로 이용해서 마이어로위츠 교수가 만들어낸 ABC 모델을 상상해낼 수 있었다. 마이어로위츠 교수와 보면 교수 역시 어렵지 않게 ABC 모델을 얻어냈을 것이다. 아무리 생각해도 단순화가 그들의 천재적 능력이 아니었을까 싶다.

이제 ABC 모델이 어떻게 꽃기관 발생을 설명하는지 살펴보자. 그림 1-13의 해석에 따르면 A* 유전자가 망가지면—a 돌연변이가 일어나면—꽃받침과 꽃잎이 생성되지 못하니, A 유전자는 꽃받침과 꽃잎을 생성하는 기능을 가진다. B 유전자가 망가지면 꽃잎과 수술이 생성되지 못하니, B 유전자는 꽃잎과 수술을 생성하는 기능을 가진다. 마찬가지로 C 유전자가 망가지면 수술과 암술이 생성되지 못하니, C 유전자는 수술과 암술

---

* 유전학자들이 유전자 이름을 부르는 데에는 규칙이 있다. 정상 유전자는 대문자로 표기하고 돌연변이 유전자는 소문자로 표기한다. 일례로 초파리 눈의 발생을 조절하는 유전자는 *EYELESS*라 표기하고, 눈이 없는 돌연변이는 *eyeless*로 표기한다. 유전자는 대개 돌연변이체의 형태적 특징을 따서 이름 붙인다. 따라서 *EYELESS* 유전자는 그 이름과는 반대로 눈을 발생시키는 작용을 한다.

을 생성하는 기능을 가진다. 다음으로 각 돌연변이체가 만드는 돌연변이 기관을 살펴보자. 돌연변이 기관이라고 해서 기괴망측한 기관이 되는 것이 아니라 다른 자리에서 만들어졌어야 할 기관이 만들어진다. 이를 초파리 유전학자들은 호메오시스(homeosis)라 하였다. a 돌연변이체에서는 꽃받침, 꽃잎 대신에 암술과 수술이 생성되었고, b 돌연변이체에서는 꽃잎, 수술 대신에 꽃받침, 암술이 만들어졌으며, c 돌연변이체에서는 수술, 암술 대신에 꽃잎과 꽃받침이 만들어졌다. 자세히 살펴보면 그림 1-13의 윗부분 해석 그림에 그어놓은 점선 축을 따라 꽃기관이 대칭되어 나타나는 것을 볼 수 있다. 이것이 의미하는 바는 무엇일까? 이는 A와 C 유전자가 길항 작용을 하고 있어 서로의 영역에 상대의 유전자가 침범해 들어오는 것을 막고 있음을 의미한다. 그래서 A 유전자가 망가지면 C 유전자가 그 자리를 차지하고 기능을 하며, C 유전자가 망가지면 A 유전자가 그 자리를 차지하고 기능을 수행한다.

이를 정리하면 꽃받침이 만들어지기 위해 A 유전자 홀로 작용하여야 하며, 꽃잎이 만들어지기 위해서는 A와 B 유전자가 함께 작용하여야 한다. 수술이 만들어지기 위해서는 B와 C 유전자가 함께 작용하여야 하며, 암술이 만들어지기 위해서는 C 유전자 홀로 작용하여야 한다. 이것이 꽃기관 발생을 설명하는 ABC 모델이다. 얼마나 단순 명쾌한가! 스티브 잡스는 애플 컴퓨터와 스마트폰을 개발하면서 단순함을 강조했다고 했던가? 과학에서도 가장 단순한 설명이 가장 합리적인 설명이라는 오컴의 면도날(Occam's razor) 원리가 있다. 빙빙 돌려가며 설명을 해야 한다면 그것은 틀린 이론이며, 단숨에 설명 가능한 이론이 있다면 그것이 옳다는 것이 과학자 사회의 불문율이다.

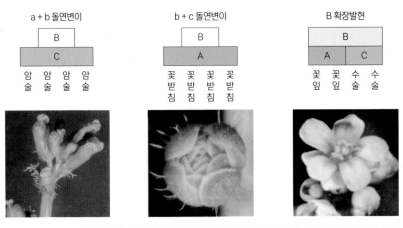

그림 1-14 **ABC 모델에 의한 2중 돌연변이체의 꽃 모양 예측과 실제 결과.** (위쪽) 2중 돌연변이 꽃 모양 예측. (아래쪽) 실제 2중 돌연변이체의 꽃 모양.

ABC 모델은 단순히 돌연변이체의 표현형을 가지고 만든 가설일 뿐이다. 따라서 이것이 올바른 가설인지를 입증하기 위해서는 다양한 실험적 증명이 필요하다. 이에 대해 간단히 설명해보자. 우선 유전학적인 방법을 통해 이 모델이 검증될 수 있다. 이를테면 a + b 돌연변이체 혹은 b + c 돌연변이체의 표현형을 ABC 모델에 따라 예측할 수 있는데, 실제로 그 표현형이 예측대로 나오는지 확인할 수 있다. 교배를 통해 우리는 2중 돌연변이체를 실제로 얻을 수 있고 표현형 관찰이 가능하다. 교배해서 얻은 2중 돌연변이체의 표현형을 보면 예측한 대로의 표현형이 나옴을 알 수 있다(그림 1-14). 또한 유전자 발현을 인위적으로 확장하는 실험을 통해, 예를 들어 B 유전자의 발현을 모든 꽃기관 장소에 발현되게 하면 꽃잎과 수술로만 이루어진 꽃을 만들 수 있을 것으로 예측되는데 실제로 형질전환체*를

---

* 형질전환체란 인위적으로 유전자를 집어넣은 식물을 말하며 이를 작물에 적용하면 GMO가 된다.

abc 삼중 돌연변이

그림 1-15 ABC 모델로 예측할 수 없는 3중 돌연변이체
꽃의 실제 형태.

만들어보면 꽃잎과 수술만 있는 꽃이 만들어진다(그림 1-14).

이쯤에서 많은 독자들의 마음속에 의문이 하나 생길 것이다. 그렇다면 A, B, C 세 유전자가 모두 망가지면 어떻게 될까? 하는 궁금증 말이다. 불행히도 ABC 모델은 a+b+c 3중 돌연변이체 꽃 모양이 어떻게 될지에 대해 어떤 예측도 할 수 없다. 그러나 우리는 교배를 통해 abc 3중 돌연변이체를 얻을 수는 있다. 가설로서 예측할 수 없는 결과를 얻게 되면 우리는 자연에 대한 새로운 통찰력을 얻게 된다. 마이어로위츠 교수는 3중 돌연변이체를 얻으면서 문헌을 조사하였고, 오랜 문헌 속에서 괴테를 발견하였다. 괴테는 『젊은 베르테르의 슬픔』, 『파우스트』 등의 작품으로 잘 알려진 18세기 독일의 대문호이며 일상에서는 자연학자(naturalist)이기도 했다. 그는 오랜 자연 관찰을 통해 식물의 꽃기관이 잎이 변형된 형태라는 발견을 에세이 〈식물의 형태*Morphology of Plants*〉에 발표한 적이 있다. 이 오랜 문헌을 통해 마이어로위츠 교수는 ABC 모델로서 예측할 수 없는 abc 3중 돌연변이체의 표현형을 예측하였다. 그림 1-15에서 볼 수 있듯이 3중 돌연변이체는 잎의 형태로 이루어진 환형의 꽃기관을 만든다. 이

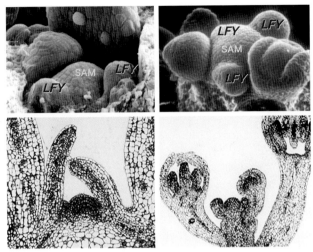

그림 1-16 **줄기정단분열조직의 두 모습: 잎을 만들 때(왼쪽)와 꽃을 만들 때 (오른쪽)의 정단분열조직.** *LFY*에 의한 화분열조직 형성. 잎의 형성기에 *LFY*의 발현양은 아주 적지만, *LFY* 발현양이 늘어나면서 잎 대신에 꽃을 만드는 화분열조직이 형성된다. SAM (shoot Apical Meristem; 정단분열조직). (위쪽) 전자현미경 사진. (아래쪽) 절편 후 해부 현미경 사진.

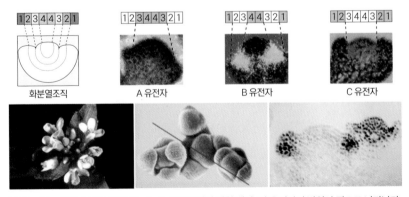

그림 1-17 **ABC 모델을 입증하는 A, B, C 유전자의 발현 패턴.** 각 유전자의 발현이 점으로 나타난다. 발현된 RNA가 A 유전자는 빨강, B 유전자는 노랑, C 유전자는 주홍색 점으로 나타난다.

는 18세기 중엽 괴테의 에세이를 통해 예측할 수 있는 결과인 것이다. 실제로 이후의 연구를 통해 줄기정단분열조직에서 만들어지는 잎기관에 *LEAFY*라는 유전자가 작동하게 되면 ABC 유전자의 발현*이 매개되면서 각각의 꽃기관이 만들어진다는 사실이 밝혀지게 된다(그림 1-16, 1-19).

분자유전학이 발전하면서 우리는 각 유전자들이 어디에서 발현되는지 실험을 통해 확인할 수 있는데 이렇게 해서 각 유전자들이 작용하는 기관이 어디인지를 알 수 있다. 이를 ABC 모델에 적용해보면 그림 1-17에서 보는 것처럼 A 유전자는 꽃받침과 꽃잎이 만들어지는 부위에서 발현되며, B 유전자는 꽃잎과 수술, C 유전자는 수술과 암술이 만들어지는 자리에서 발현됨을 알 수 있다. 즉 분자 수준에서도 ABC 모델이 기가 막히게 잘 맞아떨어진다는 것을 알 수 있었다.

이제 꽃기관 발생을 설명하는 ABC 모델을 이용하여 불완전화는 어떻게 발생하는 것인지 설명해보자. 수술과 암술이 없는 장미꽃의 경우에는 C 유전자가 망가진 돌연변이와 B 유전자의 확장 돌연변이에 의해 얻어진다(그림 1-18). 농부들이 예쁜 장미꽃을 얻기 위해 두 번에 걸쳐 자연적 돌연변이가 일어난 변이종을 선택한 것이다. 황매화도 원래는 그림 1-18의 가운데 오른쪽 사진처럼 완전화였는데 농부의 손에 의해 장미와 같은 돌연변이가 선택되면서 왼쪽의 겹꽃으로 변형되었다. 겹꽃을 피우는 황매화는 아예 죽단화라는 다른 이름으로도 불린다. 꽃받침이 없는 튤립은 B 유전자가 바깥쪽으로 확장되는 돌연변이가 일어난 결과 얻어진 것이다.

---

* 유전자 발현이란 DNA에 들어 있는 유전자 정보를 RNA로 전환하는 것, 즉 전사를 말한다.

장미　　　　　　　　황매화　　　　　　　　튤립

B	
A		
꽃 받 침	꽃 잎	꽃 잎	꽃 잎

B	
A		
꽃 받 침	꽃 잎	꽃 잎	꽃 잎

B		
A	C	
꽃 잎	꽃 잎	수 술	암 술

그림 1-18　**ABC 모델로 설명하는 불완전화.** 아래는 각각의 불완전화를 ABC 모델의 변형으로 설명한 표이다.

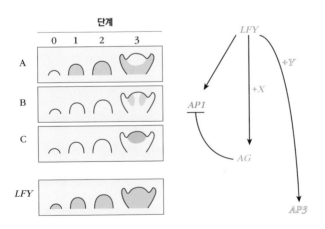

그림 1-19　**꽃발달을 설명하는 유전자 계층구조.** (왼쪽) 꽃발달 단계에 따라 *LFY*와 A, B, C 유전자의
　　　　　발현 패턴 묘사. (오른쪽) A 유전자는 *LFY*만으로도 발현되나, B, C 유전자는 *LFY* 외에도
　　　　　다른 유전자의 보조적 작용이 필요하다. 후의 연구에 의해 X는 *WUSCHEL*, Y는 *UFO*라는
　　　　　유전자임이 밝혀진다.

마지막으로 A, B, C 유전자가 어떤 유전자인지 간단히 소개하고 이 단원을 마무리하자. A, B, C 유전자는 모두 전사조절 단백질을 암호화하고 있다. 전사란 DNA 유전자 정보를 RNA라는 휘발성이 강한 정보매체로 전환하는 과정을 말하는데 이를 조절하는 유전자가 전사조절 유전자이다. 이들 A, B, C 전사조절 단백질들은 홀로 혹은 둘이서 함께 작용하여 각각의 꽃기관을 만든다. 이를테면 A 단백질은 홀로 작용하면 꽃받침을 만드는 데 필요한 여러 가지 유전자들을 발현시킨다. A 단백질과 B 단백질이 함께 작용하면 꽃잎을 만드는 데 필요한 여러 가지 유전자들을 발현시키고, B 단백질과 C 단백질이 함께 작용하면 수술을 만드는 데 필요한 유전자들을 발현, C 단백질 홀로 작용하면 암술을 만드는 데 필요한 유전자들을 발현시킨다. 한편 A, B, C 유전자의 발현은 전술한 대로 *LEAFY*[*] 유전자가 발현을 유도한다. 그 결과 줄기정단분열조직에서 잎이 생성되던 자리에서 꽃이 생성되는 것이다(그림 1-19). 여기서 우리는 꽃기관이 만들어지는 데 일련의 유전적 계층구조가 작동하는 것을 볼 수 있는데 이는 생명이 작동하는 하나의 원리이기도 하다.

ABC 모델이 국내에 알려지기 시작할 때 필자는 금강산 관광을 할 기회를 얻었다. 금강산의 자랑거리 중 하나가 일만이천봉의 백미인 만경대일 것이다. 나는 만경대에서 온갖 만물상을 찾다가 A, B, C 유전자의 발현을 보기 위해 절개해놓은 화분열조직의 형상을 만나게 되었다. 너무나 반가

---

[*] *LEAFY*라는 이름에서 우리는 유전학자들 사이의 약속을 발견할 수 있다. 유전자의 이름은 돌연변이체의 표현형을 보고 붙이게 되는데, 따라서 *LEAFY* 유전자에 돌연변이가 일어나면 꽃 대신에 잎이 무성하게 자란다는 사실을 유추할 수 있다. 또한 돌연변이체 혹은 돌연변이 유전자는 소문자로 *leafy*라 쓰고, 정상 유전자는 *LEAFY*라고 대문자로 표기한다. 유전자는 이탤릭체로 표기하고 단백질은 고딕체로 표기하는 것도 유전학자들 사이의 약속이다.

그림 1-20 **금강산 만경대에서 발견한 화분열조직(floral meristem)의 형상.** 그림 1-16의 실제 화분
열조직의 모습과 비교해보라.

운 마음에 정성 들여 사진을 찍었고 언젠가 책을 통해 사람들에게 소개할
것이라 마음먹었다. 그 사진을 마침내 공개한다(그림 1-20).

이일하 교수의 식물학 산책

5

개화, 꽃이 피다

벌써 창가 햇살에서 따스함이 느껴진다. 지난 겨울의 유난했던 추위에도 봄은 기어이 오고야 만다. 전남 구례에 사는 친구는 산수유 꽃 사진과 함께 봄소식을 전한다. 내가 일하는 관악캠퍼스에도 벌써 풍년화가 활짝 피어 봄을 끌어오고 있다. 봄에는 꽃이 핀다! 꽃은 봄이라는 계절의 전령으로서 손색이 없다. 곧 개나리와 진달래가 흐드러지게 필 것이고 매화마을에서는 화려한 매화꽃 축제를 마련할 것이다. 모두들 사느라고 바빠서 꽃이 우리 주변을 화려하게 수놓은 이후에야 비로소 봄이 왔음을 깨닫는다.

| 봄에는 꽃이 핀다 |

식물은 어떻게 계절을 정확히 알아내어 꽃을 피우는 걸까? 식물이 계절을 인지하는 방법은 무엇일까? 물론 식물은 우리 인간들처럼 달력을 들여다볼 수 없다. 하지만 식물에게는 아주 예민한 환경 감지기가 있어 봄·여름·가을·겨울 사계절의 세밀한 환경 차이를 인지하는 능력이 있다. 꽃이 피는 시기를 결정하는 가장 중요한 환경요인은 온도와 빛인데 이들을 인지하는 감지기가 식물에 내재된 셈이다. 이들 감지기는 온도계와 돋보기 같은 간단한 기구가 아니고 상당히 복잡한 유전자 조합으로 이루어져 있다. 이들 감지기를 과학자들이 찾아내는 데 무려 70년이라는 세월이 필요했던 이유이다. 조금 딱딱해질 수 있지만 꽃 피는 기작의 발견 과정을 살펴보고 그 과정에서 느꼈을 유레카의 희열들을 같이 음미해보자.

| 온도 감지기의 인식 |

꽃이 피는 시기, 개화시기를 결정하는 환경요인으로 일찌감치 알려진 것 중 하나가 겨울 저온이다. 많은 식물들이 겨울 저온을 거쳐야 다음해 봄에 꽃을 피울 수 있다(그림 1-21). 대표적인 예가 겨울종의 밀과 보리이다. 겨울종 밀은 따뜻한 온실에서 계속 키우면 아예 꽃을 피우지 못한다. 꽃이 피지 못하면 당연히 밀알을 얻지도 못하게 된다. 이 때문에 특히 추운 겨울을 나는 러시아에서 겨울종 밀에 대한 연구가 집중적으로 이루어졌다. 1920년대 러시아 과학자들은 겨울 저온에 의한 개화유도 현상을 춘화처리(vernalization)라 명명하고 춘화처리가 필요 없는 여름종 밀과 비교해 한두 개의 유전자 작용이 필요하다는 사실을 밝혔다. 당시의 과학기술로는 온도 감지기가 도대체 무엇인지 알아낼 도리는 없었고, 겨울 저온이라는 온도를 감지하는 능력이 식물에 있음을 알아낸 정도의 성과를 얻은 것이다.

이러한 성과는 당시만 해도 큰 발견이었다. 이 발견은 곧 구소련의 식물생리학자 트로핌 리센코(Trofim Lysenko) 박사를 일약 세계적 스타 과학자로 발돋움하게 하였고, 뒤이어 그는 공산주의 사회혁명의 구국투사로

그림 1-21 **춘화처리에 의해 꽃이 빨리 피는 식물들.** 밀(왼쪽). 춘화처리 유무에 따라 개화가 결정이 되는 배추 종(오른쪽). 아마시노 교수의 딸 다이애나가 들고 있는 배추는 춘화처리에 의해 일찍 꽃이 피었고, 옆의 배추는 겨울 저온을 거치지 않아 수년간 나무처럼 자라고 있다. (아마시노 교수 제공)

까지 자리매김하였다. 겨울 저온이라는 환경요인이 겨울종 밀의 생리적 상태를 근본적으로 변화시켜 꽃이 필 수 없던 식물을 꽃이 필 수 있게 만들었다는 사실은 인간 또한 사상적 개조를 통해 이상적인 인간형으로 변화시킬 수 있다는 공산주의 철학과 잘 맞아떨어졌다. 리센코 박사는 춘화처리 효과에서 얻은 자신의 경험을 무한 확장시켜 모든 생명현상이 적절한 환경조건에 의해 개량될 수 있다는 패러다임을 적극적으로 전파하게 된다. 적어도 구소련 체제하에서는 이 패러다임이 모든 생물학자들에게 우격다짐으로 강요되어* 소련 생물학의 엄청난 퇴보를 가져오게 한다. 환경에 의해 생리적 변화가 일어나는 현상은 매우 특별한 생명현상으로 이

---

*   실례로 리센코 박사는 옥수수의 당도를 증가시키기 위해 옥수수 밭에 설탕을 뿌려 재배하게 했는데, 당도가 증가하기는커녕 옥수수의 생장이 오히려 저해되었다. 이는 전혀 생물학적이지 않은 논리로, 환경을 변화시키면 원하는 형질을 마음대로 얻게 된다는 리센코이즘 오류의 대표적인 사례이다.

를 후생유전학[*]이라 하는데, 최근에야 그 분자적 기작이 밝혀지고 있다. DNA가 유전자의 화학적 본질이라는 사실을 전혀 몰랐던 당시의 과학기술로는 상상조차 할 수 없는 기작이다.

| 저온 감지기의 발견 |

겨울 저온을 인식하여 봄에 개화를 할 수 있게 만드는 춘화처리의 분자 기작은 필자의 박사과정 지도교수였던 리처드 아마시노(Richard M. Amasino)—이름을 보고 일본계냐고 많이들 묻는데 이탈리아계이다—교수와 그 지도학생이었던 성시범 교수^{**}가 2004년 밝혀내었다. 겨울 동안에 유전자 발현양이 천천히 늘어나는 *VIN3(VERNALIZATION INSENSITIVE3)* 유전자가 개화를 억제하는 유전자 *FLC*^{***}의 스위치를 완전히 꺼버리는 후생유전학적 기작을 애기장대의 연구로 밝혀낸 것이다. *VIN3* 유전자는 춘화처리를 했음에도 춘화처리 반응이 나타나지 않는 돌연변이체, *vernalization insensitive3(vin3)*를 동정하여 찾아내었다. *vin3* 돌연변이체를 이용하여 앞에서 설명한 염색체 지도를 활용한 유전자 클로닝 기법으로 얻은 것이다. 이렇게 얻은 유전자는 당연히 춘화처리 기작을 조절하는 마스터 유전자이다.

이쯤에서 돌연변이체는 어떻게 찾을까 궁금한 분들이 있을 것이다. 돌연변이체는 야생종 식물을 인위적으로 무작위 돌연변이시켜 얻는다. 많이 사용하는 방법으로 EMS(ethyl methanesulfonate)라는 화학물질을 식물종자에 처리하여 돌연변이시키는 것이고, 이외에도 X-ray 혹은 γ 방사선을 조사하여 돌연변이를 유도하기도 한다. 이렇게 무작위로 돌연변이시켜 얻은 많은 돌연변이체 중에서 연구자가 원하는 표현형을 가진 돌연변이체를 선별한다. 위 경우는 춘화처리를 했는데 춘화처리 반응이 나타나지 않아 꽃이 늦게 피는 돌연변이체를 선별한 것이다. 아마 성시범 박사가 온실에서 이 돌연변이를 찾았을 때 마음속으로 "유레카"를 저절로 외쳤을 것이다.

VIN3 유전자는 춘화처리를 인지하는 유전자가 가지고 있을 것으로 추정되는 다양한 분자적 특성을 가지고 있었다. 우선 단순히 며칠간의 저온에 의해서는 유전자 발현이 되지 않고 장기간의 겨울 저온을 거쳐야만 서서히 발현이 증가한다. 실제 짧은 저온 처리만으로는 개화가 촉진되지 않고 장기간의 겨울 저온이 와야 개화가 촉진되는 식물의 생리적 반응과 잘 부합하는 특성이다. 또한 이 유전자가 망가진 돌연변이체 *vin3*는 춘화처리를 해도 개화를 억제하는 유전자 *FLC**의 발현을 억제하지 못한다. 이 때문에 춘화처리 반응이 일어나지 못하게 된다. 이 두 가지 뚜렷한 특성 이외에도 다양한 분자적 특성이 춘화처리를 인지하는 유전자가 *VIN3*임

---

* *FLC* 유전자는 가을에 발아한 식물이 겨울 동안에 개화를 못 하게 억제하는 유전자이다. 추운 겨울 동안 꽃이 피면 대사가 현저히 떨어지기 때문에 제대로 씨가 맺히지 못하게 되는데 이를 막기 위한 진화적 기작이다. 필자는 이 유전자를 아마시노 교수의 대학원생 시절에 처음 학계에 보고하였는데, 이 유전자가 현재 식물과학 분야에서 가장 많이 활용되는 두 유전자 중 하나가 되었다. 다른 하나는 식물학에 조금만 관심 있으면 다 아는 파이토크롬 유전자이다.

을 명확하게 보여준다. 이를테면 *FLC*의 후생유전학적인 변화가 *vin3* 돌연변이체에서는 전혀 일어나지 못한다. 다양한 실험적 증거들이 춘화처리 감지기가 *VIN3* 유전자이며, 감지하는 방식이 후생유전학적 방식이라는 사실을 보여준다. 이 논문이 발표된 2004년이 춘화처리를 위한 겨울 저온 감지기가 밝혀진 해라 할 수 있다.

춘화처리 기작에 작용하는 유전자는 식물마다 많이 다르다. 최근에 밝혀진 밀과 보리의 춘화처리를 매개하는 유전자는 앞에서 언급한 *VIN3*, *FLC*와는 다르다. 지구상의 서로 다른 위치에서 독립적으로 춘화처리 기작이 진화되어왔기 때문에 식물마다 사용하는 유전자가 다른 것이라 생각된다. 그러나 춘화처리가 진행되는 원리는 유사하다. *FLC*처럼 개화를 억제하는 유전자가 겨울에 꽃이 피지 못하게 막고 있고, 춘화처리가 진행

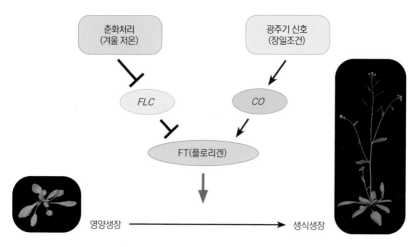

그림 1-22 **애기장대 개화의 유전적 조절 기작.** (왼쪽) 개화 신호가 오기 전에는 로제트형의 잎만 생산하는 영양생장 단계의 애기장대. (오른쪽) 개화 신호에 의해 꽃 가지가 위로 뻗으며 자라는 생식생장 단계의 애기장대. 애기장대의 개화시기는 개화를 억제하는 인자 *FLC*와 촉진하는 인자 *CO* 간의 길항 작용에 의해 결정된다. 춘화처리는 *FLC*의 발현을 억제함으로써 개화를 촉진하게 되고, 장일 광주기는 *CO*의 발현을 증가시켜 개화를 촉진한다.

되면서 *VIN3*와 같은 기능을 하는 유전자들이 발현되고, 이들이 개화억제 유전자를 후생유전학적인 방법으로 꺼진 상태로 만든다. 그렇게 되면 다음해 봄에 적절한 환경조건 하에서 꽃이 필 수 있게 되는 것이다(그림 1-22).

| 빛 감지기의 인식 |

식물이 계절을 인식하는 또 다른 중요한 환경요인으로 빛을 들 수 있다. 그중에서도 특히 하루 중 낮의 길이, 즉 광주기가 매우 중요한 역할을 한다. 사실 따지고 보면 사계절의 변화에서 규칙적으로 변하기로는 온도보다 광주기가 더욱 그러하다. 봄에서 여름으로 가면서 낮의 길이는 점점 더 길어지고 반대로 가을에서 겨울로 접어들면서 낮의 길이는 점점 짧아진다. 이러한 규칙적 환경변화를 식물은 꽃 피는 시기를 결정하는 환경신호로 이용한다.

광주기가 식물의 개화시기 결정에 중요하다는 사실은 우연한 기회에 발견되었다. 1920년대 미국의 농무성 산하 메릴랜드 연구소에 근무하던 가너(Wightman W. Garner) 박사와 앨러드(Harry A. Allard) 박사는 당시 인기 연구재료였던 담배를 가지고 다양한 생리적 특성을 조사하고 있었다. 그런데 우연히 손에 얻은 '메릴랜드 맘모스 담배'라는 자연발생적 돌연변이 담배에서 매우 흥미로운 발견을 하게 된다. 이 담배는 꽃이 피지 않아서 엄청난 크기로 자라는 특성을 가지고 있었다. 왜 맘모스 담배라고 이름을 붙였는지는 사진을 보면 금방 이해할 수 있다(그림 1-23). 가너와 앨러드 박사는 이 담배를 온실에서 재배하였는데 천장을 뚫을 정도로 크게 자란 담배가 도무지 꽃을 피울 생각을 하지 않고 있는 것이었다. 할 수 없

그림 1-23 **온실 속의 메릴랜드 맘모스 담배.** 아마시노 교수님의 딸 다이애나 아래쪽에 있는 담배는 단일조건에 노출되어 이미 꽃을 피웠고, 오른쪽의 담배는 장일조건에서 키워 꽃이 피지 못하고 천장을 닿을 정도로 높이 자랐다. (아마시노 교수 제공)

이 바깥 들판에 내다버렸는데 며칠 지나 우연히 그곳을 지나던 가너 박사는 맘모스 담배가 꽃을 피우고 있는 것을 발견하게 된다. 때는 초겨울로 접어드는 시기였다. 가너와 앨러드 박사는 왜 온실에서는 꽃이 피지 못하고 야외 들판에서 꽃이 피었을까 고민하던 중 초겨울의 짧은 광주기 환경이 꽃을 피우게 하는 원인이었음을 밝혀내게 된다.[*] 온실 속에서는 밤늦게까지 인공조명을 사용하기 때문에 광주기가 긴 환경에서 꽃이 피지 못했던 것이다.

가너와 앨러드 박사의 이 연구 결과는 1920년에 발표되었는데, 이후 전 세계 과학자들이 너도나도 앞다투어 자신이 키우는 식물은 어떤 광주기 조건 하에 꽃을 피우는지 확인하게 되었다. 그 결과 어떤 식물은 맘모스 담배처럼 짧은 광주기—이를 단일조건이라 한다—하에서 꽃이 피고 어떤 식물은 장일조건에서 꽃을 피우는가 하면 어떤 식물은 광주기 조건에 구애받지 않는다는 사실을 밝혀내게 되었다. 이에 따라 식물을 장일식물, 단일식물, 중일식물이라 분류하게 되었다.[**] 이

---

[*]   Garner, W. W. and Allard, H. A. (1920) Effect of the relative length of day and night and other factors of the environment on growth and reproduction in plants. *Journal of Agricultural Research.* Vol. 18; 553-606.

[**]   맘모스 담배는 단일식물이지만 일반적인 담배는 중일식물이다. 중일식물인 담배에 돌연변이가 일어나 단일식물이 된 것이 맘모스 담배이다. 이는 장일, 단일, 중일식물이라는 분류가 돌연변이에 의해서 쉽게 바

실험 결과는 식물생리학자들로 하여금 직관적으로 식물이 광주기를 인식하는 감지기가 있음을 알게 하였다.

| 광주기 감지기의 발견 |

광주기를 인지하는 기작은 다소 복잡하다. '광주기'는 하나의 물리적 인자가 아니라 두 가지, 즉 '광'과 '주기'라는 두 가지 물리적 인자가 결합된 환경요인이기 때문이다. 우선 빛을 인지하는 광수용체는 1970년대 일찌감치 밝혀진다. 광주기라는 환경을 인식하는 식물의 광수용체는 파이토크롬이라 불리는, 식물만이 가지고 있는 특별한 광수용체이다. 우리 인간이 사물을 인식할 수 있는 이유는 로돕신이라는 광수용체가 눈동자 속에 있기 때문이듯 식물이 광주기의 빛을 인식하기 위해서는 파이토크롬이라는 광수용체가 필요하다. 이 파이토크롬에 대한 연구가 1970년대와 80년대를 거치면서 활발하게 이루어져 그 물리 화학적 특성이 비교적 소상하게 밝혀졌다.

한편 광주기의 또 다른 물리적 인자, '주기'는 일반인들도 많이 들어보았을 생물학적 시계와 관련이 있다. 이 지구상의 모든 생물체는 동물이건, 식물이건 심지어 세균들조차 생물학적 시계를 가지고 있다. 우리가 지구의 반대편 유럽이나 미국으로 여행을 가면 처음 며칠 동안 시차 때문에 상당한 고생을 하게 되는데 그 이유가 우리 몸에 내재된 생물학적 시계 때문이다. 여행을 가게 되면 그곳의 물리적 시간과 우리 몸의 생물학적 시간이 서로 맞지 않기 때문에 낮에 졸리고 밤에 멀뚱멀뚱해지는 시차 문

낄 수 있음을 보여준다.

제가 발생하는 것이다. 식물은 내재된 생물학적 시계를 이용하여 하루 중 낮의 길이가 얼마나 되는지를 측정하게 된다.

광을 인지하는 파이토크롬의 작용과 생물학적 시계의 조합이 결국 모든 식물로 하여금 광주기를 감지하게 만든다. 이후 적절한 광주기에 따라 개화시기가 결정되는 유전자 조합이 2007년에 밝혀지면서 개화시기를 결정하는 광주기의 감지기가 온전히 발견된다. 특히 주목할 만한 발견은 1930년대부터 식물에 존재한다고 제안되었던 개화유도 호르몬 '플로리겐'의 정체가 밝혀진 것이다. 그 호르몬에 대한 유전자의 이름은 참 멋없게도 *FT*라고 붙여졌다. 꽤 오래전 1991년에 네덜란드 바헤닝언 대학의 마르턴 코니프(Maarten Koornneef) 박사가 개화가 지연되는 애기장대 돌연변이체를 대량으로 선별하여 논문으로 보고한 적이 있었는데, 이때 선별된 돌연변이체가 너무 많아 개화(flowering)를 뜻하는 F에 a, b, c, d라고 일련번호를 붙인 게 이들 유전자의 이름이 되었다. *FT*는 그 유전자들 중 하나로 오랫동안 분자유전학자들이 생리학적·분자적 특성을 연구하고 있었던 것인데, 2007년 이것이 개화호르몬으로 작동한다는 실험적 증거들이 밝혀진 것이다. 25년 동안 손에 쥐고 연구해왔던 유전자가 플로리겐을 만드는 유전자였다니…… 예상 밖의 발견에 많은 이들이 놀랐다. 이 유전자에 플로리겐이라고 이름을 붙여주지 못하는 이유는 아직 전 세계 많은 과학자들이 *FT*가 플로리겐이라는 데 전적으로 동의하지 않고 있기 때문이다. 필자는 *FT*가 적어도 플로리겐의 한 요소일 것이라 생각한다.

| 최초의 개화유전자 루미니디펜던스 |

필자는 1990년대 초반 개화유전자를 찾기 위한 치열한 경쟁의 한가운데 있었다. 당시는 개화유전자를 찾으면 식물학 분야 70여 년간의 미스터리인 플로리겐을 찾을 수 있을 것이라 기대했기 때문이다. 당연히 전 세계 많은 과학자들이 개화유전자를 먼저 찾아내고 싶어 했다. 필자는 그 치열한 경쟁에 뛰어들었고 *luminidependens*—광에 의존적인 개화돌연변이체라는 의미—라는 근사한 이름을 가진 개화 지연 돌연변이체의 원인 유전자를 클로닝하였다. 이때가 필자의 연구 인생 중에 유레카의 순간이었다. 그렇게 해서 최초의 개화유전자가 1993년에 학계에 발표되었다. 이후에도 10여 년간 우리나라 언론에서는 최초의 개화유전자가 수도 없이 보도되었다. 도대체 최초가 그렇게 많을 수 있을까 한 번쯤 의혹을 품는 과학기자는 없었을까? 나는 지금도 그것이 의아하다. 어쨌건 최초의 개화유전자 루미니디펜던스(*LUMINIDEPENDENS*)는 플로리겐과는 큰 관련이 없었고 발표 당시에 이 유전자가 어떻게 개화시기를 조절하는지도 명확히 밝히지 못했다. 이후 지금까지 수백여 종의 개화유전자들이 클로닝되었고 개화의 분자 기작이 꽤 많이 밝혀졌음에도 불구하고 여전히 루미니디펜던스의 기능은 밝혀지지 않고 있다. 최근에 필자의 연구실에서는 그 기능을 밝히기 위한 몇 가지 흥미진진한 가설을 세우고 대학원생들과 함께 전력을 다해 연구하고 있다. 이 책이 독자들 손에 쥐어졌을 때는 그 기작이 밝혀져 있기를 바란다.

| 가을에 만들어지는 봄꽃 |

꽃 피는 시기를 결정하는 환경요인은 앞에서 설명한 대로 온도와 광주기이다. 대개 봄에 꽃 피는 식물은 장일조건 하에서 온도가 따뜻해져 대사활동이 활발해지면서 꽃을 피우게 된다. 적어도 늦봄에 꽃 피는 식물은

그림 1-24　**늦여름에 형성된 목련나무의 꽃눈과 잎눈.** 2020년 10월 25일 대구 효목동에서 찍은 사진(왼쪽)과 관악캠퍼스에서 찍은 목련의 겨울눈 사진(오른쪽).

그렇다. 그러나 이른 봄에 피는 꽃, 앞에서 언급한 풍년화는 말할 것도 없고 매화, 개나리, 진달래, 벚꽃도 장일조건이나 따뜻한 온도와는 거리가 먼 환경조건에서 꽃이 핀다. 아직 채 낮이 길어지지 않은 상황에서 따뜻하지도 않은 이른 봄에 꽃을 피우는 것이다. 이와 같이 이른 봄에 꽃이 피는 식물들은 실은 꽃봉오리(꽃눈)를 지난해 늦여름부터 가을 사이에 만들어둔 것이다. 이들의 개화시기는 엄밀하게 생리학적으로 말하면 이른 봄이 아니고 늦여름 혹은 가을이며, 이들의 개화유도를 일으키는 광주기는 식물에 따라 장일조건일 수도 있고 단일조건일 수도 있다. 이때 만들어진 꽃눈은 새싹을 품은 잎눈과 함께 혹독한 겨울 추위를 고스란히 견뎌내고 다음해 봄에 꽃을 피우는 것이다(그림 1-24).* 인고의 세월을 견디고 마침내 화려하게 피어나는 것이니 이 어찌 대견하지 않으리.

---

*　간혹 초겨울에 날이 따뜻해지면서 꽃을 피우는 '정신 나간' 개나리를 볼 수 있다. 이들은 늦가을에 만들어진 꽃눈이 서둘러 피어버린 조급함을 보여준다. 대개 이렇게 핀 꽃들은 제대로 활짝 피지도 못하고 시들어 죽게 된다. 인내의 중요함을 자연이 일깨워주는 것이다.

| 꽃을 재촉하는 벌들의 행동 |

야생에서 보게 되는 대부분의 꽃들은 같은 시기에 동시에 개화한다. 이러한 동시 개화는 진화적으로 보았을 때 충매화의 활동기와 동기화하기 위함이다. 같은 시기에 꽃을 피움으로써 곤충들이 그 시기에 열심히 먹이 활동을 하면서 수정을 시켜주게끔 상호진화가 일어난 것이다. 그런데 간혹 꽃이 피기도 전에 벌들이 활동하기 시작하는 어처구니없는 상황이 벌어질 때도 있다. 지구온난화가 진행되면서 꽃과 매개 곤충 간의 엇박자가 더 자주 일어난다고 한다. 벌들이 겨울잠에서 깨어나 섭식활동을 시작했는데 꽃이 필 생각을 하지 않고 있다면 어떻게 해야 할까?

최근 《사이언스》에 스위스 과학자들이 발표한 논문에 따르면 호박벌은 개화를 촉진시키는 특별한 행동을 진화시켰다고 한다.[*] 이들 연구에 따르면 호박벌은 개화시기가 늦춰져서 충분한 양의 꽃가루를 얻지 못하면 식물의 잎에 상처를 내는 행동을 하게 된다(그림 1-25). 인위적인 실험조건

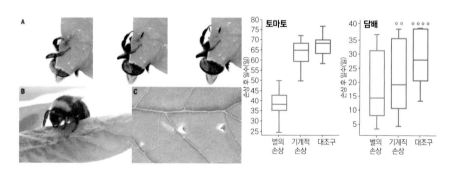

그림 1-25 **개화를 촉진시키기 위한 호박벌의 행동.** 호박벌은 꽃가루가 충분히 갖춰지지 않으면 식물의 잎에 상처를 내어 개화를 촉진시킨다. 더 많은 꽃가루를 얻기 위한 진화적 적응 행동이다. (왼쪽) 식물의 잎에 상처를 내는 호박벌. (오른쪽) 벌이 낸 상처에 의해 토마토와 담배의 개화가 빨라지나 기계적 상처에 의해서는 개화가 많이 빨라지지 않음을 보여주는 데이터.

에서도 꽃가루를 충분히 제공한 호박벌과 꽃가루가 부족한 호박벌 군집을 비교해보면 꽃가루가 부족한 호박벌들이 더 자주 잎에 상채기를 낸다고 한다. 이에 대한 반응으로 잎에 상처가 난 식물은 그렇지 않은 식물에 비해 개화가 크게는 한 달가량 빨라진다. 이러한 식물의 상처반응은 스트레스에 의해 식물이 빨리 꽃 피게 되는 현상이라 생각할 수도 있다. 식물이 스트레스를 받으면 꽃을 빨리 피운다는 사실은 잘 알려져 있기 때문이다. 이에 스위스 과학자들은 그냥 기계적으로 상처를 내었을 때도 꽃이 빨리 피는지 확인해보았는데 놀랍게도 호박벌에 의해 상처가 났을 때만큼 꽃이 빨리 피지는 않았다(그림 1-25 오른쪽 그래프). 이것은 호박벌의 침에서 어떤 화학물질이 분비되어 잎의 상처에 묻으면 개화가 더 빨리 촉진됨을 의미한다.

곤충의 행동에 반응하여 꽃이 빨리 피는 이런 놀라운 결과는 가지, 토마토, 담배에서도 확인된다. 더구나 호박벌의 이런 특이한 행동이 여러 다른 종의 벌에서도 발견되고 있어 곤충과 식물의 공진화 결과임을 시사한다. 아직 발견 초기라 더 많은 사례가 관찰되어야겠지만, 곤충이 개화시기를 제 마음대로 조절하는 놀라운 사례라 하겠다.

---

*   Phasalidou *et al.* (2020) Bumble bees damage plant leaves and accelerate flower production when pollen is scarce. *Science*. Vol. 368; 881–884.

6

연녹빛으로 물들다

    5월 초의 산행은 정상에 올라 아련한 연녹빛으로 물든 산등성이를 보기 위해 떠나는 여행이다. 신록에 물든 산자락 하나하나에 긴 겨울 인고의 시간을 감내하고 틔워내는 새싹들의 향연을 볼 수 있기 때문이다. 화려한 꽃들이 만발한 도심 속의 봄 풍경과는 또 다른 아름다움이 신록의 산림에 있다. 풋풋한 신입생 같기도 한 연녹빛은 앞으로 펼쳐질 웅장한 미래, 울창한 숲의 전조이기도 한 신록이다.

| 엽록체의 변신은 유죄 |

    신록이 연녹색인 이유는 광합성을 수행하는 기관인 엽록체—세포소기관의 하나—가 천천히 형성되면서 녹색이 짙어지는 과성에 있기 때문이다. 엽록체는 겨울눈 속에 형성된 잎의 맹아(leaf primordia)가 봄철의 따뜻한 기온과 수분에 의해 펼쳐지기 전까지는 전색소체(proplastid) 형태로 존재한다. 이때는 사실상 녹색을 띠게 하는 색소인 엽록소가 형성되어 있지 않아 흰색에 가깝다.* 그러나 새싹을 틔우면서 세상 밖으로 나오게 되면 가녀린 잎은 빛을 만나 빠른 속도로 광형태발생이 진행되는데, 이때 새싹이 노란색에서 연녹색을 거쳐 초록색으로 바뀌게 되는 것이다. 새싹을 구성하는 세포들에 들어 있던 전색소체는 핵과의 상호작용을 통해 엽록소를 생성하고, 엽록체의 복잡한 틸라코이드 내막계를 형성하며, 광합성을 수행하는 광계(photosystem)인 PSI과 PSII를 생성하여 적절한 위치에 배치하게 된다. 이 모든 과정이 완성되면 엽록체는 본격적으로 광합성을 수행하게 되고 식물은 비로소 자가영양 생물체로서의 생산자 활동을 시작하게 된다. 광합성은 엽록체가 빛과 공기를 빚어 당을 만들어내는 과정이다.

| 엽록체의 진화 |

엽록체는 식물이라는 진핵생물이 가진 세포 속의 세포이다. 엽록체는 식물세포 안에서 이분법으로 증식한다.** 마치 내 장 속에서 대장균이 이분법으로 증식하듯이. 독립생활을 하던 광합성세균, 시아노박테리아(cyanobacteria)가 대략 20억 년 전 진핵생물에 잡아먹혀 공생하게 되면서 엽록체로 진화하게 되었다는 이론이 세포 내 공생설이다(그림 1-26). 이 이론은 1967년 세포생물학자인 린 마굴리스(Lynn Margulis) 교수***가 세

---

* 초봄에 나무에 잎이 돋기 시작할 때 나무의 수관이 붉은색에 가까운 빛깔을 내는 식물들이 있다. 이는 아직 엽록체가 형성되기 전이라 잎 속의 안토시아닌 색소가 제 색을 드러내기 때문이다. 이 나무들도 늦봄이 되면 엽록체가 형성되어 녹색을 띠게 된다.

** 대부분의 식물 잎은 세포당 대략 100여 개의 엽록체를 가진다.

*** 린 마굴리스는 『코스모스Cosmos』로 유명한 천체물리학자 칼 세이건의 첫 번째 부인으로도 잘 알려져 있다. 그녀는 칼 세이건과의 사이에 낳은 아들 도리언 세이건과 함께 『생명이란 무엇인가What is Life』라는 명저를 남긴다. 이 책은 생물학에 관심 있는 교양인이라면 반드시 읽어야 할 책이다.

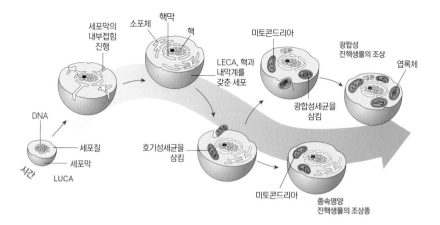

그림 1-26 **세포 내 공생의 진화와 엽록체.** 진핵세포가 리케차라는 호기성세균을 잡아먹으면 이 세균은 세포 내 공생을 하면서 미토콘드리아가 된다. 이후 시아노박테리아를 잡아먹으면 이것이 광합성을 수행하는 엽록체로 세포 내 공생을 하게 된다. 이러한 진화적 과정에 따르면 동물이 먼저 지구상에 출현하고 식물은 나중에 출현한다. LUCA; Last Universal Common Ancestor-지구생명체의 공통 조상, LECA; Last Eukaryotic Common Ancestor-진핵생물의 공통 조상.

포학적 관찰을 통해 이중막을 가진 세포소기관을 발견하면서 제안한 이론인데, 이후 30여 년간 꾸준히 이를 뒷받침하는 증거들이 제시되면서 현재는 교과서적인 발견으로 인정받고 있다. 노벨상이 주어지지 않은 게 이상할 만큼 생물학 분야의 중요한 발견이다.

세포 내 공생에 의해 진핵세포 안에 들어와 공생하는 또 다른 세포소기관이 미토콘드리아이다. 최근 유전체학의 발달로 엽록체는 시아노박테리아가 조상이며, 미토콘드리아는 리케차(rickettsia)라는 호기성세균(산소를 좋아하는 세균)이 조상임을 알게 되었다. 이들 간의 유전체를 비교해보면 거의 유사하기 때문이다. 더구나 2,000개 정도의 유전자를 가졌던 조상종에 비해 세포 내 공생이 진행되면서 엽록체에는 70~150개 정도의 유전자만 남게 되었고, 미토콘드리아의 경우에는 40개 정도만 남게 되었다.

이는 세포 내 공생이 진행되면서 불필요한 유전자들이 소실되기도 하고, 일부 중요한 유전자들은 엽록체 혹은 미토콘드리아에서 세포핵의 유전체 속으로 이동되기도 했기 때문이다.

이러한 세포 내 공생 진화는 현재진행형이다. 엽록체의 경우 엽록체가 가진 유전체(plastid genome)에 남아 있는 유전자의 수가 식물에 따라 꽤 다른 것을 볼 수 있는데 이는 세포 내 공생 진화가 아직 완료되지 않았음을 시사한다. 이와 달리 미토콘드리아 유전체 속의 유전자 수는 거의 모든 동·식물에서 40여 개 정도로 유사하다. 아마도 세포 내 공생 진화가 거의 완료되었기 때문일 것이다. 이 사실은 미토콘드리아의 공생이 엽록체의 공생보다 훨씬 이전에 일어난 진화적 사건임을 시사하기도 한다.

| 엽록체의 다양한 형태 |

엽록체는 박테리아처럼 기왕에 존재하는 엽록체가 이분법을 통해 증식한다. 그렇다면 모든 식물세포가 엽록체를 가지고 있어야 하는데 초록색으로 보이는 종자는 좀처럼 보기 어렵다. 종자에는 엽록소도 없고 엽록체도 존재하지 않기 때문이다. 그렇다면 엽록체는 어디에서 유래하는가? 씨앗에도 엽록체의 전형인 전색소체(proplastid)라는 것이 존재한다. 전색소체는 엽록체가 가진 복잡한 틸라코이드 내막계를 가지고 있지 않고, 엽록소도 없으며, 뒤에 광합성 과정을 설명할 때 등장할 복잡한 단백질복합계, 광계1, 광계2(PSI and PSII) 등도 없다. 따라서 형태적으로 매우 단순한 세포소기관이다. 이 세포소기관이 식물의 잎에 있으면 빛을 받아 엽록체가 된다. 이 전색소체는 식물의 조직에 따라 꽤 다양한 세포소기관으로 변화한다(그림 1-27). 이를테면 당근의 뿌리 세포나 꽃잎, 열매 등에서는 잡색

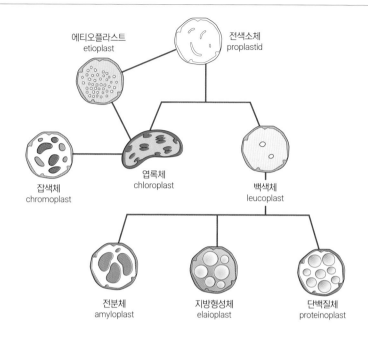

에티오플라스트
etioplast

전색소체
proplastid

잡색체
chromoplast

엽록체
chloroplast

백색체
leucoplast

전분체
amyloplast

지방형성체
elaioplast

단백질체
proteinoplast

그림 1-27 **엽록체의 다양한 형태들.** 전색소체는 씨앗의 배아 세포에서 나타나는 색소체의 원형세포이다. 에티오플라스트는 빛이 없는 곳에서 자란 식물의 엽록체로 그 형태가 원시적이며 아직 엽록소가 형성되기 전이다. 잡색체는 색소를 저장, 전분체는 전분을 저장하는 색소체이고, 지방형성체는 지방을, 단백질체는 단백질을 저장하는 색소체이다.

체(chromoplast)가 되어 이런저런 색깔을 띠게 하며, 감자 뿌리나 양파껍질, 종자 등에서는 전분이나 지질을 저장하는 전분체(amyloplast)*와 백색체(leucoplast)가 되기도 한다.

새싹을 틔우면서 전색소체가 빛을 받으면 세포핵과의 상호 교신을 통해 엽록소가 생산되는 동시에 다양한 광합성 관련 단백질들이 생산되고

---

* 전분체는 2부 6장의 '뿌리의 환경인식'에서 다시 등장한다.

복잡한 틸라코이드 내막계가 형성되면서 엽록체가 된다. 광합성을 수행하는 많은 단백질들은 여러 가지 단백질들이 뒤섞인 복합체 형태로 작동하는데 이들 복합체의 구성 요소 단백질들은 효율성의 측면에서 동일량이 생성될 필요가 있다. 그런데 엽록체의 진화 과정에서 일부 단백질은 핵 속에 유전자가 있고 일부 단백질은 엽록체의 유전체 속에 있다. 대표적인 사례가 루비스코라는 효소 단백질이다. 루비스코(Rubisco, Ribulose Bisphosphate Carboxylase/Oxidase)[*]는 광합성의 최초 단계인 CO_2를 고정하여 유기물을 만드는 효소 단백질이다. 루비스코는 8개의 작은 단위체 단백질과 8개의 큰 단위체 단백질이 1:1 비율로 구성된, 즉 16개의 단백질로 이루어진 단백질 복합체이다. 그런데 작은 단위체 단백질의 유전자는 핵 속 유전체에 있고, 큰 단위체 단백질의 유전자는 엽록체의 유전체에 있다. 따라서 루비스코 단백질 복합체가 효율적으로 생성되기 위해서는 핵 속의 유전자와 엽록체 속의 유전자 발현이 동기화되어야 한다. 말하자면 상호 교신이 필요하다는 말이다. 이것이 어떻게 이루어질까?

이를 해명하기 위해 나섰던 과학자가 미국 소크 연구소의 천재 과학자 조앤 코리(Joanne Chory) 교수이다. 그녀는 핵과 엽록체 간의 교신에 장애를 일으킨 많은 돌연변이체를 선별하였고 이들의 유전자를 찾아내어 그 교신의 비밀을 밝히는 흥미로운 결과들을 발표하였다. 결론만 간단히 말하면 엽록소를 생산하는 과정에서 만들어지는 중간 매개체인 프로포르피

---

[*] 루비스코는 단일 단백질로서는 세상에서 가장 많은 양으로 존재하는 단백질이다. 일단 식물의 바이오매스가 전 세계 바이오매스의 85퍼센트를 차지할 정도로 많은 데다가, 식물 잎을 구성하는 단백질의 대략 20퍼센트가 루비스코 단백질이기 때문이다.

린(proporphyrin)*이라는 화학물질이 둘 간의 교신에 중요한 역할을 하는 것으로 밝혀졌다. 그러나 한창 연구에 박차를 가하고 있을 때인 2004년 코리 박사는 파킨슨병 진단을 받았고 연구에 집중하기 어려워진 위기를 맞았다. 다행히 최근에는 뇌세포 이식과 약물치료 등으로 호전되어 새로운 연구 부흥기를 이어가고 있다고 한다. 파킨슨병을 불굴의 의지로 이겨내며 연구를 계속하고 있다는 사실은 감동을 넘어 존경의 마음이 들게 한다. 코리 박사는 핵과 엽록체의 교신체계뿐만 아니라 식물과학 분야의 많은 선구자적인 연구 성과를 발표한 인물이다. 식물호르몬 중 하나인 브라시노스테로이드를 발굴하였고 그 신호전달체계를 밝혔으며, 광형태발생 분야에도 엄청난 족적을 남긴 여성과학자이다.

| 엽록체는 태양에너지로 만든 전류를 이용하여 당을 생산 |

광합성을 한마디로 설명하면 엽록체가 빛에너지를 전기에너지로 전환하여, 공기 중 이산화탄소와 물을 버무려 당을 만드는 데 사용하는 화학적 과정이다(그림 1-28).** 이 과정을 좀 더 살펴보면, 광합성은 우선 빛에 의해 진행되는 명반응(최근에는 과학적 정확성을 위해 광의존적 반응이라 부른다)과 실제 당을 생산하는 과정인 암반응(역시 최근에는 광 비의존적 반응이라 부른다. 즉 빛이 있거나 없거나 진행되는 반응)으로 구분된다. 명반응은 다음과 같이 네 단계의 과정이 순차적으로 진행된다.

---

*   포르피린은 빛을 흡수하는 엽록소의 일부로서 실제 빛을 받아들이는 전광판 역할을 하는 화학구조물이다.
**   자세한 설명은 『이일하 교수의 생물학 산책』에서 광합성 부분을 참고하길 바란다.

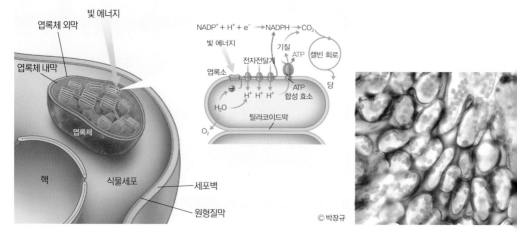

그림 1-28 **잎세포 속의 엽록체와 전자전달계의 작용 기작.** (오른쪽) 많은 수의 엽록체를 가진 잎세포 사진 (포항공대 생명과학과 황일두 교수 제공). 작은 초록색 콩알 모양이 엽록체이며, 이들을 싸고 있는 큰 타원형 경계가 세포막이다. (왼쪽) 광합성 명반응의 전자전달계. 빛에너지를 이용하여 엽록체 내의 전자전달계에 전류를 흐르게 하면 양성자가 틸라코이드 내막에 축적되어 삼투압이 생기고, 이 삼투압을 이용하여 ATP를 합성한다.

1단계: **빛의 흡수.** 엽록체가 가진 색소인 엽록소와 카로틴 등에 의해 빛이 흡수된다. 광계1과 광계2의 센터에 있는 엽록소의 전자가 들뜬 상태가 된다.

2단계: **전류의 흐름.** 엽록소의 들뜬 상태 전자를 주변의 전자수용체가 낚아챈 다음, 이를 전자전달계에 흘려주면 전류가 틸라코이드 내막의 전자전달계를 따라 에너지준위가 높은 곳에서 낮은 곳으로 흐르게 된다.

3단계: **물 분해와 산소방출.** 전자를 잃어 양이온이 된 엽록소는 물이 분해되면서 나오는 전자를 받아들여 다시 탈이온화된다. 이때 물이 분해되어 산소가 방출된다. 식물이 산소를 대기에 방출[*]하는 이유이다.

이일하 교수의 식물학 산책

4단계: **ATP와 NADPH 생산.** 전자전달계가 돌면서 전류의 흐름에 의해 양성자 농도 기울기가 형성되고, 이에 따라 ATP와 환원력이 강한 NADPH가 생산된다.

이렇게 명반응에 의해 에너지가 충만한 ATP와 NADPH가 생산되면, 이 에너지들을 이용하여 CO_2의 고정과 이어서 진행되는 캘빈-벤슨 회로를 따라 3탄당이 생성되고, 이들이 합해져서 설탕이 만들어진다. 이를 암반응, 혹은 광 비의존적 반응이라 한다. 명반응 과정은 태양에너지를 전기로 전환하는 친환경 재생에너지 생산 과정과 흡사하다. 태양광 집적 패널에 해당하는 것이 엽록소인 셈이다.

광합성에 의해 생산되는 설탕은 관다발을 따라 재빨리 식물체 전 부위에 순환되면서 빠른 속도로 식물을 성장하게 한다. 광합성에 의해 설탕 생산이 실제 얼마나 빠르게 진행되는지를 알아보고 싶다면 5월 말 이후에 단풍나무 아래 자동차를 주차해보라. 한두 시간이 지나 돌아오면 자동차의 앞 유리에 설탕물이 방울방울 빼곡하게 묻어 있는 것을 발견하게 될 것이다. 혹 이게 정말 설탕물인지 확인하고 싶은 독자가 있으면 손가락으로 찍어서 맛을 보라. 단맛을 느낄 수 있을 것이다. 단풍나무는 설탕물이 유독 많이 나오기로 유명하다. 식물은 뿌리로부터 물을 흡수, 수송하는데 이때 잎에서는 증산작용이 일어나게 된다. 물이 광합성 산물인 설탕과 함

---

* 산소방출이 지구생태계에서 폭발적으로 일어난 진화적 사건을 산소대방출이라 한다. 산소대방출은 자가영양 생물체인 광합성세균이 기하급수적으로 증가하면서 지구 대기를 급격하게 변화시킨 진화사적 사건으로 대략 20억 년 전에 진행되었다고 본다. 이후 산소호흡의 뛰어난 효율성 때문에 생명의 진화가 빠른 속도로 진행된다.

께 잎의 기공을 통해 빠져나가는 것이다. 증산작용에 관해서는 다음 장에서 설명할 것이다.

이렇게 활발하게 진행되는 늦봄의 광합성 작용에 의해 6월 이후의 산림은 푸르다 못해 짙푸른 초록이 되는 것이다. 이때부터 산행에서 만나는 나뭇잎들은 싱싱한 초록빛으로 가득하다.

7

나무는 물을 뽑는 분수

　미국 캘리포니아 주의 레드우드 국립공원에는 키가 100미터쯤 되는 삼나무들이 자란다. 이 삼나무들을 우러러보고 있으면 저 꼭대기에 달려 있는 잎들이 걱정이다. 광합성을 하려면 물이 있어야 할 텐데 100미터 높이에 매달려 있는 잎까지 물이 어떻게 공급되지? 이런 쓸데없는(?) 걱정을 하는 것이다. 실제 100미터 높이의 삼나무가 하루에 꼭대기까지 길어 올리는 물의 양은 대략 1톤쯤 된다. 가만히 서 있는 삼나무가 그 힘든 일을 한다고? 어떻게 가능한 걸까?

| 식물의 증산작용 |

　식물이 빛에너지를 이용해 당을 생산하는 광합성은 잎에서 일어나며, 광합성 과정에 사용되는 화학물질은 이산화탄소와 물이다. 즉 식물이 물과 이산화탄소를 버무려 당을 생산하는 광합성을 하려면 물이 식물의 잎에 끊임없이 제공되어야 한다. 이를 위해 식물이 하는 일 중 하나가 증산

작용(transpiration)이다. 식물의 잎에서 물을 증발시켜 뿜어내는 것이 증산 작용인데 키 작은 초본류나 관목 나무는 말할 것도 없고 키가 대단히 큰 교목들도 증산작용을 통해 잎에서 물을 뿜어낸다. 말하자면 모든 식물은 물을 뿜어내는 분수인 셈이다. 실제로 삼림이 우거진 숲을 거닐다 보면 피부가 촉촉해지고 서늘해지는 체험을 하게 된다. 식물이 뿜어낸 수증기 때문이다.

이러한 증산작용엔 사실 에너지가 하나도 들지 않는다. 100미터 높이 의 삼나무가 1톤가량의 물을 뿜어내면서도 땀을 뻘뻘 흘리는 일은 없다. 이 모든 일은 물의 화학적 특성에 의해 저절로 이루어진다. 식물이 증산 작용을 위해 제공하는 것은 물관과 체관으로 이루어진 관다발 조직, 즉 목질로 이루어진 물기둥뿐이다. 이 물기둥을 따라 물이 가진 응집력과 부 착력에 의해 물이 자연적으로 중력을 거슬러 흐르는 것이다. 물기둥이라 는 비유는 매우 적절한 표현이다. 이 물기둥에는 기포가 들어가 있으면 안 되며, 물기둥 어느 곳도 끊어져 있어서는 안 된다. 이렇게 물기둥이 유 지가 되는 한 물의 흐름은 끊어지지 않고 식물의 잎까지 하나로 잘 연결 된 분수 역할을 하는 것이다.

물의 흐름을 뿌리에서부터 잎 끝까지 쫓아가보면, 물은 항상 수분포텐 셜이 높은 곳에서 낮은 곳으로 이동한다.[*] 즉 물의 농도가 높은 곳에서 농 도가 낮은 곳으로 이동하는 것이다(그림 1-29). 뿌리가 물을 흡수할 때는 토양 속의 물 수분포텐셜이 높고 뿌리 속의 수분포텐셜이 낮다. 뿌리에서

---

[*]　물의 수분포텐셜은 중등 교과서에서 배우는 삼투압과 같은 원리에 의해 작용하는 힘이다. 삼투압은 용질 의 농도가 낮은 곳의 물이 용질 농도가 높은 방향으로 이동하면서 생기는 물의 압력을 말하는데, 이것은 다시 말하면 물의 농도가 높은 곳에서 물의 농도가 낮은 곳으로 이동하면서 생기는 압력이기도 하다.

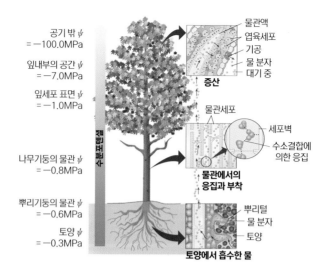

공기 밖 ψ = -100.0MPa

잎내부의 공간 ψ = -7.0MPa

잎세포 표면 ψ = -1.0MPa

나무기둥의 물관 ψ = -0.8MPa

뿌리기둥의 물관 ψ = -0.6MPa

토양 ψ = -0.3MPa

물관액
엽육세포
기공
물 분자
대기 중

증산

물관세포

세포벽
수소결합에 의한 응집

물관에서의 응집과 부착

뿌리털
물 분자
토양

토양에서 흡수한 물

그림 1-29 **수분포텐셜(ψ)에 의한 식물의 증산작용.** MPa= Mega Pascal

줄기로, 줄기에서 잎으로 연결되는 과정에도 수분포텐셜이 낮은 곳으로 끊임없이 물이 흐르도록 물기둥이 유지되어 있다. 중력이라는 관점에서 보면 물이 낮은 곳에서 높은 곳으로 이동하는 것처럼 보이지만 수분포텐셜이라는 관점에서는 오히려 물이 높은 곳에서 낮은 곳으로 자연스럽게 흐르고 있는 셈이다. 궁극적으로는 물이 잎에서 공기 중으로 증발되어 나가는 증산작용이 일어나는데, 이 모든 과정에 물은 항상 하나의 물줄기를 유지하고 있다. 마치 매우 크고 긴 빨대를 연상케 한다.

잎이 많은 교목에서 증산작용은 한여름에 대단히 활발하게 진행된다. 이때 큰 나무 둥치를 껴안고 귀를 대어보면 내부에서 물이 빨려 올라가는 "쓰읍 쓰읍" 하는 소리를 들을 수 있다. 1톤의 물이 빨려 올라가는 소리다. 고무호스에서 물이 빨리 빠져나갈 때 호스의 가운데 부분이 잘록하게 수축이 되며 소리를 내는 현상과 비슷하다. 이를 식물생리학자들은 물의 대량흐름(bulk flow)이라 부른다. 고무호스의 꼭지 부분이 높은 곳으로 옮겨져도 '대량흐름'이 한번 형성되면 계속 물이 호스를 따라 높은 곳으로 흘러가는 것과 같은 이치다.

| 나이테는 버려지는 빨대의 흔적 |

증산작용이 가장 활발한 때는 5~6월 늦봄 무렵이다. 이때는 증산작용이 워낙 활발하여 광합성에 의해 생산된 당이 채 다른 기관으로 수송되기도 전에 물과 함께 증산되어 주변에 흩뿌려지게 된다. 이때 단풍나무 근처에 차를 주차해두었다간 설탕물 세례를 받게 되는 것이다. 단풍나무 아래 개미굴을 어렵지 않게 찾아볼 수 있는 것도 같은 이유에서이다. 이러한 증산작용은 늦가을 낙엽이 지기 전까지 계속된다. 그러나 겨울이 되면 잎에서의 증산이 중단되어야 할 것이다. 더 이상 잎이 광합성을 하지 못하게 될 뿐만 아니라—잎의 노화가 진행되면서 엽록소를 비롯한 많은 광합성 기구들이 분해되고 단풍이 형성되기 때문이다—겨울에 부족한 물을 더 이상 공기 중에 뺏겨서는 안 되기 때문이다. 이때 관다발 조직에 이미 형성되어 있던 물기둥에는 자의반 타의반으로 기포가 형성되기 시작한다. 위에서 물기둥을 끌어당기는 힘이 약해져 물기둥이 중간중간 끊어지기도 하고, 식물의 능동적 작용에 의해 물기둥 중간중간에 기포가 형성되기도 한다. 즉 물기둥을 끊어버림으로써 겨울 동안 증산작용이 일어나지 못하게 하는 것이다. 증산작용이 더 이상 일어나지 못하게 하는 것이 낙엽이 지는 현상의 이유이기도 한 셈이다.

이렇게 끊어진 물기둥은 다음해 봄에 더 이상 빨대로서의 기능을 하지 못하게 된다. 기포가 가운데 생긴 빨대에서 물을 빨아들이는 일이 얼마나 어려운지는 다들 한두 번 경험해보았을 것이다. 이 때문에 나무는 봄에 새로운 물기둥, 즉 관다발 조직을 만들게 되고, 못 쓰게 된 물기둥 관다발 조직은 나이테가 된다. 이런 작용이 매해 봄에 일어나니 해마다 나무의 나이테는 하나씩 늘어가게 되고 그 나무의 수명을 가늠하는 척도가 되는 것이다.

그렇다면 겨울이 없는 열대 지역의 나무들은 나이테가 없을까? 열대지방의 나무들도 나이테는 생긴다. 이들 나이테는 버려진 물기둥 관다발 조직의 흔적이기 때문이다. 대개 이 경우에는 우기와 건기에 의해 나이테가 생기게 되는데 건기 때 물기둥이 끊어졌다가 우기 때 다시 관다발 조직을 만들기 때문에 나이테가 형성되는 것이다. 그러나 이런 지역의 나이테는 나이테 하나의 굵기가 일정하지 않고 커졌다 작아졌다 불규칙해진다. 우기와 건기가 사계절처럼 규칙적이지 않기 때문에 나타나는 현상이다. 비유하자면 나이테는 매년 버려지는 빨대의 흔적이라 할 수 있다.

| 고로쇠 수액 |

고로쇠나무는 단풍나무의 일종이다. 고로쇠의 어원은 골리수(骨利水)이다. 뼈에 이로운 나무라는 뜻이다. 산악회를 따라다니다 전남 광양에 있는 백운산 등산길에서 이 사실을 알게 되었다. 백운산 산자락에는 친절하게도 고로쇠나무에 명찰을 붙여놓고 고로쇠의 어원에 얽힌 고사를 간단히 소개하고 있다. 그에 따르면 만성 관절염으로 고생하던 어느 스님이 우연히 꺾어진 나무줄기에서 올라오는 수액을 마시게 되었는데, 그 이후로는 관절염이 사라졌다고 한다. 이후 고로쇠나무를 골리수라고 불렀고 연음 현상에 의해 고로쇠나무가 되었다고 한다.

고로쇠나무 수액은 이른 봄 한낮의 기온이 10도 정도까지 올라오는 날씨가 되었을 때 나무 기둥에 구멍을 내어 채취한다. 나무가 뿌리에서 빨아올린 물을 채취하는 것인데 그 속에는 봄에 새잎을 내기 위해 필요한 여러 가지 양분이 들어 있다. 즉 당분(설탕)과 각종 미네랄, 유기 양분 등이 포함되어 있어 달착지근한 맛이 나며 인간의 건강에도 유익할 것이라 민간에서는 믿고 있다. 이 고로쇠 수액은 나무가 지난해 가을 단풍을 만들면서 잎에 들어 있던 많은 영양분을 분해하여 재흡수해서 거둬들인 양분으로, 나무 뿌리와 나무 기둥 곳곳에 저장해놓은 새봄의 양식이다. 이 양분을 이용하여 나무는 봄에 새로운 잎을 내게 되는 것이다. 따라서 고로쇠나무의 건강을 해치지 않을 정도로 적당한 양의 수액만 채취하고 구멍을 막아놓는 지혜가 필요하다.

고로쇠 수액을 밀어내는 힘은 증산작용에 의해 물을 지상으로 끌어올리는 힘은 아닐 것이다. 고로쇠 수액을 채취하는 초봄에는 아직 잎이 형성되기 전이라 잎에서의 증산작용이 채 일어나지 못하기 때문이다. 초봄에 수액을 밀어내는 힘은 주로 뿌리압이다. 뿌리압은 뿌리에서 물을 흡수하여 위로 밀어내는 힘인데, 식물의 줄기를 잘랐을 때 수액이 줄기 위로 솟아오르는 것에서 체감할 수 있다. 흔히 볼 수 있는 사례가 민들레 줄기를 잘랐을 때 뭉클뭉클 올라오는 흰 수액이다. 그러나 뿌리압으로는 물을 기껏해야 1미터 내외까지밖에 못 길어 올린다. 그 때문에 농부들은 고로쇠나무 기둥의 1미터 내외에 구멍을 내고 수액을 채취하고 있다. 수십 미터 높이까지 물을 길어 올리기 위해서는 잎에서 일어나는 증산작용과 나무 기둥에서 물을 끌어올리는 힘, 대량흐름이 함께 작용하여야 한다.

| 나무가 물을 길어 올리는 세 가지 방식 |

나무가 물을 수십 미터 꼭대기까지 끌어올리는 데는 결국 세 가지 힘이 작용한다. 첫 번째는 뿌리압이고, 둘째는 나무 기둥에서 끌어올리는 힘, 대량흐름이며, 세 번째가 잎에서 일어나는 증산작용이다. 이 세 과정에 일관되게 작동하는 화학적 힘은 물의 응집력, 즉 물 분자 간의 잡아당기는 힘*이다. 물 분자 간의 수소결합이라는 화학적 힘을 이용하기 위해 식물은 자신의 몸을 섬유질 성분으로 만들었고, 나무 기둥에 관다발 조직이라는 커다란 빨대를 가지게 진화해온 것이다.

---

* 물 분자 간에는 수소결합이라는 힘이 작용한다. 물 분자에 있는 수소와 다른 물 분자의 산소 사이에 잡아당기는 힘이 작용하여 물의 응집력이 생기는데, 이를 볼 수 있는 좋은 사례가 숟가락에 물을 가득 담아보면 오봉하게 물이 쌓이는 현상이다.

옥신(Auxin)

옥신은 '다윈의 호르몬'이라 불리기도 한다. 찰스 다윈이 그의 아들 프랜시스 다윈과 함께 굴광성 반응에 작용하는 식물호르몬의 존재를 처음 제안하였기 때문이다. 다윈 부자는 1881년 발간한 『식물의 운동력*The Power of Movement in Plants*』이라는 책에서 식물 줄기의 끝에서 생성되어 아래 방향으로 이동하면서 줄기생장을 촉진시키는 호르몬이 굴광성 반응을 일으킨다고 제안하였다. 이후 '성장시키는', 혹은 '증가시키는'이라는 의미를 가진 그리스어 'auxein'에서 차용하여 옥신(auxin)이라는 이름을 이 호르몬에 붙이게 되었다.

옥신은 주로 식물세포의 신장과 세포분열의 촉진을 통하여 식물생장을 촉진시키는 호르몬이다. 그러나 최근 식물과학의 빠른 발전에 힘입어 옥신이 애초에 생각했던 것보다 훨씬 더 다양한 식물의 생장·발달 과정에 작용한다는 사실을 알게 되었다. 때문에 식물생리학자들끼리는 옥신이 작용하는 생리적 현상을 찾는 것보다 작용하지 않는 생리현상을 찾는 것이 더 어렵다는 농담까지 할 정도가 되었다. 식물의 생장에 워낙 중요한 역할을 하기 때문에 옥신을 생합성하지 못하는 돌연변이체는 배발생 초기에 죽게 된다.

옥신은 20종의 아미노산 가운데 하나인 트립토판이 변형되어 생성되는 식물호르몬이다(그림). 이 때문에 옥신을 화학적으로 분리하여 그 구

· **옥신의 구조** ·

조를 알아내게 된 것은 사람의 오줌, 그중에서도 특히 임산부의 오줌 속에서 식물 생장촉진물질을 찾으면서였다. 사람의 오줌에는 아미노산이 많이 들어 있어 쉽게 옥신으로 변형되어 식물생장을 촉진하게 되는데 이를 농사에 이용하여 작물의 생장을 촉진시켰던 농부들의 경험을 십분 활용한 것이다. 옥신은 굴광성, 굴중성 등의 생장반응에 작용할 뿐만 아니라 뿌리의 형성을 촉진시키기도 한다. 이를 활용하여 농업에서는 옥신을 발근제(發根製)로 사용한다. 즉 꺾꽂이로 식물을 번식시킬 때 가지의 밑둥 끝에 옥신을 발라주면 쉽게 뿌리를 내려 묘목이 된다.

옥신에는 식물에서 생산되는 천연 옥신인 인돌아세트산 외에도 인공적으로 합성한 다양한 옥신이 존재하는데 그중 대표적인 것이 2,4-D와 2,4,5-T이다. 이들은 베트남 전쟁 때 고엽제로 사용하기 위해 개발된 합성 옥신인데 밀림의 나무들에 뿌려주면 생장이 지나치게 촉진되어 웃자라면서 결국 말라 죽게 된다. 이들 인공 옥신을 합성하는 과정에 불순물로 소량 만들어지는 다이옥신(dioxin)이 인체에 유해한 작용—신경계 마비와 암유발—을 한다는 사실이 나중에 밝혀지게 되는데, 이것이 베트남전 참전 용사들의 고엽제 후유증의 원인이다.

지베렐린(Gibberellin)

　지베렐린은 식물 잎의 생장을 활발하게 촉진시키는 호르몬이다. 이외에도 종자 발아 과정에 배젖 속의 양분을 분해하여 새싹에 영양분을 공급하는 역할이 잘 알려져 있으며, 한때 개화호르몬으로 생각되기도 하였다. 농업적으로는 포도에 씨앗이 형성되지 못하게 하면서도 열매는 맺게 하는 기특한 작용을 하기 때문에 씨 없는 포도 생산에 이용되고 있다. 이외에 옥수수의 웅성불임을 유도하기 때문에 잡종강세를 이용한 옥수수 재배에도 이용되었다. 녹색혁명 과정에 개발된 난쟁이 작물들은 모두 지베렐린의 작용―잎의 생장 촉진―을 막은 돌연변이체들이었다.

　지베렐린을 화학적으로 규명한 과학자는 일본의 구로사와(Eiichi Kurosawa) 박사이다. 1926년 구로사와 박사는 벼가 곰팡이병에 걸려 죽는 바카나에 병의 원인을 찾다가 지베렐린을 발견하게 되었다. 어린 유식물 상태의 벼가 곰팡이(*Gibberella fujikuroi*)에 감염되면 잎의 신장(伸長)이 너무 빠르게 진행되어 웃자라면서 죽게 되는데, 이를 일본인들은 바보 싹이라는 의미로 바카나에라 불렀다. 구로사와 박사는 이 바카나에를 모아서 추출하여 잎의 생장 촉진물질을 찾아내었고 곰팡이의 이름을 차용하여 지베렐린이라 하였다(그림).

　바카야로 혹은 바카라는 말은 일제강점기를 배경으로 하는 영화나 드라마에서 못된 일본 순사가 꼭 한 번씩 외치곤 하는 말이다. 원래 바카는 마록(馬鹿)을 일본식으로 발음한 것이며 그 유래는 중국의 고사성어 지록위마(指鹿爲馬)에서 찾을 수 있다. 지록위마의 고사는 진시황 시대까지 거슬러 올라간다. 진시황 제가 죽고 간신 조고는 똑똑했던 장남을 자

· 지베렐린 ·

결하게 하고 어리석은 그의 동생을 황제로 옹립하였다. 이후 조고는 권력을 휘두르며 자신에게 반대하는 신료들을 하나씩 제거해나갔는데 이 와중에 일종의 시험으로 황제에게 사슴을 보여주며 말이라 우기게 된 것이 지록위마이다. 아무리 바보여도 사슴과 말을 구분할 정도는 되었던 황제가 저게 어찌 말이란 말이오 하고 조고의 말에 토를 달자 조고는 신료들 하나하나에게 물었고 사슴이라 대답한 신료들을 나중에 숙청했다는 슬픈 고사이다. 결국 바카는 사슴과 말도 구분 못 하는 바보라는 의미로 사용된 것이다. 바카의 어원이 산스크리트어에서 유래했다는 이야기도 있다. 산스크리트어의 무지(無知)를 의미하는 모하(moha)를 스님들이 바보라는 의미로 사용하였는데 이것이 일본으로 넘어오면서 바카로 발음되었고, 그 발음이 비슷하여 마록을 의미하는 것으로 재해석되면서 지록위마의 고사를 후대에 끌어 붙였다는 설이 있다.

2부

여름

1

생태계의 생산자

　학생들을 가르치는 내가 하루 중 가장 많은 시간을 보내는 곳은 캠퍼스다. 여기서 가장 많이 만나게 되는 생물은? 분주하게 뛰어다니는 학생들을 보면 그야 당연히 인간 아닌가 싶다. 그러나 잠깐만 주위를 둘러보면 식물로 가득한 주변을 발견하게 된다. 있어도 있는 것을 의식하지 못하고 살아갈 만큼 우리는 식물의 존재를 잊고 산다. 인간에게는 식물이 그다지 흥미롭지 않은가 보다. 대학에서 학생들을 가르치면서 간혹 학생들에게 얼마나 많은 식물 이름을 알고 있는지 물어볼 때가 있다. 학생들이 알고 있는 식물의 이름은 매우 제한적이다. 재미있는 사실은 사람들이 나이가 들면서 식물에 관심을 갖게 된다는 것이다. 화초를 키우기도 하고 주변의 식물 이름을 애써 외우기도 한다. 나 또한 별반 다르지 않았다. 부끄럽게도 식물의 이름을 일부러 머릿속에 담아두기 시작한 지도 오래되지 않았다. 내가 알고 있는 식물종의 이름은 동료 교수인 수학과 계승혁 선생보다 적고, 지구환경과학부 허창회 선생보다도 적다. 30여 년 이상 식물을 대상으로 연구해왔지만 내게 제일 두려운 질문은 "삼촌, 이 식물 이름이 뭐예요?"이다.

왜 이렇게 우리는 식물에 대해 무관심할까? 공기처럼 소중하지만 있는 지도 잊고 사는, 당연히 주어지는 존재로서 우리는 식물을 받아들인다. 그래서 여기서는 식물의 소중함을 마음에 새겨보는 의미에서 몇 가지 흥미로운 사실을 알아보자.

| 압도적 바이오매스 |

2018년 6월 이스라엘의 와이즈만 연구소 교수인 론 마일로(Ron Milo) 박사는 《미국국립과학원회보PNAS, *Proceedings of National Academy of Sciences*》에 대단히 흥미로운 논문*을 발표하였다. 이 논문은 우리나라 언론에도 꽤 상세히 소개되었다. 마일로 교수는 수학적 모델로 각 생물종이 지구생태계의 바이오매스에 기여하는 정도를 계량화하였다. 바이오매스란 생물 총량, 말하자면 무게를 의미한다. 즉 지구상의 전체 인간은 무게가 어느 정도 되고, 고래는 얼마나 되며, 박테리아는 얼마나 되는지 등등을 계산해본 것이다. 이 논문에 따르면 전체 바이오매스 중 식물이 차지하는 바이오매스 기여도는 82퍼센트에 이른다. 제일 많은 비중을 차지하는 생물종이 지구생태계의 지배자라면 그 주인공은 인간이 아니라 식물인 셈이다(그림 2-1).

다른 생물종의 바이오매스 기여도는 어떨까. 박테리아는 우리 눈에 보이지 않지만 자그마치 전체의 13퍼센트나 차지한다. 바이오매스 기여도

---

*   Bar-On *et al* (2018) The biomass distribution on Earth. *PNAS*. Vol. 115; 6506-6511

생물계

식물
탄소량: 450기가톤

박테리아 70
곰팡이 12
원생생물 4
동물 2
바이러스 0.2
고세균 8

동물

절지동물
1기가톤

환형동물 0.2
연체동물 0.2
자포동물 0.1
인간 0.06
야생 포유동물 0.007
야생 새 0.002

어류 0.7

가축 0.1
선충류
0.02

그림 2-1 **생물종의 지구생태계 바이오매스 기여도.** (왼쪽) 평강식물원 전경. (오른쪽) 생물 5계가 차지하는 바이오매스 기여도와 동물계 내의 분류군에 따른 기여도. *Science* (2018) Vol. 360; 837-838.

가 식물 다음으로 많은 생물이다. 이제 가늠해보자. 다음 중 바이오매스 비중이 가장 높은 생물은?

1. 곰팡이   2. 가축   3. 곤충   4. 새   5. 인간

답을 10초간 생각해보고 아래 주석*에서 실제 기여 정도를 확인해보라. 놀랍지 않은가! 우리 주변에 잘 보이지도 않는 것들이 이렇게 큰 비중을 차지하다니! 동물 중에는 당연히 곤충이 압도적으로 많다. 동물 바이오매

---

* 답은 1번 곰팡이이다. 각 생물종의 예측된 바이오매스 총량은 곰팡이 12기가톤, 가축 0.1기가톤, 곤충류를 포함한 절지동물 1기가톤, 새 0.002기가톤, 인간 0.06기가톤(기가는 10^6)이다.

스의 절반은 곤충에서 비롯된 것이다. 진화 과정에서 지구생태계에 가장 잘 적응한 생물이 곤충임을 알 수 있다. 우리 인간이 차지하는 바이오매스는 고작 전체의 0.01퍼센트 정도에 지나지 않는다. 생태계라는 관점에서는 당연한 일이다. 생태계 피라미드가 유지되기 위해서는 생산자인 식물의 바이오매스가 압도적으로 높아야 하고 생태계 영양단계의 최상위에 있는 인간은 극히 적은 바이오매스를 차지해야 안정된 생태계가 유지될 수 있는 것이다. 우리가 아무 상관 없어 보이는 아마존의 산림훼손을 걱정해야 하는 이유이기도 하다.

| 아낌없이 주는 나무 |

우리가 식물을 보호해야 할 이유가 단지 생태계의 안정*뿐이랴. 의식주 어느 것 하나 우리가 식물에 의존하지 않는 것이 없다. 우리 인류가 문명을 갖고 살게 된 것은 1만여 년 전 농업이 시작되면서부터이다. 농업은 비옥한 초승달 지역**과 중국, 아메리카 대륙 등에서 고작 30여 종의 식물을 작물화하면서 시작되었다. 유랑생활에 지친 우리 인류가 정주생활을 선택하게 되면서 문명이 발생한 것이다. 식물은 우리에게 입을 옷과 식량을

---

* 식물보호를 통한 생태계의 안정이 우리 인간 문명의 성쇠에도 영향을 미치는 극단적 사례가 이스터섬의 모아이 석상 미스터리다. 1722년 네덜란드인에 의해 발견된 이스터섬에는 엄청난 크기의 모아이 석상이 무려 600여 개가 섬 전체에 흩어져 있다. 한때 대단한 문명이 이곳에 있었다는 증거이다. 그러나 네덜란드인에 의해 이스터섬이 발견되었을 때는 그토록 큰 석상을 만들거나 이동시킨 문명이 증발하여 없고 소수의 원주민들만이 간신히 수렵채취 생활을 하고 있었다. 인류학자들은 추정컨대 거대한 석상을 만들 수 있었던 이스터 문명이 사라져버린 이유로 삼림의 남벌과 이에 따른 생태계 교란, 식량 부족을 들고 있다.
** 한때 풍요로웠던 이집트 나일강 유역과 메소포타미아 지역을 말한다. 이 지역의 지도상 위치를 그려보면 초승달 형태가 되기 때문에 붙여진 이름이다. 현재의 이집트, 이스라엘, 레바논, 요르단, 시리아, 이라크, 이란, 터키 등의 국가를 망라한 지역이다.

제공하고, 집을 짓는 재료와 농사를 짓는 도구, 각종 공예품을 만드는 데 필요한 소재를 제공한다. 생각해보면 20세기 초까지 우리의 삶은 식물에 과도하게 의존해왔다. 그러나 과학기술이 발전하면서 서서히 우리 인류는 식물에 대한 과도한 의존에서 벗어나게 된다. 20세기 초반 석유화학공업의 발전으로 사물의 재료 물질이 대부분 나무에서 플라스틱으로 바뀌는 엄청난 변화를 겪었고, 1960년대에는 녹색혁명이 진행되면서 인류가 절대적 기아에서 해방되었다.

| 플라스틱 없는 현대의 삶 |

현대인의 생활에서 플라스틱 없는 생활을 상상하기는 어렵다. 플라스틱은 모든 생활용품의 알파요 오메가이기 때문이다. 내가 글을 쓰고 있는 이 노트북 컴퓨터에도 플라스틱 부품만 수백 가지이다. 플라스틱이 없었으면 컴퓨터가 이렇게 경량화될 수도 없었을 것이다. 잠시 우리 주변에 얼마나 다양한 플라스틱이 존재하는지 둘러보자. 과연 이 많은 플라스틱이 없어져야 한다면 현대인의 생활이 가능하기는 할까? 그러나 잘 썩지 않는 플라스틱의 화학적 성질 때문에 플라스틱 환경재앙이 시한폭탄처럼 예정되어 있다. 이것을 피하려면 플라스틱 없는 삶을 준비해야 할지도 모른다.

플라스틱은 석유에서 추출한 유기물, 페놀, 포름알데하이드, 알코올 등으로 만든다.* 최초의 플라스틱은 1909년 벨기에 출신의 미국인 레오 베

---

* 석유자원 고갈이 인류의 당면과제로 거론될 때 제일 먼저 걱정한 것이 플라스틱 없는 생활이다. 에너지 수급 못지않게 심각한 문제이다.

이클랜드가 만들어 베이클라이트라고 불렀다. 플라스틱은 합성수지라고도 하는데 그 의미는 단량체(monomer)를 연결시켜 만든 중합체(polymer)로 가소성을 가진 분자를 말한다. 가장 많이 사용되는 플라스틱 성분인 폴리에틸렌, 폴리프로필렌, 폴리스티렌에 들어 있는 폴리(poly)가 중합체를 의미한다. 플라스틱이라는 용어는 플라스틱의 아버지 베이클랜드가 그리스어 'plasticos'(주조하다는 의미)에서 따와 만든 것이다. 쉽게 모양을 만들 수 있다는 의미를 담고 있다. 이후 석유화학산업의 급격한 발달로 수백 가지의 다양한 플라스틱이 발명되어 나온다. 플라스틱이 발명된 초기에는 미래기술로서 각광받았던 터라 1957년 디즈니랜드에서는 100퍼센트 플라스틱으로 된 가정집을 만들어 전시하였다. 집이라는 건축물의 소재뿐만 아니라 그 안에 들어 있는 모든 생활용품들이 죄다 플라스틱으로 만들어진 것이다. 미래의 가정집이라는 콘셉트로 전시되어 10년간 2000만 명이 방문할 정도로 인기가 있었다고 한다. 그런데 이 집이 낡아 해체해야 할 상황이 오면서 플라스틱 문제가 드러나게 되었다. 우선 깨부수어 조각조각을 내야 했던 것만도 골치 아픈 일이었는데 이것을 어디다 버릴 수가 없었다. 폐기물이 썩지 않기 때문이다. 환경미생물들이 한 번도 접한 적 없던 인공 유기화합물이라 분해시키지 못하는 것이다. 플라스틱은 자연적으로 분해되는 데 짧게는 수십 년에서 길게는 1,000년까지 걸린다.

1955년부터 2015년까지 축적된 총 플라스틱 폐기물은 78억 톤가량 된다. 이 양은 맨해튼 마천루 전체 공간을 23번 가득 채우고도 남을 양이다. 더구나 플라스틱은 분해되지 못하고 매해 쌓여가고 있다. 이들이 바다를 오염시키고 해양생물들의 생존을 위협하고 있는 상황이다. 최근에는 플라스틱이 미세플라스틱으로 잘게 부서져 생태계 먹이사슬을 따라 우리 체내에까지 들어오고 있다는 사실이 알려졌다. 이게 얼마나 해로울지는 아직 불확실하나 건강에 장애를 일으키지 않을까 심히 우려스럽다.

플라스틱 없는 생활을 상상할 수 없는 현대인들은 결국 생분해 플라스틱의 개발에 관심을 기울이게 된다. 식물에서 플라스틱의 원료를 얻는 것이다. 이런 개념은 실은 포드 자동차의 개발자이자 설립자인 헨리 포드에서 비롯되었다. 그는 한창 플라스틱이 미래의 소재로 인기를 끌고 있을 때, 콩과 옥수수기름을 이용하여 만든 플라스틱으로 자동차를 제작했다. 1941년 프로토타입(prototype)으로 선보인 자동차는 기존의 자동차에 비해 4분의 1이나 가벼웠고 당시에는 중요하지 않았겠지만 환경미생물에 의해 생분해가 되는 장점을 가진 자동차였다.

이후 분해가 어려운 플라스틱이 사회적 문제로 떠오르자 1990년대 말부터 생분해 플라스틱의 개발을 위해 식물을 다시 이용하기 시작했다. 옥수수기름뿐만 아니라 오렌지 껍질, 감자 전분 등 다양한 식물성 소재를 이용하여 플라스틱을 만들면 이것은 환경미생물에 의해 쉽게 분해되기 때문이다.* 최근에는 좀 더 다양한 생분해 플라스틱을 만들기 위해 생분해 중합체(biodegradable polymer) PHA(polyhydroxyalkanoates)를 생산하는 GM 작물을 만들기도 하였다.** 네덜란드의 아반티움(Avantium)이라는 재생화학 회사는 맥주회사 칼스버그와 협정을 맺고 플라스틱 맥주 용기를 모두 식물성 생분해 플라스틱으로 공급하기로 하였고, 나아가 전 세계 모

---

* 식물에서 추출한 전분, 섬유소, 젖산을 이용해 중합체를 만들면 생분해 플라스틱이 된다.
** PHA는 생분해 플라스틱의 일종으로 그동안 미생물을 배양하여 얻었다. 그러나 PHA를 생산하는 작물을 개발하면 대량 생산과 에너지 효율 측면에서 유리하다. 현재 미국의 바이오 회사 메타볼릭스에서 PHA 생산 수율을 높인 GMO 작물 개발에 힘을 쏟고 있다. *Science* (2002) Vol. 297; 893-897.

든 플라스틱 용기를 생분해 플라스틱으로 대체하여 2023년에는 3억 톤의 플라스틱을 대체하겠다는 야심 찬 계획을 발표하기도 하였다. 사물의 소재가 식물 → 석유 → 식물로 되돌아오고 있는 중이다.

| 무궁무진한 약품의 원천인 식물 |

식물이 만들어내는 2차대사산물은 무궁무진하다. 이 2차대사산물 중에서 우리가 의약품으로 사용하는 물질 또한 수만 가지가 넘는다. 천연의약품은 신농씨*와 같은 인물들이 살신성인의 정신으로 수많은 식물을 직접 먹어보고 약효를 판가름했던 역사가 있었기에 개발될 수 있었다. 누군가가 우연히 혹은 호기심으로 발견한 약효가 오랜 인류의 지혜로 축적되어 내려온 것이 천연의약품이라 할 것이다.

식물은 왜 이런 약효가 있는 천연의약품, 즉 2차대사물질을 만들까? 식물은 생존을 위해 2차대사물질을 만든다. 이들 2차대사물질은 식물이 자신을 방어하기 위해 생산한 물질들이다(그림 2-2). 때론 식물의 잎을 따먹는 초식동물을 물리치기 위해, 때론 식물에 병을 일으키는 세균, 곰팡이로부터 자신을 보호하기 위해 다양한 2차대사산물을 생산한다.

이렇게 생산되는 의약품으로 손꼽히는 것이 아스피린이다. 아스피린은 식물의 병저항성 호르몬 중 하나인 살리실산을 변형시켜 만든 약품이다. 살리실산은 버드나무 잎에 많은 양이 포함되어 있다. 이 때문에 물잔에 버드나무 잎을 띄워주었다는 다양한 옛이야기들이 전해진다. 그 물을 받아 마신 분은 김유신 장군이기도 하고, 태조 왕건이기도 하다. 인간에게

---

* 신농씨는 중국 고대 신화에 나오는 인물로 농업기술과 약초 개발에 이바지했다고 한다.

그림 2-2 **버드나무와 주목.** 버드나무(왼쪽)는 진통제인 아스피린을, 주목(오른쪽)은 항암제인 택솔을 생산한다.

치유능력이 있는 아스피린, 살리실산은 식물에게도 치유능력이 있다. 살리실산은 식물에 세균, 곰팡이 등이 침투하면 제일 먼저 생산되는 2차대사물질로서, 식물의 병저항성 기작을 유도하여 병원체를 제거하는 역할을 한다. 홍콩의 유명한 로맨스 영화 〈유리의 성〉을 보면 남자친구에게 받은 꽃다발을 화병에 꽂기 전 화병의 물속에 아스피린 한 알을 넣는 장면이 나온다. 꽃이 시들지 않고 오랫동안 유지되기를 바라는 여주인공의 심리를 묘사한 것이다. 카이사의 것을 카이사에게 돌리듯이 식물의 병저항성 호르몬 살리실산을 식물에게 돌려주는 지혜라 하겠다.

또 하나의 사례로 주목 나무껍질에서 얻고 있는 항암제 택솔을 들 수 있다. 택솔은 워낙 고가이기 때문에 암환자를 치료하기 위해 애꿎은 주목 나무들이 죽어나간다. 택솔을 조직배양을 통해서 얻을 수 있다면 주목의 희생을 막을 수도 있고, 생산단가를 낮출 수도 있지 않을까? 이 아이디어를 화학식품기업 삼양사에서 채택해서 수십 년째 주목의 조직배양법을 개선하고 있다. 우선 껍질은 배양이 되는 살아 있는 세포가 아니기 때문에 주로 잎이나 뿌리 조직을 이용하여 조직배양을 하게 되는데, 문제는 잎이나 뿌리 조직에 택솔의 양이 너무 적다는 것이다. 때문에 다양한 물리 화학적 자극을 가하여 택솔의 생산량을 늘리는 조건을 찾고 있는 중이라 한다.* 한번은 삼양사에 방문할 기회가 있었는데 엄청난 규모의 배양기를 이용하여 조직배양을 하고 있었다. 그때 조직배양에 만만치 않은 비용이 드니 빨리 성장하면서 키가 작은 왜소증 주목을 개발하는 것이 빠르지 않을까 하는 생각이 스쳤다. 빨리 꽃 피게 하는 유전자도, 왜소증을 유도하는 유전자도 우리 손에 쥐어져 있으니 시도할 만하지 않을까?

모든 식물은 엄청난 종류의 2차대사산물을 만들어낸다. 세포 수준에서는 엽록체가 그러한 다양한 화학물질을 생산하는 보고이다. 이들 2차대사산물은 말하자면 식물이 천연에서 만들어내는 살충제이며 제초제이다. 인간의 이익을 위해서 식물이 2차대사산물을 만드는 것이 아니기 때문에 2차대사산물은 우리 인간에게 해롭기도 하고 유익하기도 하다. 유익한 것이 많고 해로운 것이 적은 식물이 작물로 개발된 것이다.

---

* 식물이 생물적·비생물적 자극을 받으면 스트레스에 대한 반응으로 다양한 2차대사산물이 나온다는 사실을 이용한 것이다. 인삼을 자연환경에 노출하여 다양한 스트레스에 노출시키면 10년 뒤, 20년 뒤 효능이 뛰어난 산삼이 되는 원리도 이와 같다. 인삼에는 없는 다양한 2차대사물질이 생기는 것이다.

2

식물의 두 유형, C3 식물과 C4 식물

내가 활동하고 있는 산악회의 열럴 멤버 중 몇몇은 강원도 한계리에 산 벗마을을 만들어 함께 살고 있다. 최근에 산벗마을에 자리 잡은 서울대 수학과의 천정희 교수는 집을 짓기도 전에 산벗마을 공유지 텃밭에 옥수수를 재배하고 수확하는 재미에 폭 빠져 있었다. 그러던 어느 날 그는 옥수수 재배 중 겪은 자신의 놀라운 경험을 내게 들려줬다. 옥수수를 키워봤더니 하루하루 다르게 쑥쑥 자라더라며 그 빠른 성장 속도에 놀라워했다. 식물학을 공부한 사람은 그 이유를 잘 알고 있다. 옥수수는 C4 식물이기 때문에 일반적인 C3 식물에 비해 성장속도가 더 빠른 것이다. C3 식물, C4 식물이 무엇일까? 세상의 모든 식물은 C3 식물 혹은 C4 식물로 나눌 수 있다.

| 광합성 초기 산물, C3 화합물 혹은 C4 화합물 |

식물이 엄청난 바이오매스를 차지하는 이유는 광합성 때문이다. 광합성은 햇빛에너지를 이용해 이산화탄소를 유기물로 전환하는 생합성 과정이다. 이를 CO_2 고정이라 한다. 일반적인 식물에서 CO_2 고정을 담당하는 효소는 루비스코(rubisco, Ribulose Bisphosphate Carboxylase/Oxidase)[*]이다. 이 효소 단백질은 단일 단백질로서는 지구생태계에 가장 많은 단백질이다. 식물의 잎에 들어 있는 단백질의 대략 20퍼센트 정도를 차지하기 때문이다. 이렇게 많은 양이 필요한 이유는 루비스코가 효소치고는 너무나 느리고[**] 비효율적인 효소이기 때문이다. 루비스코는 CO_2를 5탄당인 리불로오스에 결합시켜 3탄당인 3-인산글리세르산(3-PGA, 3-phosphoglycerate)을 만든다. 이 3-PGA는 일련의 과정을 거쳐 설탕이 된다. 이 과정을 C_{14} 동위원소[***]를 추적하며 밝혀낸 과학자가 캘빈과 벤슨이며, 이들의 이름을 따 광합성의 암반응 과정을 캘빈-벤슨 회로라 부른다. 캘빈은 이 공로로 1961년 노벨 화학상을 수상하였다. 이 캘빈-벤슨 회로에서 최초의 CO_2 고정산물은 탄소 3개로 이루어진 3탄당이며, 여기에서 비롯된 이름이 C3 대사이다.

　캘빈-벤슨 회로에 따른 CO_2 고정이 일종의 과학적 패러다임이 되어버린 1950년대 말, 하와이 당 재배실험실에서 캘빈이 수행했던 것과 같은 실험을 사탕수수를 대상으로 수행한 연구진이 있었다. 그런데 놀랍게도

---

[*]　이 효소 이름이 복잡해 보이지만 간단히 설명하면 5탄당(5개의 탄소로 이루어진 당)인 리불로오스에 CO_2의 탄소를 결합시켜 두 분자의 3탄당(3개의 탄소로 이루어진 당)을 만드는 탄소화합물 생성 효소라는 뜻이다. 그 결과 탄소의 수가 5+1=2×3, 즉 6이 된다. 더불어 이 효소는 뒤에서 설명하겠지만 5탄당을 산화시켜 3탄당과 2탄당, 그리고 CO_2를 방출하는 산화제 역할도 한다.

[**]　일반적인 효소 단백질은 1초에 100~1,000회 정도의 반응을 매개하는데 루비스코는 1초에 기껏해야 2~3회 정도의 반응을 매개한다. 반응 속도가 일반적인 효소에 비해 지극히 느린 효소이다.

[***]　탄소의 원자량은 12인데 이보다 중성자가 두 개 많아 원자량이 14인 동위원소.

이들은 최초로 CO_2를 고정한 유기화합물이 3탄당이 아니라 4탄당인 말산임을 발견하게 된다. 이들 연구진은 자신들의 연구 결과에 반신반의하면서 뒤늦게 1965년 《식물생리학*Plant Physiology*》지에 논문을 발표하였다. 워낙 3탄당 패러다임이 강력했던 탓에 많

그림 2-3 **C4 대사를 발견한 과학자들.** 호주 콜로니얼 제당 주식회사의 연구원 할 해치(오른쪽 끝에서 두 번째)와 로저 슬랙(오른쪽 끝) 박사는 사탕수수의 광합성 첫 산물이 C3가 아니라 C4 물질임을 밝혔다. C4 대사 발견 50주년 기념 컨퍼런스(2016년)에서 찍은 사진.

은 식물생리학자들은 실험적 오류라 생각했다. 말하자면 3탄당이 말산으로 바뀐 뒤에 검출되었다고 생각한 것이다. 그런데 호주 콜로니얼 제당회사의 연구원이었던 할 해치(Hal Hatch)와 로저 슬랙(Roger Slack) 박사도 사탕수수를 이용한 실험에서 똑같은 결과를 얻게 된다. 학회에서 이 결과를 상의하던 중 하와이 연구진의 얘기를 듣게 되고 자신들의 결과를 확신한 해치와 슬랙 박사는 그 결과를 1966년 《생화학저널*Biochemistry Journal*》지에 발표하였다. 마침내 C4 대사가 공식적으로 확인된 것이다(그림 2-3). 지구생태계의 식물을 두 종류로 구분하게 한 이 엄청난 발견이 왜 노벨상을 수상하지 못했는지 의아하다.

이후 C4 대사 과정이 빠른 속도로 밝혀지게 되면서, 식물을 두 가지 유형, 즉 C3 식물과 C4 식물로 분류할 수 있게 되었다. 또 진화적으로는 왜 C4 식물이 출현하게 되었는지도 이해하게 되었다.

우선 진화적인 얘기부터 시작해보자. C4 식물의 출현은 순전히 CO_2 고정 효소인 루비스코의 멍청함 때문에 벌어진 일이다. 루비스코는 그 이름에서도 알 수 있듯이 탄소화합물 생성 효소(carboxylase)이기도 하지만 산

소를 이용한 산화 효소(oxidase)이기도 하다. 공기 중 CO_2 농도가 높을 때는 탄소고정 효소로 작용하지만, 공기 중 CO_2 농도가 극히 낮아지는 상황에서는 산소(O_2)를 이용해 5탄당인 리불로오스를 분해하여 CO_2를 방출하는 산화 효소로 작용한다. 이를 CO_2 방출이 일어나는 호흡 과정에 비유하여 광호흡(photorespiration)이라 한다. CO_2 농도가 극히 낮아지는 상황은 햇빛이 강하고 온도가 높은 대낮에 광합성이 빠른 속도로 진행될 때 주변 공기 내 CO_2가 모두 소모되면서 벌어진다. 따라서 대낮에 광호흡률이 최대치가 된다. 광호흡은 광합성을 하는 식물 입장에서는 비효율도 이런 비효율이 없다. 기껏 광합성을 통해 고정해놓은 탄소를 광호흡이라는 과정을 통해 도로 뱉어내다니……. 이런 상황은 열대, 아열대 작물에 일상적으로 일어나는 일이다. 따라서 열대, 아열대 작물들은 광호흡의 비효율을 극복하기 위한 특단의 대사가 필요한데 이것이 C4 대사이다.

C4 식물은 CO_2를 고정하기 위해 루비스코를 이용하지 않는다. 루비스코는 그 기질로서 산소와 이산화탄소를 구분하지 못하기 때문이다.[*]

---

[*] 루비스코를 위한 변명 몇 마디를 하자면, 루비스코가 멍청해진 이유를 진화적으로 설명할 수 있다. 광합성이라는 생화학 과정이 생물계에 출현한 때에는 지구생태계의 공기 내에 CO_2는 많았지만 산소는 없었다. 따라서 루비스코가 구태여 모양과 크기는 비슷하지만 거의 존재하지 않는 산소를 이산화탄소와 구분할 필요가 없었다. 그러나 20억 년 전 광합성세균이 폭증하여 산소대방출이 진행되면서 산소 농도가 이산화탄소 농도보다 훨씬 더 높아지는 상황이 벌어졌다. 산소 농도는 공기 중 20퍼센트나 되지만 이산화탄소 농도는 고작 0.03퍼센트인 농도의 역전이 일어난 것이다. 이미 루비스코의 진화가 완성된 상태에서 산소와 이산화탄소를 구분할 필요가 뒤늦게 생긴 것이다. 또 다른 진화적 이유로는 광호흡이 에너지 측면에서는 비효율적이지만 세포의 안전성을 위해서는 꼭 필요한 불가피성이 있지 않았나 생각된다. 즉 광합성이 빠르게 진행되면 에너지를 소모하는 암반응에 비해 에너지를 집적하는 명반응이 더 빠르게 진행되어 에너지 과잉상태에 이르게 된다. 이렇게 위험하기까지 한 잉여 에너지를 방출하기 위해 광호흡이 필요하지 않았을까! 광호흡 과정은 에너지를 소비하는 생화학 과정이기 때문이다. 또 하나는 광합성의 산물인 산소가 과잉되면서 유독한 활성산소의 축적이 일어나는 것을 막기 위해 다량의 산소를 없애려는 방편으로 광호흡이 필요하지 않았을까 하는 추측이다. 즉 진화적으로 광호흡이 필요했기 때문에 여전히 지구생태계 속의 대부분의 식물은 C3 식물인 것이다.

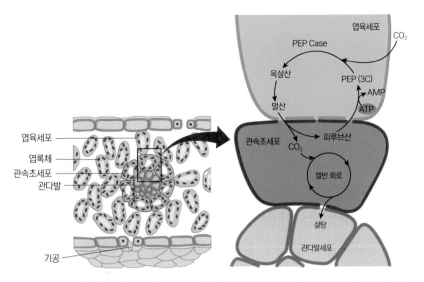

그림 2-4 **C4 대사 과정.** 엽육세포에서 CO_2가 처음 고정되어 말산이 되고, 말산은 관속초세포로 수송되면 그곳에서 CO_2와 피루브산으로 분해된다. CO_2는 관속초세포에서 캘빈 회로에 이용되고, 피루브산은 엽육세포로 되돌아간다.

C4 식물이 CO_2를 고정하는 효소로 선택한 것이 PEP Case(phosphoenol pyruvate carboxylase)라는 특별한 단백질이다. 이 효소는 CO_2를 PEP에 결합시켜 옥살산을 만들고 이것이 세포 내 안정한 C4 화합물인 말산으로 전환되게 한다. 즉 최초의 탄소고정 산물인 탄소 4개로 이루어진 화합물이 바로 이것이다(그림 2-4).

세포학적으로도 C4 대사를 하는 식물은 특별한 조직을 만든다. 이를 발견한 세포학자의 이름을 따 크란츠(Kranz) 구조라 하는데 관다발 조직을 둘러싼 세포층을 촘촘하게 싸안은 엽육세포 조직을 말한다(그림 2-5). 잎 속의 일반적인 엽육세포들이 PEP Case로 CO_2를 고정하여 말산을 만들면 이 말산은 크란츠 구조 속의 관속초세포에 전달된다. 이 관속초세포들에

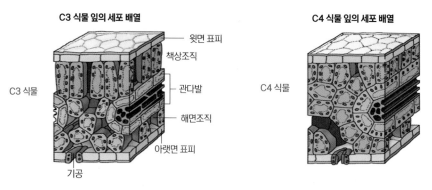

C3 식물 잎의 세포 배열

- 윗면 표피
- 책상조직
- 관다발
- 해면조직
- 아랫면 표피
- 기공

C3 식물

C4 식물 잎의 세포 배열

C4 식물

그림 2-5 **C4 식물이 공통적으로 가지는 크란츠 구조.** C3 식물(위)은 관속초세포와 엽육세포가 느슨하게 연결되어 있지만 C4 식물은 관속초세포를 엽육세포가 빽빽하게 둘러싸고 있다.

서 말산은 CO_2를 방출하고 피루브산이 되었다가 주변 세포로 방출되면 다시 PEP가 되는 순환을 거친다(그림 2-4). 한편 크란츠 구조 속의 관속초세포에서는 CO_2 농도가 증가하면서 루비스코가 광호흡의 우려 없이 안전하게 3탄당을 생산하여 캘빈-벤슨 회로를 돌릴 수 있게 된다. 말하자면 C4 식물도 크란츠 구조 속의 관속초세포에서는 C3 대사를 하게 되는 것이다.

즉 열대, 아열대 식물들에서 광호흡의 비효율을 극복하기 위해 개발된 것이 C4 대사이며 이러한 대사를 수행하는 대표적인 식물로 옥수수, 사탕수수, 수수 등을 들 수 있다. 그런데 물이 부족한 극한 상황에서 자라는 선인장 식물들도 열대 식물들처럼 C4 대사를 한다. 햇빛이 너무 강해 루비스코에 필요한 CO_2가 쉬 고갈되기 때문이다. 한편 선인장 식물은 C4 식물과의 차이점 또한 분명히 보여준다. 일반적인 C4 식물이 공간적으로 C4 대사(엽육세포에서 진행)와 C3 대사(크란츠 구조 속의 관속초세포에서 진행)를 구분해놓았지만, 선인장 식물의 경우에는 C4 대사와 C3 대사를 시

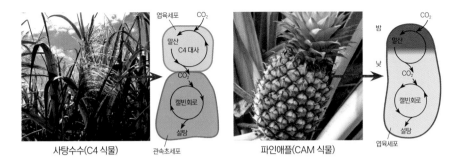

사탕수수(C4 식물)　　관속초세포　　파인애플(CAM 식물)

그림 2-6 **C4 식물과 CAM 식물의 대사 차이.** 사탕수수와 같은 C4 식물은 C4 대사(엽육세포)와 C3 대사(관속초세포)를 공간적으로 분리해놓았다. 그러나 파인애플과 같은 CAM 식물은 C4 대사(밤)와 C3 대사(낮)를 시간적으로 분리해놓았다.

간적으로 구분해놓았다. 즉 선인장 식물은 밤에는 C4 대사를 통해 말산을 만들어 축적해놓고, 낮에 말산에서 CO_2를 방출해 암반응인 캘빈-벤슨 회로를 돌린다(그림 2-6). 이런 대사를 가진 식물을 CAM(Crassulacean Acid Metabolism) 식물이라 한다.

CAM 식물이 C3 대사와 C4 대사를 분리해놓은 이유는 낮에 온도가 너무 높아서 수분 증발을 막기 위해 기공을 닫아두려는 것이다. 낮 동안에 기공을 닫아둠으로써 수분의 소실을 막을 수는 있지만, 공기 중 CO_2를 광합성에 사용할 수 없기 때문에, 이미 고정된 말산의 CO_2를 세포 내에 방출하여 캘빈-벤슨 회로를 돌리는 것이다. 한편 밤에는 기공을 열어 공기 중 CO_2를 잎세포 속으로 가져올 수 있고 PEP Case 효소를 이용하여 C4 대사물인 말산으로 만들어 저장할 수 있다. 비유하자면 CAM 식물은 낮에 숨을 멈추고 있다가 밤에만 숨을 쉬는 대사를 선택한 것이다.

대사의 관점에서 보면 식물은 크게 C3 식물과 C4 식물로 나눌 수 있다.

이러한 C4 대사는 진화적으로 얼마나 자주 출현했을까? 진화생물학자들이 관찰한 바에 따르면 C4 식물은 쌍자엽, 단자엽 식물 가릴 것 없이 나타나고, 적어도 45종류의 서로 다른 식물종에서 발견된다고 한다.* 식물의 진화계통수 분석을 해보면 C4 대사는 적어도 31번 독립적으로 진화된 것으로 보인다. 말하자면 C4 대사는 비교적 쉽게 일어나는 진화적 변화 중 하나라는 얘기다. 이러한 진화 유형을 수렴진화라 한다. 현존하는 현화식물의 약 3퍼센트만이 C4 식물이지만 전 지구적 1차 생산량의 23퍼센트 정도는 이들이 생산한다. C4 대사가 에너지 효율이 높고, 진화적으로도 쉽게 일어날 수 있는 변화라면 유전공학을 이용해 C3 식물인 작물들을 C4 작물로 개량할 수 있지 않을까?

이러한 연구가 유전공학이 한창 전 세계적 주목을 받았던 1990년대 집중적으로 이루어졌다. 특히 벼를 C4 식물로 개량하려는 많은 시도가 있었고, 심지어 산소와 이산화탄소를 구분할 수 있는 루비스코 유전자를 찾는 과학자들도 있었다. 그 당시의 열풍이 가라앉은 지금은 누구도 그런 시도를 하지 않는다. GMO 이슈도 있고 무엇보다 그렇게 개량된 작물이 정말 생산성이 좋을지 진화생물학자들은 회의적이기 때문이다. 진화생물학자들은 이미 자연이 벼, 밀 등의 식물종에서 C4 식물로의 진화를 수십억 년 동안 시도하였고, 그 결과 진화적 수지타산(evolutionary trade-off)이 맞지 않아 포기한 것이라고 해석한다. 벼의 생존에 C4 대사가 불리하였을 것이라는 얘기다.

---

* *Science* (2011) Photosynthesis reorganized. Vol. 33; 1436-1437.

3

영속적 배발생

여름의 산은 힘찬 기운이 느껴지는 젊음의 산이다. 나무들이 내뻗는 싱싱한 가지와 푸르른 잎들, 피톤치드 가득한 공기를 내뿜는 나무들에 의해 숲속 그늘 자리는 그 어떤 길보다 훌륭한 산책로가 된다. 이렇게 웅장한 녹음이 1밀리미터도 되지 않는 작은 식물 기관에서 유래했다는 사실은 새삼 생명의 위대함을 깨닫게 한다.

| 콩나물엔 꽃이 없다 |

우리 인간들은 태어날 때 모든 기관을 완성한 상태로 세상에 나온다. 태어나 자라면서 새로이 생성되는 기관은 없다. 배발생을 완료했기 때문이다. 인간뿐만 아니라 모든 동물은 태어날 때 배발생이 완료된 상태로 태어난다. 심지어 화려한 부활로 상징되는 나비도 애벌레 상태일 때 실은 모든 기관의 압축판*을 애벌레의 몸속 여기저기에 이미 갖고 있다. 말하자면 애벌레조차도 눈, 더듬이, 날개, 다리 등의 기관을 압착된 형태로 가

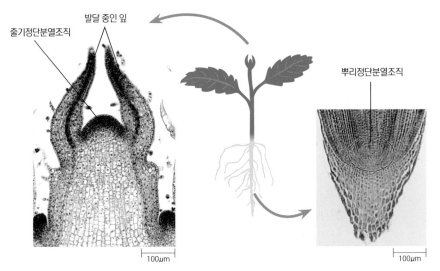

줄기정단분열조직

발달 중인 잎

뿌리정단분열조직

100μm

100μm

그림 2-7 **식물의 줄기정단분열조직과 뿌리정단분열조직.** (왼쪽) 줄기정단분열조직은 돔 모양으로 생긴 미분화세포 조직으로 지상부의 모든 기관들이 이곳에서 만들어진다. (오른쪽) 뿌리정 단분열조직은 뿌리 조직이 만들어지는 곳으로 점선으로 표시된 부분이다. 뿌리골무의 보호 를 받고 있다. (서울대 생명과학부 현유봉, 이지영 교수 제공)

지고 있는 셈이다.

식물은 배발생의 관점에서 동물과는 전혀 다른 생물학적 특징을 가진 다. 식물은 세상에 나올 때 배발생이 완료되지 않은 채 나온다. 콩나물에 서 꽃을 볼 수 없고, 잎과 가지를 볼 수 없는 이유이다. 식물의 많은 기관 들은 발아 후 생장하면서 새로이 만들어진다. 그런 관점에서 식물은 살 아 있는 한 영원히 배발생을 진행하는 생물이다. 이러한 영속적 배발생은 특별한 장소 혹은 기관에서 진행된다. 그 장소가 정단분열조직이다(그림 2-7).

---

* 이를 성충판(imaginal disc)이라 한다. 압축된 형태로 존재하던 성충판은 변태가 진행될 때 빠른 속도로 세포분열을 하면서 눈, 다리, 더듬이, 날개 등으로 발달한다. 이 과정은 마치 압축되어 있던 각 기관이 부 풀어져 펼쳐지듯이 진행된다.

정단분열조직은 식물의 생장과 기관형성에 절대적인 역할을 하는 조직이다. 식물의 정단분열조직은 크게 줄기정단분열조직, 뿌리정단분열조직과 형성층분열조직, 세 조직으로 나누어진다. 각각 지상부, 지하부의 생장과 부피 자람을 담당하는 분열조직이다. 여기서는 줄기정단분열 조직에 초점을 맞추어 설명하기로 한다.

줄기정단분열조직은 식물에 따라 다소간 차이가 있겠지만 크기가 대략 100~500마이크로미터(1/10⁶미터) 정도이다. 정단분열조직을 구성하고 있는 세포 수도 기껏해야 100~400여 개에 지나지 않는다. 눈에 보이지도 않는 이 작은 기관에서 100여 미터에 이르는 어마어마한 크기의 삼나무가 형성된다. 그림 2-7의 왼쪽에 전형적인 쌍떡잎식물의 줄기정단분열조직 해부 사진을 볼 수 있다. 가운데 돔 형태의 반구형 구조물이 있고 양쪽 측면에 개꼬리 모양의 기관이 돌출되어 있다. 돔 형의 구조물은 크기나 세포 수가 변하지 않고 유지되지만 개꼬리 모양의 기관—이 부분을 잎의 맹아(leaf primordia, 葉芽)라 한다—은 세포분열이 맹렬히 진행되어 잎을 만들어낸다. 잎이 만들어진다는 것은 이 기관이 정단분열조직으로부터 멀어진다는 얘기이기도 하다. 정단분열조직은 위로 생장하면서 새로운 엽아를 끊임없이 만들기 때문에 이미 생성된 잎과 멀어지게 되는 것이다.

줄기정단분열조직에서 진행되는 활발한 세포분열에 의해 줄기신장과 잎의 형성 등이 이루어지고 결과적으로 지상부의 모든 기관이 매일 새롭게 만들어진다. 일신우일신(日新又日新)을 하고 있으니 식물은 영원한 청춘이며, 영원한 삶을 누리고 있는 것이다. 식물의 영원한 삶의 비결엔 줄기정단분열조직이 있다. 이러한 특징을 살려 최근에 만들어진 의학적 용어가 줄기세포(stem cell)이다. 인간의 줄기세포는 무한히 세포분열을 하며 어떤 기관으로도 분화가 되지 않은, 그러나 분화할 가능성을 가진 일련의 세포를 말한다. 이러한 줄기세포의 특성을 고스란히 간직하고 있는 것이 줄기정단분열조직이다. 자신은 분화가 되지 않은 미분화 상태를 유지하면서 세포분열을 통해 곧 잎으로 분화할 기관을 만들어줌으로써 끊임없이 새로운 잎과 줄기를 만들어내는 것이다. 최근에는 식물과학자들이 줄기세포라는 용어를 역으로 받아들여 정단분열조직을 구성하는 100여 개의 세포를 줄기세포라 부르기 시작했다. 물론 알다시피 그 줄기와 그 줄기는 다르다.

| 생장은 동물의 운동 |

왜 식물은 영속적 배발생을 하게 진화하였을까? 이에 대한 답은 간단치가 않다. 우선 잘 알듯이 식물은 움직이지 못하고 한 장소에 갇혀 고착생활을 하는 특성을 갖고 있다. 영속적 배발생은 이러한 특성과 관계가 있다. 우선 식물이 움직이지 못하는 이유에 대해 생각해보자. 식물이 움직이지 못하는 것은 세포 수준에서 세포벽에 갇혀 있어 꼼짝을 못 하기 때문이다. 세포벽은 단단한 섬유소로 이루어진 세포소기관이다. 과거 조선시대에 멍석말이라는 형벌이 있었다. 멍석은 식물이 만든 섬유소가 주성분인데 이 속에 사람을 가두면 꼼짝을 못 하게 된다. 왜 식물이 움직이지 못하는지 쉽게 이해할 수 있다. 모든 세포가 세포벽에 갇혀 있어 꼼짝을 못하는 것이다. 세포벽이 부정적인 것만은 아니다. 단단한 세포벽에 의해 식물은 다른 생물체의 침해로부터 자신을 보호할 수 있다. 생각이 여기에 미치면 왜 식물이 이런 진화적 선택을 했는지 이해가 된다. 광합성을 하는 자가영양생물인 식물이 애써 먹이를 구하기 위해 돌아다녀야 하는 동물과 달리 한군데 가만히 있어도 되었다는 사실과 움직이지 못하다 보니 자신을 보호할 수단이 필요해졌을 것이라는 추측을 종합해보면 왜 세포벽을 갖게 되었는지 진화적 이유가 설명 가능하다.

그것과 영속적 배발생이 무슨 관계인가? 식물도 생물이기 때문에 다섯 가지 생물의 특성을 가지고 있다. 모름지기 생물이란 1) 대사활동을 하여야 하며, 2) 자극에 대해 반응을 할 수 있고, 3) 환경에 적응을 하며, 4) 생식을 통해 자손을 낳으며, 5) 진화를 통해 끊임없이 변화하는 특성을 가져야 한다. 이러한 특성 중 자극에 대한 반응이 식물의 영속적 배발생과 관계가 있다. 식물도 동물처럼 자극이 주어지면 반응을 한다. 다만 시간의 차원이 달라 동물처럼 재빨리 반응하지 않을 뿐이다. 화초를 키우면서 흔히 하는 일 중의 하나가 창가 식물을 주기적으로 돌려주는 것이다. 돌려주지 않으면 모든 식물은 굴광성 반응을 통해 줄기가 창 방향으로 자라기 때문에 오래지 않아 영 볼품없는 꼴이 되어버린다. 한쪽 방향으로 길게 자란 줄기의 모습이 되기 때문이다(그림 2-8).

이러한 굴광성 반응은 식물이 자극에 대해—이 경우에는 빛이라는 자극—생장을 통해 반응한다는 사실을 극명하게 보여준다. 이런 의미에서 식물의 생장은 동물의 운동에 해당한다. 동물이 죽을 때까지 움직이듯이 식물은 죽을 때까지 생장하는 것이다. 식물의 생장 과정을 보여주는 동영

그림 2-8 **식물의 굴광성 반응.** 창가에서 자란 자귀나무는 빛이 드는 창가 쪽으로 휘어져 자란다.

상*을 보면 식물도 동물과 같이 움직이며 자극에 대해 적극적으로 반응한다는 사실을 깨닫게 된다. 이러한 생장반응을 위해 식물은 영속적 배발생이 필요하다.

---

* 식물의 굴광성 반응과 생장을 보여주는 동영상 참조. https://www.youtube.com/watch?v=DhITXt
ENPrU

4

잎의 배열에 숨은 수학, 피보나치 수열

잎은 줄기정단분열조직의 측면 부위에서 연속적으로 생성된다. 그런데 이 잎이 생성되는 과정을 관찰하다 보면 창조주는 뛰어난 수학자라는 생각이 든다. 잎은 매우 정교한 수학적 규칙에 따라 생성되기 때문이다. 잎이 형성되는 방식에는 마주나기, 어긋나기, 돌려나기, 세 가지 방식이 있다. 아마도 식물에서 가장 많이 발견되는 방식이 돌려나기일 것이다. 돌려나기는 잎이 나선형으로, 시계방향 혹은 반시계방향으로 돌아가며 나는 방식을 말한다. 우선 가장 일반적인 잎 형성 방식인 돌려나기에 숨어 있는 수학적 원리부터 살펴보자.

| 자연이 사랑한 피보나치 수열 |

돌려나기 잎의 배열은 피보나치 수열을 따른다. 뛰어난 수학자였던 피보나치는 어린 시절 매우 흥미로운 수학적 발견을 하게 된다. 어린 피보나치에게 이웃에 사는 농부가 질문을 했다. 토끼 한 쌍을 사서 키우는데

그림 2-9 **자연에서 발견되는 피보나치 수열.** 시계방향으로 솔방울, 해바라기 씨, 조개의 나선 무늬, 선인장의 잎.

토끼들이 1년 뒤에는 몇 마리로 불어나게 될까? 전제 조건으로 토끼가 새끼를 낳을 수 있게 자라는 데 걸리는 시간은 두 달이며, 이후 매달 암수 두 마리의 토끼를 낳는다고 한다. 이때 1년 후에 토끼는 몇 마리나 생길까? 이를 정리한 것이 피보나치 수열이다. 두 달 이후부터 불어나는 새끼의 수는 1쌍, 2쌍, 3쌍, 5쌍, 8쌍, 13쌍, …의 순으로 불어난다. 이 수열의 규칙은 앞의 두 수를 더한 값이 다음 수가 된다는 것이다.

놀랍게도 자연은 피보나치 수열을 너무나 사랑한다(그림 2-9). 솔방울의 비늘잎이 생기는 방식도 피보나치 수열을 따르고, 해바라기 씨앗이 형성되는 방식도 피보나치 수열을 따르며, 다양한 식물의 잎이 생성되는 방식도 피보나치 수열을 따른다. 심지어 조개껍질의 나선무늬도 피보나치 수열을 따라 형성되니 피보나치 수열이 식물에만 국한된 것도 아니다. 이

이일하 교수의 식물학 산책

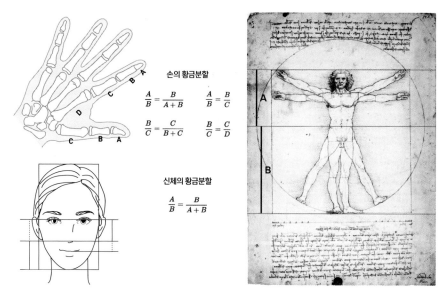

손의 황금분할

$$\frac{A}{B} = \frac{B}{A+B} \qquad \frac{A}{B} = \frac{B}{C}$$

$$\frac{B}{C} = \frac{C}{B+C} \qquad \frac{B}{C} = \frac{C}{D}$$

신체의 황금분할

$$\frac{A}{B} = \frac{B}{A+B}$$

그림 2-10 **황금률에 따른 신체 비율.** 다빈치는 황금률에 따라 인체를 그릴 것을 강조하였다. (오른쪽) 이탈리아 피렌체 소재 아카데미아 미술관에 전시된 다빈치의 인체 데생.

러한 피보나치 수열이 비율에 적용되면 황금률을 만든다. 황금률을 대표하는 수치는 0.618이다.* 르네상스 시대를 대표하는 천재 화가 레오나르도 다빈치는 인체를 그릴 때 황금률에 따라 그릴 것을 권한다. 그게 가장 아름다운 형상이 되기 때문이다. 황금률이란 전체를 둘로 나누었을 때 부분 간의 비율이 전체와 긴 길이 간의 비율과 같아지는 분할을 말한다. 이를테면 우리의 손가락이 황금률을 따르는 대표적인 기관인데, 손가락 전체의 길이와 긴 마디의 길이 비율이 긴 마디와 짧은 마디의 비율과 같은 것을 볼 수 있다(그림 2-10). 이러한 황금률은 신체의 많은 부위에서 발견

---

* 수학적으로 피보나치 수열을 정의하면 수열의 n 값은 $(G^n - (-g)^n)/\sqrt{5}$로 수렴되는데, 이때 G=1.618, g=0.618이 된다. 황금률은 전체와 부분의 비율이 각 부분 간의 비율과 같은 값이 되는 비율을 말한다. 이는 1.618:1=1:0.618로 표현된다. 그래서 황금률을 대표하는 값이 0.618이다.

그림 2-11 **건축물에 적용된 황금률.** 화엄사 대웅전(왼쪽). 이집트 기자 피라미드(오른쪽).

되는데 우리는 황금률에서 아름다움을 느낀다. 이 때문에 아름다움을 추구하는 예술작품들이 황금률을 따르게 되는 것이다. 우리는 황금률을 인공물에도 적용하여 아름다운 형상을 만들고 있다. 건물을 지을 때 황금률을 적용하면 건축물을 안정적으로 보이게 한다(그림 2-11). 아마도 자연에서 피보나치 수열이 그토록 많이 발견되는 까닭은 안정감 때문일 것이다.

| 잎의 나선형 배열 |

피보나치 수열이 각도에 적용되면 황금각이 된다. 황금각이란 137.5도 간격으로 배열되는 각도를 말한다. 부분 간의 각도 비율이 전체와 큰 각의 비율과 같아지는 각도가 137.5이기 때문이다.* 나선형 돌려나기 배열 방식을 가진 잎은 정확히 137.5도 각도로 새로운 잎이 형성된다. 이렇게 형성되는 생리학적 이유는 식물호르몬 옥신의 작용 방식 때문이다. 옥신

---

* 360도:222.5도=222.5도:137.5도. 그래서 황금각을 137.5도라 한다. 이 황금각 비율은 0.618에 해당한다.

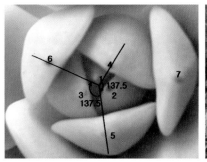

그림 2-12 **황금각을 따르는 식물 잎과 꽃의 나선형 배열.** 다육식물의 잎 형성(왼쪽). 애기장대 화분 열조직의 형성(오른쪽).

은 식물의 생장에 가장 중요한 호르몬으로 세포신장과 세포분열을 촉진한다(옥신의 기능 88~89쪽 참조). 정단분열조직에서 옥신은 새로운 기관이 형성되는 자리에서 집중적으로 생산되는데 이때 옥신이 생산되는 조직 주변 세포에서는 옥신의 생산이 억제되는 동시에 새로운 기관의 형성이 억제된다. 이를 생물학적인 용어로 주변억제(lateral inhibition)라 한다. 닭고기를 삶으면 깃털이 뽑힌 자국이 선명하게 드러나는데 이 자리가 매우 규칙적으로 배열되어 있는 것을 볼 수 있다. 이것은 깃털이 생성되는 발생 과정의 주변억제를 생생하게 보여준다. 깃털이 형성되는 자리에서 형태형성인자(morphogen)가 생성되어 주변 세포로 확산되면 주변 세포에서는 이 인자에 의해 깃털의 형성이 억제되고 그 인자의 농도가 미약한 일정 거리의 세포에서 새로운 깃털이 형성되는 것이다. 이러한 원리로 깃털은 매우 규칙적인 간격으로 만들어진다.

잎이 형성되는 원리에도 이와 같은 주변억제가 작용한다(그림 2-12). 새로 생성되는 잎은 엄청난 양의 옥신을 생성하게 되고 주변 세포로 확산되어 나간다. 이렇게 확산된 옥신은 주변 세포들이 잎으로 분화되지 못하게 억제하는 형태형성인자로 작용한다. 따라서 지금 막 형성되고 있는 엽아와 바로 직전 생성되었던 엽아에서 가장 멀리 떨어진 장소, 즉 옥신 농도가 가장 희박해지는 장소에서 새로운 잎이 형성된다. 그 장소가 새로 형성되는 엽아와 정확히 황금각(137.5도)으로 틀어져 있다. 따라서 잎은 137.5도 각도로 나선형 방향으로 형성되는 것이다.

| 마주나기와 어긋나기 |

잎이 형성되는 또 다른 방식, 마주나기와 어긋나기도 결국 옥신의 형태형성인자로서의 기능 때문인 것으로 추정된다. 마주나기의 경우 옥신 농도가 가장 낮아진 장소로 서로 마주보는 180도 각도가 식물이 선택한 결과이며, 어긋나기의 경우에는 이 정도의 간격도 충분치 않아 아예 공간적으로 떨어진 장소인 새로운 절(node)에서 형성되도록 진화한 결과로 생각된다. 이러한 식물 간의 차이는 새로운 엽아가 형성되는 것을 방해하는 옥신에 대한 민감성이 서로 다르기 때문이다. 말하자면 나선형 돌려나기 방식의 경우에는 약간의 희석된 옥신이 있어도 새로운 엽아가 생성될 수 있을 정도로 옥신에 대한 민감도가 낮은 식물에서 나타나며, 마주나기의 경우에는 옥신에 대한 민감도가 이보다는 더 높지만 어긋나기 식물의 경우처럼 예민하지는 않은 식물에서 나타난다. 어긋나기의 경우에는 아주 적은 옥신에 대해서도 엽아의 생성이 억제되는, 아주 예민한 식물에서 나타나는 현상일 것이다. 이건 금방 실험을 통해 확인할 수 있는 사실이라 누군가 짧지만 굵은 영향력을 가진 논문을 쓰고 싶다면 직접 해보라고 권하고 싶다. 고등학생들의 체험학습 주제로 적절하지 않을까 한다. 물론 현미경을 오랫동안 들여다보는 끈기와 손의 정교함이 필요하니 얼렁뚱땅할 수 있는 일은 아니다.

| 수관기피 |

마지막으로 식물들 간의 상호존중 과정에서 나타나는 수관기피(crown shyness)에 대해 살펴보자. 이러한 생리적 현상도 잎에 의해서 진행되는 현상이다. 수관기피란 그림 2-13에서 보는 것처럼 나무의 꼭대기 부분이 서로 겹치지 않게 가지가 서로 피해서 자라는 현상을 말한다. 수관(crown)이란 나무가 하늘을 만나는 윗부분의 형태를 말하며, 기피(shyness)란 수관의 성장 형태가 수줍은 듯 이웃 나무에 닿지 않게 자라는 현상을 일컫는다. 이렇게 서로가 남의 영역을 침입하지 않음으로써 하늘이라는 공간을 나

그림 2-13 **식물의 이웃 배려, 수관기피.** (ⓒ Roberto Campello | iStock)

무들이 사이좋게 나누어 쓴다. 상호존중하고 배려하는 최소한의 예의를 나무들에게서 배운다.

이 현상과 관련되어 작용하는 것이 적색광 수용체인 파이토크롬이다. 파이토크롬은 원적색광을 받으면 생화학적 활성이 바뀌게 되는데, 원적색광은 식물의 잎이 흡수하고 남은, 즉 반사시킨 햇빛에 많이 들어 있다. 파이토크롬은 원적색광을 흡수하면 식물의 잎과 가지를 웃자라게 만드는데, 이를 식물생리학자들은 음지 회피성 증상(shade avoidance syndrome)이라 부른다. 이렇게 잎과 가지가 웃자라게 되면 태양빛을 보다 직접적으로 받아들일 수 있어 광합성에 유리하다. 그러나 산림에서는 모든 나무들이 이러한 반응을 동시에 하고 그 결과 경쟁을 피할 수 없게 되는데, 식물들이 경쟁을 피하기 위해 지혜롭게 선택한 전략이 하늘 공간을 서로 나누어 가지는 수관기피이다. 이 얼마나 아름답고 현명한가!

5

덩굴식물의 줄기나선 방향

애기장대는 바닥에 착생하는 로제트형의 잎을 나선형으로 만드는 식물이다. 배추나 유채도 같은 십자화과 식물로 나선형 로제트 잎을 만들어낸다. 애기장대를 가지고 오랫동안 연구를 하면서 자연스럽게 알게 된 사실 중 하나가 나선형 잎의 방향이 시계방향이기도 하고 반시계방향이기도 한데, 대략 반반이라는 것이다. 즉 나선형의 방향은 무작위로 선택*되며, 일단 선택이 되면 그 방향으로 계속 돌게 된다. 피보나치 수열의 원리와 잘 부합하는 설명이다.

---

* 사람의 머리에 있는 가마의 나선 방향도 반반 정도로 시계방향과 반시계방향이 무작위로 나타난다. 필자는 일란성 쌍둥이인데 동생과 내 가마의 방향이 서로 다르다. 가마의 방향이 유전적으로 결정되는 것은 아님을 보여준다. 애기장대의 잎에서 나선 방향이 무작위로 결정되는 기작은 나름 짐작할 수 있다. 애기장대는 쌍떡잎식물이기 때문에 씨앗이 발아하면 두 장의 떡잎이 180도 각도로 나란히 펼쳐진다. 그다음 잎이 나오는 장소는 두 떡잎에서 가장 먼, 그래서 옥신 농도가 가장 낮은 장소, 즉 90도 각도 지역이다. 그런데 이 90도 각도의 장소가 왼쪽일 수도 있고, 오른쪽일 수도 있다. 어느 쪽이 되느냐는 무작위로 일어나는 사건이고 따라서 반반의 확률로 시계방향 혹은 반시계방향으로 이후의 잎이 형성되는 것이다. 사람 머리의 가마도 같은 원리일 것으로 생각된다.

20여 년 전 청소년을 대상으로 한 대중강연에서 한 학생이 재미있는 질문을 해왔다. "덩굴식물의 줄기나선 방향이 북반구와 남반구가 서로 다르다고 하던데 왜 그런가요?"라고 물어왔다. 꽤 흥미로운 질문이었지만 당시에는 답을 전혀 몰랐다. 나선 방향이 정말 다른지도 확인해줄 수 없었다. 애기장대 잎의 나선 방향이 무작위이듯이 덩굴식물의 줄기나선 방향도 무작위일 것도 같고, 학생의 말대로 지구 자전에 영향을 받아 항상 같은 방향으로 줄기가 감고 올라갈 수도 있을 것 같기도 했다. 그 후, 2020년 코로나 바이러스가 극성을 부리던 때 저 남반구 호주로 안식년 연수를 떠나게 되었다. 모든 것이 닫혀 있는 상황에서 꼼짝없이 학교(애들레이드 대학)와 집 사이만을 왔다 갔다 하며 생활했지만, 다행스럽게도 내가 연수했던 연구실에서 3분 거리에 그 유명한 애들레이드 식물원(Adelaide Botanic Garden)이 있었다. 시민들에게 무료로 개방하는 곳이라 점심 식사 후 산책을 하기에 더없이 좋은 공간이었다.

등나무 줄기의 나선 방향

대부분의 사람이 그러하듯이 나도 중년이 되면서 다양한 식물종에 관심을 가지게 되었고, 세계적인 식물원에서 남반구 희귀 식물들을 즐기는 산책에 자연스럽게 빠져들었다. 점심 산책이 일상이 되어가던 중 우연히 등나무로 꾸며놓은 터널을 만났다. 좌우 50미터 길이로 등나무를 식재하여 그 넝쿨로 자연스럽게 터널이 조성되어 있었다. 그때 20년 전 학생의 질문이 문득 떠올랐고, 나도 모르게 등나무 줄기의 나선 방향을 자세히 관찰하기 시작했다. 놀랍게도 터널을 형성한 여러 등나무들이 하나같이 시계방향으로 지지대를 감고 올라가고 있었다(그림 2-14). 나는 남반

그림 2-14 **애들레이드 식물원 입구와 등나무 줄기.** (왼쪽) 식물원 입구. (오른쪽) 식물원 내 시계방향으로 감긴 등나무 줄기.

구 덩굴식물들이 시계방향으로 줄기가 감기는구나, 하는 간단한 결론을 얻었다. 그렇다면 북반구, 서울에 있는 등나무 줄기들은 반시계방향으로 감고 있을까? 바로 휴대폰을 열어 동료 교수들에게 이 질문을 던졌다. 서울대 캠퍼스 여러 곳에 등나무 쉼터가 있기 때문에 곧 답을 알 수 있었다. 생명과학부 이은주 교수의 답은 "여기도 시계방향"이라는 것이었다. 같은 시계방향이라는 게 약간은 실망스러웠지만 결국 제한된 정보를 가지고 이런저런 추론을 할 수밖에 없었다. 맞아, 등나무는 원래 북반구 식물이어서 남반구에서 자라든 북반구에서 자라든 같은 방향, 시계방향으로 감기는 걸 거야! 이 추론은 줄기나선 방향이 유전적으로 결정되며 오랜 진화적 산물이기 때문에 지구 반대편으로 이동을 한다고 해서 나선 방향이 바뀌지는 않는다는 전제에 따른 것이다.

그런데 일주일 뒤 지구환경과학부의 허창회 교수가 자신이 사는 지역 아파트 단지에 심어진 등나무를 보고는 반시계방향으로 감긴 줄기의 형태를 사진으로 보내왔다. 얼마 후 몇 군데 더 확인한 결과 시계방향도 있고 반시계방향도 있었다. 이제 내 추론에 문제가 발생하기 시작했다. 일주일 뒤 애들레이드 식물원의 등나무 터널을 다시 찾았다. 이번엔 지난번의 터널과 또 다른 지역에 만들어놓은 터널도 함께 관찰했다. 놀랍게도 새로 발견한 터널의 등나무 줄기나선 방향은 전반부 15미터까지는 시계방향이었다가 후반부 15미터는 반시계방향으로 감겨 있었다. 결론은 등나무 줄기나선 방향에는 남반구이건 북반구이건 특별한 방향성이 없다는 것이다. 그리고 같은 방향인 것처럼 보이는 이유는 삽목을 통해 등나무들을 식재하기 때문에 같은 클론—동일한 나무에서 가지치기한 삽목—들이라 같은 방향으로 감겼기 때문일 것이다. 이제 어쭙잖은 식물학 지식을 가지고 섣부른 결론을 내리지 말고 전문가에게 물어보아야 할 때이다. 이 분야에 정통한 연구자가 고려대학교 생명과학과 김기중 교수이다. 김기중 교수는 우리나라 식물계통분류학의 대가이며 전 세계의 다양한 식물들에 대해 계통학적 관점에서 오랜 기간 연구를 해왔다. 정중히 이메일을 보내 덩굴식물의 줄기나선 방향이 자전의 영향을 받는지, 북반구와 남반구가 서로 다른지에 대해 물었다. 김기중 교수의 답은 이러했다.

"나무를 감는 덩굴식물의 감기는 방향이 남반구와 북반구가 다르다는 보고는 많이 있습니다. 대부분 토종 덩굴식물(우리나라의 등나무, 댕댕이덩굴, 남오미자 등등)의 경우 북반구에서는 반시계방향, 남반구에서는 시계방향이라는 보고가 있습니다. 예로 남반구인 칠레의 고유식물 칠레종덩굴은 칠레에서 시계방향으로 감깁니다. 그러나 남반구식물을 북반구로, 북반구

식물을 남반구로 옮기거나 싹 틔울 경우는 어떤 결과가 나오는지 믿을 만한 보고는 별로 없는 것 같습니다. 등나무의 경우는 우리나라에서는 대부분 반시계방향으로 관찰됩니다(물론 드물게 변이는 존재할 겁니다). 우리나라나 세계에서 원예용으로 심는 등나무의 경우 대부분 씨앗보다는 삽수를 이용하여 삽목으로 번식하므로 클론들은 같은 결과일 겁니다.

호주에 식재하는 등나무가 최초에 어디에서 왔는지, 삽수로 기원한 건지 씨앗으로 기원한 건지 궁금합니다. 삽수로 북반구에서 가져왔다면 북반구의 형질이 그대로 유지될 가능성이 높습니다. 그러나 종자를 가져와 키웠다면 종자의 세대가 반복될수록 남반구형질(시계방향)이 발현될 가능성이 높아질 겁니다. 그러나 이러한 형질변환은 1세대에는 낮지만, 2세대, 3세대 등 세대가 거듭할수록 남반구 형질로 바뀔 가능성이 높습니다."

| 미완성의 결론 |

김기중 교수의 전문가적 식견으론 북반구 덩굴식물은 반시계방향, 남반구 덩굴식물은 시계방향으로 감기는 것이 원칙이다. 그러나 삽수로 옮겨졌을 경우 북반구의 형질이 남반구에서도 여전히 유지될 수 있고, 씨앗으로 왔더라도 몇 세대는 내려가야 남반구의 환경에 적응한 형질이 나타날 것이라 단순한 관찰만으로는 결론을 내리기가 어렵다. 실제 애들레이드 식물원에서 등나무 외에도 4종류 이상의 덩굴식물을 관찰할 수 있었는데 이들의 줄기나선 방향은 하나같이 반시계방향이었다. 식물분류학에 문외한인 나로서는 이들이 호주의 토착식물인지 혹은 북반구에서 넘어온 외래종일지 전혀 가늠할 수 없었고, 따라서 북반구에서 넘어온 지 얼마 되지 않아 반시계방향을 나타내는지 워낙 남반구에서도 반시계방향으로 감기는 덩굴식물이 있는 것인지 결론을 내릴 수 없었다. 다행히 애들레이드 식물원 안에는 토착식물만 모아놓은 토착식물원이 있고 그 입구에 덩굴식물인 덩굴 리그넘(climbing lignum, 학명 *Muehlenbeckia adrpressa*)을 터널처럼 입구와 연결해 배치해놓았다. 반가운 마음에 줄기나선 방향을 들여다보니 이 또한 반시계방향으로 감겨 있었다.

결국 20년 전 학생의 질문에 대한 답은 미완으로 남게 되었다. 확실한 관찰을 위해서는 태즈메이니아로 가서 원시림 상태의 덩굴식물들을 관찰할 수밖에 없다. 애써 덩굴식물의 나선 편향성을 과학적으로 설명하자면, 아마도 덩굴식물이 발아하면서 180도 방향으로 펼쳐진 떡잎에서 처음 잎이 형성될 때 지구 자전이라는 미세한 힘이 북반구 식물들에게는 오른쪽에 잎이 생기게 작용하고, 남반구 식물들에게는 왼쪽에 잎이 생기게 작용하는 것이 아닐까? 북반구의 반시계방향 회전이 덩굴식물 정단조직의 옥신 혹은 옥신 흐름을 매개하는 수송 입자의 시계방향 편향성을 가져오고, 그 결과 옥신이 적은 곳에서 발생하는 잎[葉芽]의 생성 순서가 반시계방향이 되는 것이 아닌가 한다. 물론 남반구 덩굴식물에서는 정반대의 편향성이 나타날 것이다. 그런데 지구 자전의 영향을 하필 덩굴식물만 받게 되는 건 또 어떻게 설명해야 할까?

| 등나무와 칡덩굴의 갈등 |

덩굴줄기의 나선 방향에 얽힌 재미있는 단어 중 하나가 갈등(葛藤)이다. 국어사전에 따르면 갈등은 개인과 집단 사이에 이해관계가 달라 서로 적대시하거나 충돌하는 것을 뜻한다. 칡 갈(葛), 등나무 등(藤)이 더해진 이 말은 칡덩굴과 등나무가 서로 반대 방향으로 감기면서 덩굴 생장이 혼

그림 2-15 **제주도 곶자왈에서 발견한 등나무와 칡덩굴의 갈등.** (가) 왼쪽의 때죽나무 기둥을 따라 감겨 올라가는 칡덩굴은 반시계방향의 줄기나선으로 자연스럽게 자란다. 오른쪽 때죽나무 기둥을 타고 올라가는 등나무(굵은 덩굴)는 시계방향으로 감기려 하지만 반시계방향으로 감기려 하는 칡덩굴(가는 덩굴)을 만나면서 서로 화합하지 못하고 덩굴이 서로 뒤엉키게 된다. 옛사람들은 이런 부조화를 두고 갈등이라 하였다. (나) 갈등의 어원에 대해 설명한 안내판.

란스러워지는 현상을 보고 옛사람들이 사용하게 된 용어로 보인다. 필자는 제주도의 원시림이라는 곶자왈(환상숲 곶자왈)을 방문하였다가 갈등의 생생한 현장을 관찰할 수 있었다(그림 2-15).

사진 (가)에서는 나무 봉같이 자라는 두 때죽나무 기둥을 감고 올라가는 덩굴을 볼 수 있다. 왼쪽 때죽나무 기둥에는 칡덩굴이 자연스럽게 반시계방향(오른 방향)으로 감고 올라가는 생장을 보인다. 반면 오른쪽에 있는 때죽나무 기둥에는 등나무 덩굴이 시계방향(왼 방향)으로 감고 올라가고 있는데, 그 위에 다시 칡덩굴이 반시계방향으로 감고 올라가면서 생장이 뒤죽박죽 혼란스럽게 된 모습을 볼 수 있다. 사진 (나)는 이를 설명한 안내판이다. 설명에 따르면 칡은 오른쪽으로 감아 올라가고 등나무는 왼쪽으로 엇갈려 올라가다 보니 서로 뒤얽혀 화합하지 못하는 현상을 갈등(葛藤)이라 전한다. 마치 등나무의 시계방향과 칡덩굴의 반시계방향의 줄기나선 생장이 유전적으로 결정된 것처럼 설명하고 있다. 하지만 앞에서 살펴보았듯이 등나무는 일반적으로 반시계방향으로 감긴다. 따라서 이 갈등 현상은 우연히 시계방향으로 감겨 올라가는 등나무와 반시계방향으로 자라는 칡덩굴이 만났을 때 벌어지는 현상으로 보아야 할 것이다. 즉 유전적으로 결정되었다기보다 일반적인 편향성에 반하는 줄기나선 방향을 보인 등나무와 반시계방향으로 자란 칡덩굴이 화합하지 못하고 서로 뒤엉키게 된 현상이라는 해석이 보다 합리적이라 생각된다. 일반적인 편향성에 반하는 대표적인 생물학적 현상이 왼손잡이이다.

| 왼손잡이는 유전인가? |

덩굴식물의 줄기나선 방향을 얘기하다 보면 자연스럽게 주제가 오른손잡이와 왼손잡이의 특성은 어떻게 결정될까? 하는 의문으로 옮겨간다. 알다시피 오른손잡이, 왼손잡이는 반반의 확률로 태어나지 않는다. 인구의 대략 90퍼센트는 오른손잡이이고 10퍼센트 정도가 왼손잡이이다. 이게 유전되는 것도 아닌 것이 왼손잡이 부모에게서 왼손잡이 아이들이 태어나는 것도 아니다. 심지어 유전적으로 동일한 쌍둥이 사이에서도 오른손잡이, 왼손잡이가 갈린다. 그렇다면 이 형질은 어떻게 결정되는 것일까?

사실 오른손잡이가 우세한 것은 우리 인간에게서만 나타나는 특성은 아니다. 도구를 쓰는 것으로 알려진 영장류뿐만 아니라 거의 대부분의 동물에서 오른손잡이 우세 현상이 보인다. 즉 오래전부터 진화적으로 보존되어온 형질이라는 의미이다. 이에 손잡이(handedness)의 특성을 결정해주는 유전자를 찾으려는 노력은 꽤 오래전부터 있어왔다. 가장 최근에는 독일 그룹이 소위 전장유전체 연관분석(GWAS, Genome-Wide Association Study)이라는 최신의 집단유전학적 분석 방법을 활용해 그 유전자를 찾으려 시도한 적이 있다. 하지만 이들은 그런 유전자가 정말 있는지도 찾지 못했고, 있다고 하더라도 한 개의 유전자가 아닌 다양한 유전자와 환경요인에 의해 결정될 것이라는 하나 마나 한 결론에 도달했다. 이에 뉴질랜드 오클랜드 대학의 마이클 코밸리스(Michael C. Corvallis) 교수는 오른손잡이 우세 현상은 언어 능력을 결정해주는 것으로 알려진 뇌의 좌반구 지배와 관련이 있을 것으로 해석하였다.[*]

이미 과학자들은 19세기부터 인간 뇌의 좌반구가 언어 능력을 지배하고 있고, 이 좌반구가 인간 신체의 오른쪽을 통제한다는 사실을 잘 알고 있었다. 따라서 오른손잡이 편향은 사실은 우리 뇌의 비대칭성에 기인한다고 할 수 있다. 생각해보면 우리 몸은 외관상 좌우대칭처럼 보이지만 피부 껍질 한 꺼풀만 벗겨보면 온통 비대칭성으로 가득 차 있다. 심장은 왼쪽에, 위는 오른쪽에 배치되어 있는 것처럼 장기 중 어느 하나 좌우대칭으로 배열되어 있는 것은 없다. 오른손잡이 편향도 결국 인간 내면의 비대칭성이 반영된 결과인 셈이다. 그런데 흥미로운 점은 위인 중에 유난히 왼손잡이가 많다는 것이다. 심지어 최근 미국 대통령 여섯 명 중 네 명이 왼손잡이이다. 오바마 대통령, 희극인 찰리 채플린, 20세기 대표 과학자 아인슈타인 등이 모두 왼손잡이이다. 이게 무엇을 의미하는 것일까?

---

[*]   Corvallis (2019) Left brain, right brain; facts and fantasies. *PloS Biology*. Vol. 12; e1001767.

6

뿌리의 주변 탐색

뿌리는 땅속에 묻혀 있어 우리 눈에 드러나지 않지만 실제로는 식물 바이오매스의 거의 절반에 이르는 엄청난 양으로 존재한다. 줄기가 빛을 향해 생장반응을 하듯이 뿌리도 주변 환경을 인지하여 그쪽으로 자라거나 혹은 피하거나 하는 생장반응을 하게 된다. 땅속을 파보면 뿌리가 얼마나 열심히 주변 탐색을 하는지 느낄 수 있다. 주변에 물이 있는 곳으로 혹은 양분이 있는 곳으로 맹렬히 뿌리를 뻗고 있는 생생한 장면을 목격하기 때문이다. 이런 장면에 감동한 말년의 다윈은 식물의 '뇌'가 줄기가 아니라 뿌리에 있다고 주장하였다. 여기서는 뿌리가 어떤 생장반응을 하는지 알려진 몇 가지 흥미로운 과학적 사실을 살펴본다.

| 중력을 따라가는 뿌리 생장 |

뿌리 뽑힌 잡초들이 흩어져 있는 풀밭에서 흔히 관찰되는 식물의 성질이 있다. 잡초의 줄기는 하늘 방향으로 성장하고, 뿌리는 땅 쪽으로 성장

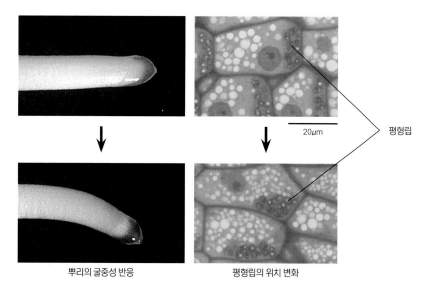

평형립

뿌리의 굴중성 반응   평형립의 위치 변화

그림 2-16 **뿌리정단조직의 굴중성 반응.** (왼쪽) 뿌리의 굴중성 반응. (오른쪽) 전분으로 채워진 평형립의 중력에 의한 위치 변화.

하는 현상. 이를 굴지성이라 불렀다. 최근에는 땅이 생장반응을 일으키는 게 아니라 중력에 의해 생장반응이 일어나는 것이니 굴중성(gravitropism)이라고 한다. 과학적 용어는 정확성이 생명이니 바람직한 수정이다. 굴중성과 관련해 두 가지 의문이 떠오른다. 우선 무엇이 중력 방향을 인지하게 하는가? 다음으론 어떻게 해서 줄기와 뿌리는 서로 반대되는 생장반응을 하게 되는가? 하나씩 살펴보자.

중력을 인지하게 하는 기작은 의외로 간단명료하다. 중력이 잡아당기는 힘에 따라 이동하는 세포소기관 속의 평형립(statolith)이 있기 때문이다. 평형립은 엽록체의 다양한 형태 중 하나인 전분체(amyloplast) 내에 들어 있는 전분알갱이다. 이 평형립이 발견되는 장소는 뿌리의 끝부분에 있는 뿌리골무 조직 세포들이다*(그림 2-16). 이들 평형립의 전분 알갱이들이 중력에 따라 위치가 바뀌게 된다. 평소에는 골무세포의 아래쪽 바닥에 평형립이 깔려 있다. 전분 알갱이의 무게 때문에 중력이 잡아당기는 방향으로 배치된 것이다. 식물이 뿌리 뽑혀 눕혀지는 안타까운 상황에 처하게 되면 평형립은 그 무게 때문에 다시 아래 방향으로 내려앉게 되는데 이때 세포 수준에서 보면 옆면에 놓이게 되는 것이다(그림 2-16). 이렇게 해서 뿌리는 자신의 방향이 바뀌었다는 사실을 인지하게 된다.

뿌리세포가 중력의 방향이 바뀐 것을 평형립의 위치 재조정으로 인지하게 된다면, 이후 굴중성 생장반응을 유도하는 것은 옥신이라는 호르몬에 의해서이다. 옥신은 평형립의 위치가 바뀌게 되면 그림 2-17과 같이 뿌리의 아래쪽 방향으로 주로 이동하게 된다. 그 결과 위쪽보다 아래쪽에 옥신 농도가 더 높은 상태가 된다. 옥신은 뿌리세포의 세포분열을 억제하는 기능을 한다. 따라서 눕혀놓은 뿌리에서는 아래쪽의 생장이 위쪽보다 현저하게 느려지면서 자연스럽게 뿌리가 중력 방향으로 휘어지게 생장하는 것이다. 아래쪽은 천천히 자라고 위쪽은 빠른 속도로 자라면 당연히 휘어지면서 생장하게 될 것이다. 결국 굴중성도 굴광성과 마찬가지로 옥신에 의한 식물 생장 효과 때문에 나타나는 생리적 반응인 셈이다.

그렇다면 왜 줄기와 뿌리가 서로 반대 방향의 생장반응을 일으킬까? 중력의 인지는 줄기나 뿌리나 모두 평형립의 세포 내 위치 변화에 의해 인지된다. 더구나 그 때문에 옥신의 흐름이 주로 아래쪽으로 진행되어 아래쪽의 농도가 위쪽의 농도보다 높아지는 것도 동일하다. 그런데 왜? 줄기

---

* 　직접 **흙**을 만나는 가장 바깥쪽의 뿌리골무는 안쪽에 있는 **뿌리정단분열조직**을 보호하는 역할도 한다. 이 정단분열조직은 의학적 용어로 '줄기세포'들로 이루어져 있다.

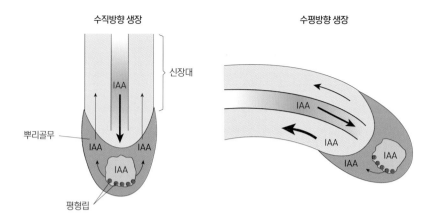

그림 2-17 **옥신에 의한 굴중성 반응.** 뿌리가 지면에 평행하게 누우면 뿌리골무 세포 속의 평형립이 아래 방향으로 내려오게 된다. 이 자극은 옥신이 아래 방향으로 활발하게 수송하는 신호가 된다. 결과적으로 아래쪽의 옥신 농도가 높게 되는데, 뿌리세포는 옥신에 의해 생장이 억제되므로 뿌리 아래 부위는 생장이 느려지고 위쪽 부위는 생장이 빨라져 뿌리는 아래쪽으로 휘어서 생장한다. IAA(Indole Acetic Acid)는 옥신의 한 종류.

세포와 뿌리세포가 옥신에 대한 반응을 정반대로 하기 때문이다. 줄기에서는 세포들이 옥신 농도가 높아지면 세포신장이 증가하는 반응을 보인다. 이 때문에 줄기에서는 위쪽보다 아래쪽 신장이 더 활발하게 일어나고 그 결과 하늘 방향으로 식물이 생장하게 되는 것이다. 결국 줄기와 뿌리가 중력에 대해 서로 반대되는 생장반응을 보이는 것은 옥신에 대한 반응이 조직마다 서로 다르기 때문이다. 식물호르몬이 서로 다른 조직에서 서로 다른 기능을 하는 것은 식물호르몬에서 일반적으로 관찰되는 현상으로, 동물호르몬과는 다른 식물호르몬의 특징이기도 하다.

굴광성의 원리도 옥신이 관여하는 같은 생리적 현상이다. 식물의 줄기가 빛을 한쪽 방향에서 받으면 줄기 끝부분에서 옥신 호르몬은 빛의 반대 방향, 즉 음지면(shade side)을 따라 아래쪽으로 수송된다. 옥신은 줄기세포에서 세포신장을 촉진시키니, 당연히 줄기 음지면의 세포신장이 상대적으로 크게 일어나 줄기가 음지면의 반대 방향, 즉 빛이 오는 방향으로 휘어지며 생장하는 것이다. 이때 빛을 받아들이는 광수용체는 청색광 수용체인 것으로 밝혀졌다. 청색광 수용체가 빛을 받아 활성화된 이후 어떤 분자적 기작이 진행되어 옥신 수송이 줄기 음지면으로 집중되는지 그 중간 단계는 아직 모른다. 마찬가지로 뿌리의 굴광성 반응에서 평형립이 아래쪽으로 내려앉은 후 어떤 분자적 기작이 작용하여 옥신 수송이 아래쪽으로 집중되는지 그 중간단계에 대해서도 여전히 밝혀져야 할 숙제로 남아 있다.

| 토양 속 영양분을 찾아서 |

농부들은 식물의 성장에 가장 중요한 요소가 질소(N), 인(P), 칼륨(K)인 것을 잘 알고 있다. 비료의 성분표에는 항상 질소, 인, 칼륨의 함량비를 표기하고 있기 때문이다. 이 중 질소는 특히 식물의 생장을 직접적으로 촉진시키므로 비료로서 굉장히 중요하다. 식물의 뿌리는 토양 속 영양분이 어디에 있는지를 인지하여 그 방향으로 자란다. 최근 케임브리지 대학의 오톨린 레이저(Ottoline Leyser) 교수는 식물의 생장에 관한 흥미로운 연구를 수행하고 있다[*](그림 2-18).

식물은 토양 속에 질소가 충분히 있으면 뿌리의 생장을 늦춘다. 반면 토양 속 질소가 부족하면 뿌리가 빠른 속도로 생장하는데, 질소가 있는

---

[*]   Oldroyd and Leyser (2020) A plant's diet, surviving in a variable nutrient environment. *Science*. Vol. 368; eaba0196

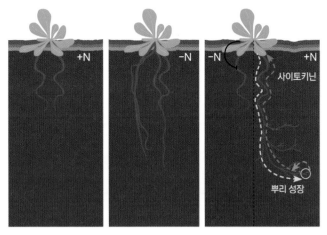

그림 2-18 **질소를 찾아가는 뿌리의 생장반응.** 질소 비료가 충분한 토양 속에서 식물 뿌리는 생장이 억제되고(왼쪽), 반대로 질소 비료가 없는 토양 속에서 식물 뿌리는 생장이 촉진된다(가운데). 그러나 식물 뿌리의 일부는 질소가 없는 토양에, 일부는 질소가 풍부한 토양에 갈라서 키우면 뿌리는 정반대의 생장반응이 나타난다. 이러한 뿌리의 생장을 조절하는 부위는 지상부의 줄기라 생각된다.

곳으로 자라기 위함이다. 그러나 실험실 조건과 달리 토양 속은 질소량이 균일하지 않을 것이다. 지역에 따라 질소량이 많은 곳도 있고 적은 곳도 있다. 따라서 토양 속에서 생장하는 뿌리는 질소가 많은 곳으로 빨리 생장하고 질소가 없는 곳으로는 생장을 억제시키는 것이 효율적인 생장 전략이 된다. 말하자면 실험실 조건과는 반대되는 뿌리 생장반응이 필요하다.

실제로 하나의 식물에서 나온 뿌리를 갈라서 질소가 있는 배지와 없는 배지로 나누어 재배해보면 균일한 배지에서 키웠을 때와는 정반대 생장 반응이 나타난다(그림 2-18). 질소가 없는 배지에 담긴 뿌리는 생장이 지연되고, 질소가 있는 배지에 담긴 뿌리는 생장이 빨라진다. 이 결과는 마치 식물이 뇌가 있어 질소가 있는 곳과 없는 곳을 종합적으로 판단하여, 질소가 있는 곳으로는 뿌리가 빨리 자라게 하고, 질소가 없는 곳으로는 뿌리가 천천히 자라게 조정하고 있는 것처럼 보인다. 레이저 교수는 이러한 조정 기능이 잎에서 이루어지는 일이라는 것을 밝혔으며, 이러한 잎과 뿌리 간의 상호 교신을 담당하는 유전자 네트워크를 밝히는 연구를 수행하고 있다. 조만간 우리 언론에서도 레이저 교수의 심박한 연구 성과를 듣게 될 날이 올 것이다. 식물도 생각하고 판단하는 능력이 있음을 보여주는 좋은 사례이다. 생각하는 방법이 다를 뿐이다.

| 식물의 친족선택 |

리처드 도킨스에 따르면 모든 유전자는 이기적이다. 그럼에도 불구하고 인간을 포함한 많은 동물들이 이타적 행위를 하고 있다. 꿀벌들이 자신이 죽을지 뻔히 알면서 벌집을 건드리는 동물을 침으로 공격하는 행위, 일개미들이 자신의 번식을 포기하면서 희생적으로 여왕개미를 섬기는 행위 등 헤아릴 수 없이 많은 이타적 사례를 들 수 있다. 인간의 살신성인 못지않다. 이에 대한 설명으로 진화생물학자들은 친족선택(kin selection)이라는 개념을 제안한다. 자연선택이 작용하는 단위를 개체 수준이 아니라 친족 수준으로 확장한 개념이다. 결국 이기적 유전자가 더 많은 유전자를 남기기 위해 개체를 선택하는 것이 아니라 친족 집단을 선택한다는 것이다. 이런 사례를 식물에서도 볼 수 있을까?

다소 이견이 있는 연구 분야이긴 하지만 식물에서 친족선택의 사례는 꾸준히 보고되고 있다.[*] 10여 년 전 식물도 동물과 똑같이 진화해왔는데 왜 식물이라고 친족선택이 없겠냐고 주장하며 관련 연구를 수행하기 시

---

[*]   Pennisi (2019) Do plants favor their kin? *Science*. Vol. 363; 15-16.

작한 진화생태학자가 있다. 캐나다 맥매스터 대학의 수전 더들리(Susan Dudley) 교수이다. 이 분야를 개척한 그녀는 서로 친척 관계에 있는 식물들을 심으면 서로 그렇지 않은 같은 종의 식물을 심었을 때와 사뭇 다른 뿌리 성장 패턴을 보여준다고 발표하였다. 즉 친척 관계에 있는 식물들은 뿌리가 자신의 영역에서 크게 벗어나지 않게 얌전히 자라는 반면(마치 지상부의 수관기피 현상처럼) 서로 친척 관계가 아닌 식물들의 뿌리는 영역이 없이 서로 뒤엉켜 자란다는 것이다. 즉 친족 간에는 없던 뿌리들 간 경쟁이 서로 남일 때는 치열하게 일어난다는 주장이다. 이후 여러 종의 식물에서 유사한 뿌리 간 친족선택이 보고되었다.

이에 중국 그룹에서는 2018년 아예 친족선택의 개념을 적극적으로 받아들여 벼농사에도 활용하였다. 벼를 재배할 때 생산성을 늘리기 위해 서로 친족들인 벼를 같은 장소에 키웠더니 실제로 수확량이 늘었다고 보고한 것이다. 친족선택이 어떻게 이루어지는지는 알 수 없지만 뿌리들이 친족의 냄새를 맡을 수 있다는 사실은 분명해 보인다. 뿌리들 간에 냄새를 맡을 수 있다는 것은 서로 다른 종족 간에 차이가 나는 화학물질을 발산하고 있고, 그 화학물질과 반응하는 수용체 단백질이 서로 다름을 의미한다. 이 수용체 단백질의 특이성이 매우 높아 서로 다른 종족이 발산하는 아마도 미세한 화학물질의 차이를 구분해냄으로써 이러한 친족선택이 가능할 것이다.

식물도 냄새를 맡을 수 있느냐는 질문은 식물을 과소평가한 것이다. 당연히 식물도 냄새를 맡을 수 있다. 동물의 코에 있는 후각세포 속에 냄새—화학물질—와 결합하는 수용체 단백질이 있어 냄새를 맡듯이, 식물도 여러 조직의 세포 속에 화학물질과 결합하여 세포 내 신호전달을 유도

하는 수용체 단백질을 가지고 있어서 주변 환경을 끊임없이 탐색할 수 있다. 이러한 사례를 이 책 여러 곳에서 발견하게 될 것이다. 여기서는 뿌리가 냄새를 맡는 대표적 사례라 할 수 있는 질소고정 박테리아와의 공생 과정을 살펴보자.

| 질소비료 생산 공장 뿌리혹 |

농부들은 오랜 농사 경험을 통해 논두렁에 콩을 심으면 벼의 생산량이 늘어난다는 것을 안다. 콩을 재배하면 비료의 주성분 중 하나인 질소영양분을 공급할 수 있다(그림 2-19). 콩은 천연의 질소공장이기 때문이다. 논두렁의 콩을 뽑아보면 뿌리 마디마디에 조그만 혹이 붙어 있는 것을 볼 수 있다. 이를 뿌리혹이라 하는데 실제 질소영양원이 생산되는 기관이다. 뿌리혹을 주변에서 보고 싶다면 토끼풀의 뿌리를 뽑아보라. 토끼풀도 질소고정을 하는 콩과식물이라 쉽게 뿌리혹을 관찰할 수 있다.

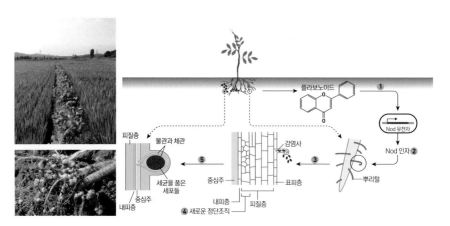

그림 2-19 **뿌리혹과 질소고정.** (왼쪽 위) 콩과식물을 키우는 논두렁. (왼쪽 아래) 뿌리혹. (오른쪽) 뿌리혹이 생성되는 신호전달 기작. ① 식물 뿌리가 플라보노이드를 분비하면 ② 토양 속 질소고정 박테리아는 Nod 인자를 생산한다. ③ Nod 인자는 식물 뿌리털이 안쪽으로 말리게 하며, 안쪽으로 감염사를 형성하여 뚫고 들어가게 한다. ④⑤ 감염사가 내피층에 도달하면 이곳에 질소고정 박테리아를 내려놓게 되고, 이곳에서 증식한 박테리아는 뿌리혹을 만들게 된다. 뿌리혹에서는 식물과 박테리아 간에 암모늄 이온과 당의 물물교환이 일어나게 된다. (왼쪽 위, 농촌진흥청 제공)

콩과식물의 뿌리혹은 식물과 박테리아의 공생을 보여주는 대표적인 사례이다. 뿌리혹 안에는 질소고정 박테리아가 안락하게 지낼 수 있는 공간이 있는데, 식물은 이곳에 질소고정 박테리아에게 해로운 산소를 제거한 특별실을 만들고 박테리아들만 사용할 수 있는 특별한 탄소화합물을 먹이로 제공한다. 질소고정 박테리아로는 리조비움(Rhizobium)과 프랭키아(Frankia) 등이 있다. 이들은 산소와 닿으면 죽는 혐기성세균이다. 식물은 이들을 살리기 위해 뿌리혹 안에는 산소가 함부로 들어가지 못하게 하는 특별한 산소방어막(oxygen permeability barrier)을 만든다. 그 답례로 질소고정 박테리아는 공기 중 질소를 암모늄 이온으로 전환시켜 식물에 질소영양분을 제공한다.

공기 중 80퍼센트나 차지하는 질소이지만 이를 암모늄, 혹은 질산염으로 전환시키는 일은 쉽지 않다.* 질소 분자는 질소 원자 두 개가 삼중결합에 의해 매우 단단히 연결되어 있기 때문에 이를 끊고 다른 원자와 결합시킨 질소화합물을 만드는 것은 엄청난 에너지가 필요한 일이다.** 이 때문에 질소비료를 생산하는 공정은 에너지 집약도가 비교적 높은 석탄 산업이 발전한 이후인 20세기 초에 이르러서야 독일 과학자 하버***와 보슈에

---

* 질소가 생명의 순환고리에 투입되어 생명체의 주성분이 되기 위해서는 질소 기체 상태는 무용지물이고 암모늄, 질산염과 같은 질소화합물 상태로 바뀌어야 단백질 속의 일부가 될 수 있다.

** 한 해 동안 전 지구적 환경에 투입되는 질소화합물은 대략 1억 4000만 톤 정도 된다. 이 중 화학적 공정을 통해 생산되는 질소비료 양은 고작 500만 톤밖에 되지 않는다. 나머지는 모두 질소고정 박테리아가 공기 중 질소를 질소화합물—암모늄, 질산염, 아질산염—으로 전환한 것인데, 이 중 일부는 식물과의 공생을 통해, 일부는 자유롭게 돌아다니는 박테리아에 의해 고정된 것이다. 인간이 엄청난 에너지를 투입하여 간신히 생산하는 질소비료를 질소고정 박테리아들은 손쉽게 만드는 것을 보면 새삼 자연의 위대함, 혹은 진화의 위대함을 느낀다.

*** 프리츠 하버(Fritz Haber) 박사는 이 공로로 1918년 노벨상을 받는다. 그러나 2차대전 당시 나치에 협력하여 독가스 무기를 개발, 연합군에 엄청난 타격을 입혔으니, 결국 악당으로 역사에 기록되고 있다.

의해 발명된다. 질소비료의 합성으로 인해 농업 생산성이 비약적으로 증가하게 되는데, 이는 곧이어 진행되는 녹색혁명의 견인차 역할을 한다. 녹색혁명으로 인해 우리 인류는 절대적 기아에서 해방되었고 오늘날의 풍요를 누리게 되었으니, 인류사적으로 볼 때 녹색혁명은 산업혁명보다 훨씬 중요한 혁명이라 할 수 있다.*

식물이 어떻게 냄새를 맡는지 설명하기 위해 질소고정 공생을 예로 들었다. 이제 본론으로 들어가자. 질소고정을 하는 식물의 뿌리는 토양 속 질소고정 박테리아를 찾기 위해 플라보노이드라는 2차대사물질을 분비한다. 토양 속에 있던 박테리아는 이 냄새를 맡고 뿌리 주변에 모이게 되고, 동시에 뿌리혹 인자(Nod factor)라는 단백질을 분비한다. 이 단백질 냄새를 맡은 식물의 뿌리털이 박테리아 주변을 감싸 안으면서 생장하게 되고 심지어 뿌리 조직 속으로 구멍을 내면서 자라 들어가게 된다. 이를 감염사(infection thread)라 한다(그림 2-19 오른쪽). 이 감염사는 뿌리 조직 깊숙이까지 뻗어가서 그곳에서 뿌리혹을 만든다. 결국 질소고정 공생을 위해 박테리아와 식물 모두 서로 상대방의 냄새를 맡고 그에 따른 반응을 하는 것이다.

| 지하세계의 네트워크 |

지하세계에서 눈에 띄지는 않지만 식물의 생활에 엄청난 영향을 미치는 또 다른 요인이 곰팡이**와의 공생이다. 우리는 다른 나라에 살면서 애

---

*   3부 2장에서 녹색혁명을 자세히 다룰 것이다.
**   식물의 뿌리와 공생하는 곰팡이를 뿌리균(mycorrhiza)이라 하는데 이 단원의 곰팡이는 모두 뿌리균을 의미한다.

지중지 키우던 식물을 한국에 가져왔을 때 원인 모르게 죽어가는 것을 어렵지 않게 볼 수 있다. 특히 나무들은 다른 대륙으로 이식되면 쉬 살아남지 못한다. 그 이유가 곰팡이와의 공생 때문인데 각각의 식물은 각각 다른 곰팡이와의 공생에 특화되어 있기 때문이다. 공생을 통해 곰팡이는 식물로부터 당을 얻고 식물은 곰팡이로부터 인산을 얻는다. 비료의 주성분인 질소, 인, 칼륨 중 질소와 칼륨은 양으로 대전되어 있어 음으로 대전된 토양의 실리카에 잘 붙어 있는 편인 반면, 인산은 음으로 대전되어 있어 비만 오면 모두 씻겨 내려가버려 식물의 입장에서는 항상 부족한 영양분이다. 식물의 뿌리와 곰팡이의 균사는 서로 그물망으로 연결되어 양분을 주고받는다. 서울대 생명과학부의 균학 전문가 임영운 교수는 산에서 버섯이 눈에 보이면 땅 아래에는 엄청난 양의 균사가 뻗쳐 있고 그 생물 총량(바이오매스)은 지상에서 보이는 버섯보다 훨씬 더 많은 양이라고 늘 채집여행 때마다 강조하곤 한다. 이렇게 뻗쳐 있는 엄청난 균사 그물망은 나무의 뿌리와 공생을 통해 살아가는 지하세계 네트워크이다(그림 2-20).

최근 과학전문지 《사이언스》에서는 특집 기사[*]로 지하의 네트워크라는 글을 실었는데 이에 따르면 식물은 질소와 인의 80퍼센트를 곰팡이에서 얻는다고 한다. 놀랍게도 광합성을 통해 고정되는 탄소마저도 무려 4퍼센트 정도는 곰팡이에서 얻는다니 지하세계에 우리가 잘 모르는 엄청난 일이 진행되고 있는 셈이다.

현대식물학 교과서에서 가장 빈약한 부분이 식물과 뿌리균 간의 상호작용에 대한 이해이다. 뿌리균의 균사는 식물의 뿌리를 감싸고 있기도 하

---

[*]   Underground networking. *Science*. Vol. 353; 290-291.

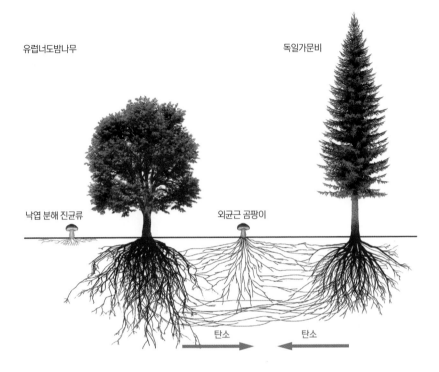

유럽너도밤나무   독일가문비

낙엽 분해 진균류   외균근 곰팡이

탄소 →   ← 탄소

그림 2-20 **지하세계 네트워크, 뿌리와 곰팡이 균사에 의한 촘촘한 연결망.** 지하세계에서는 곰팡이 버섯의 균사와 식물의 뿌리가 서로 밀접하게 연결되어 탄소와 인산 등을 주고받는다. *Science* (2016) Vol. 352; 290-291.

고, 뿌리 속 깊이 파고들어 관다발 조직에 연결되어 있기도 하다. 코넬 대학 보이스 톰슨 연구소의 마리아 해리슨(Maria Harrison) 교수에 의하면 식물이 분비한 호르몬 스트리고락톤에 반응하여 뿌리균 곰팡이 포자가 발아하게 되는데, 이후 식물이 분비한 지방산을 흡수하면서 식물세포 내에 곰팡이의 기생뿌리(haustoria)가 형성된다고 한다(그림 2-21). 이 헛뿌리는 식물과 곰팡이가 서로 양분을 주고받는 통로로 이용된다. 즉 식물은 탄소 공급원인 당을 곰팡이에 제공하고 곰팡이는 식물에 결핍되기 쉬운 인산

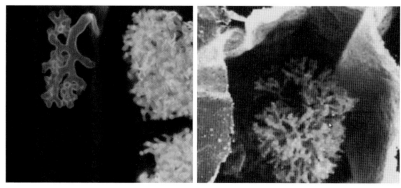

그림 2-21　**뿌리와 곰팡이의 공생.** 곰팡이의 균사가 식물세포 내에 헛뿌리를 형성한다. 이 헛뿌리를 통해 식물은 지방산 등의 유기화합물을 곰팡이에 제공하고 곰팡이는 인산을 식물에 제공한다. (마리아 해리슨 교수 제공)

을 제공한다. 식물과 곰팡이의 공진화 과정에서 곰팡이는 아예 지방산 생합성 유전자를 잃어버렸다고 하니 둘의 공진화가 얼마나 밀접하게 진행되었는지 짐작할 수 있다. 최근의 연구 결과에 따르면 식물과 곰팡이의 공생은 바닷속에 살던 식물이 물과 양분이 부족한 육상으로 올라오게끔 해준 진화의 원동력이 되었다고 한다. 아마도 이것이 육상 대부분의 식물이 지하에서 곰팡이와 공생하고 있는 이유일 것이다.

7

식물들의 수다

식물들도 서로서로 정보를 교환한다. 우리 인간들이 잡담을 하면서 생활에 필요한 다양한 정보를 얻듯이 식물들도 끊임없이 수다를 늘어놓으면서 정보를 주고받는다. 어디로 가지를 뻗으면 더 좋은 햇빛을 얻을 수있는지, 어디로 뿌리를 내리면 더 많은 양분을 얻는지, 주변에 나쁜 벌레들이 있으니 대비해야 한다든지 따위의 정보를 주거니 받거니 한다. 이러한 정보 교환은 대개 비교적 단순한 구조의 2차대사물질을 통해서 이루어진다. 몇 가지 사례를 통해 식물들이 어떻게 커뮤니케이션을 하는지 살펴보자.

| 곤충의 침입을 알려주는 식물들 |

식물의 잎은 곤충의 애벌레에게는 아주 긴요한 식량이다. 하지만 식물입장에서는 그냥 당하고 있을 수만은 없다. 애벌레가 잎을 갉아 먹으면많은 식물들은 일종의 방어 기작으로 애벌레가 배탈이 나도록 단백질 분

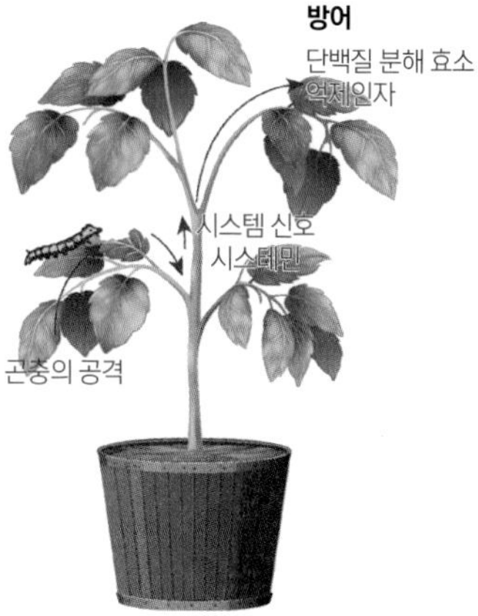

방어
단백질 분해 효소
억제인자

시스템 신호
시스테민

곤충의 공격

그림 2-22 **식물의 시스템적 상처반응(systemic wound response)과 펩타이드계 호르몬 시스테민.** 곤충의 공격을 받으면 식물의 잎에서는 시스테민이라는 펩타이드계 호르몬이 생성된다. 이 호르몬은 체관을 따라 다른 잎에 수송되고, 이곳에서 미리 단백질 분해 효소 억제인자를 생성하여 다른 곤충이 침입하지 못하게 방어한다.

해 효소 억제인자를 잎에다 생산한다. 맛없게 만드는 것이다. 더구나 갇혀 먹히고 있는 잎뿐만 아니라 다른 잎들도 미리 단백질 분해 효소 억제인자를 생산해서 다른 애벌레들이 더 이상 그 잎을 먹지 못하게 신호도 전달한다. 이러한 신호를 미국 코넬 대학의 클래런스 라이언(Clarence Lyon) 교수는 수천 킬로그램의 토마토 잎을 갈아 추출하는 노력 끝에 1991년 마침내 찾아내었다. 이것이 시스테민(systemin)이라고 명명된, 식물에서 발견된 최초의 펩타이드 계열의 호르몬이다.[*]

시스테민은 전식물체적(全植物體的) 상처반응(systemic wound response)으로 생산되는 호르몬이다(그림 2-22). 말하자면 같은 식물체 내에서 원격으로 일어나는 상처반응으로서, 애벌레에 의해 한쪽 잎에 상처가 나면 다른 가지 위의 잎에도 소화불량을 유도하는 단백질 분해 효소 억제제를

---

[*]　동물에서는 이미 오래전에 펩타이드 계통의 호르몬이 많이 알려져 있고, 그 분자 기작도 잘 이해되고 있다. 이 시스테민의 발견은 《사이언스》에 발표되었다. Pierce *et al*. (1991) A Polypeptide from tomato leaves induces wound-inducible proteinase inhibitor proteins. *Science*. Vol. 253; 895-898.

생산하게끔, 잎에서 잎으로 수송되는 호르몬이 시스테민이다. 시스테민이 한 식물체 내에서 전달되는 신호체계라면 애벌레의 공격을 받은 식물이 다른 식물에게 그 사실을 알려주어 대비하게 하는 2차대사 신호물질이 메틸자스몬산(methyl jasmonate)이다.[*] 메틸자스몬산은 한 식물이 애벌레의 공격을 받았을 때 다른 식물에게 그 사실을 알려 미리 단백질 분해 효소 억제인자를 생산하게끔 하는 식물 간의 커뮤니케이션 분자이다.

이와 유사하게 곰팡이, 세균 등과 같은 병원체에 감염되었을 때 식물 간에 서로 알려주는 신호물질이 메틸살리실산(methyl salicylate)이다. 살리실산은 앞에서 살펴본 대로 아스피린이며 병원균을 죽이는 기능을 가진 2차대사물질이다. 메틸살리실산은 휘발성이 있어 한 식물에서 다른 식물로 공기 중에서 확산을 통해 쉽게 전파되는 커뮤니케이션 분자이다. 결국 식물들은 서로가 냄새를 맡으면서 정보를 교환하는 것이다.

| 식물의 SOS 신호 |

식물은 신호물질을 식물들 간에만 공유하는 것이 아니라 심지어 다른 포식 곤충에게 SOS 신호를 보낼 때도 사용한다. 애벌레에게 갉혀 먹히는 식물은 "아야" 하고 비명을 지르는 셈이다. 그 비명을 듣고 달려오는 기생 말벌들, 그 말벌들은 애벌레를 사냥해서 자신의 둥지로 데려가기도 하고 애벌레의 몸속에 직접 알을 낳아[**] 그 알들이 부화하면서 애벌레를 잡아

---

[*]   자스몬산은 많은 허브차에 들어 있는 자스민을 말한다. 자스민은 식물이 곤충에 대한 방어 기작으로 생산하는 2차대사물질이다.

[**]   나비 애벌레가 고치벌이 낳은 알들을 몸에 매달고 맹렬하게 달리는 모습을 보노라면 자연의 잔인함이 느껴진다. 다음 동영상 참조. https://www.facebook.com/ilha.lee.7

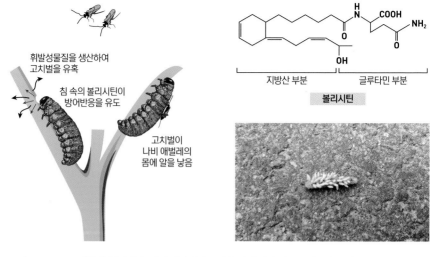

그림 2-23 **SOS 신호와 볼리시틴.** 나비 애벌레의 공격을 받게 되면 식물은 지방산을 배출하여 애벌레가 분비한 글루타민과 합성시킨 볼리시틴을 생산한다. 볼리시틴은 휘발성 기체로서, 공기 중에 방출되면 고치벌이 이 냄새를 맡고 나비 애벌레를 찾아낸다. 애벌레 몸 위에 낳은 고치벌의 알은 부화하여 살아 있는 애벌레의 영양분을 뺏어 먹으며 자라게 된다(오른쪽 아래 사진).

먹기도 한다. 이때 식물이 내는 비명소리는 실은 휘발성 화학신호 물질의 발산을 말한다. 이 SOS 신호물질은 대개는 휘발성이 있는 터핀(turpine) 계통의 물질인데, 경우에 따라서는 애벌레의 침샘에서 분비되는 글루타민 성분과 식물 세포벽의 분해산물인 지방산이 결합된 형태인 볼리시틴(volicitin)이 SOS 신호로 활용되기도 한다(그림 2-23). 최근에는 애벌레의 공격을 받는 식물이 다른 식물에게 적의 공격을 알려주는 신호전달물질로 휘발성이 있는 헥시놀(hexenol) 계통의 물질을 방출하는데, 그 신호를 받은 식물이 헥시놀을 약간 변형시켜 애벌레를 퇴치하는 살충제로 만든다고 보고되기도 했다.

| 재활용 시간을 알려주는 이웃 식물 |

식물의 5대 호르몬 중 하나인 에틸렌 가스는 식물의 과일 후숙(fruit ripening)과 낙엽 형성을 시작하게 하는 호르몬이다(에틸렌의 기능 160~161쪽 참조). 19세기 겨울철 창고에 저장한 과일들이 바깥에서 보관한 과일들보다 빨리 익는다는 사실을 알게 된 경험과 "썩은 사과 하나가 바구니 속 모든 사과를 썩게 만든다"는 오랜 속담의 지혜로부터 발견하게 된 기체성 호르몬이 에틸렌 가스이다.

낙엽은 잎사귀 속의 영양분을 다시 사용하기 위해 재활용 순환 사이클을 돌리는 것이며, 이 과정을 조절하는 식물호르몬이 에틸렌이다. 늦가을 낙엽을 만들기로 작정한 나무들은 에틸렌 가스를 생산하기 시작하는데, 이 에틸렌 신호는 자신의 나뭇가지들에게 낙엽을 형성하는 일을 시작하라는 신호로 작용하기도 하지만 동시에 주변의 나무들에게 이제 늦가을이니 낙엽을 만들라는 정보교환 신호가 되기도 한다. 그림 2-24에서 보는 것처럼 한 그루의 나무가 에틸렌을 생산하면서 낙엽이 지기 시작하면, 이웃한 나무도 그 신호를 받아 낙엽이 형성되기 시작한다. 마치 잠에서 일찍 깬 학생이 이웃한 학생에게 학교 갈 시간이니 어서 일어나자고 재촉하는 듯한 풍경이다. 나무들이 왜 이런 이타적 행동을 하는 걸까? 이런 행동이 갖는 진화적 이점이 있을까? 아니면 여러 나뭇가지가 동시에 낙엽을 형성하게끔 진화했는데 하필 그 호르몬이 기체라 다른 식물들에게 영향을 미치는 걸까?

이외에도 식물은 너무나 다양한 신호전달물질을 생산하여 식물 간의 신호전달 혹은 타 생물과의 소통에 활용한다. 이러한 식물의 다양한 신호전달체계에 감명받은 나이트 샤말란 감독*은 나무들이 인간의 멸절을 꾀

그림 2-24 **호주 엔필드 추모 공원의 나무들.** 낙엽 형성을 위해 에틸렌 신호를 주고받는 나무들. 오른쪽 나무는 이미 낙엽이 거의 다 떨어진 상태이고, 왼쪽 나무는 오른쪽 나무가 발산한 에틸렌의 영향으로 이제서야 오른쪽 부위부터 낙엽 형성이 진행되고 있다.

해서 화학적 신호를 내뿜어 인간이 스스로 자살하게 만든다는 플롯의 영화 〈해프닝〉을 제작하였다. 식물이 내뿜는 화학적 신호는 이제야 식물과학자들이 관심을 두고 연구하기 시작한 영역이다. 앞으로 생각지도 못한 기상천외한 신호체계가 발견되리라 기대한다.

---

* 인도계 영화 감독으로 공포 영화 제작에 뛰어난 재능을 보여주는 감독이다. 대표작으로 〈식스 센스〉가 있다.

사이토키닌(Cytokinin)

사이토키닌은 세포분열(cytokinesis)을 촉진시키는 식물호르몬이다. 이외에도 잎의 노화를 억제하며 잎에 영양분을 축적시키는 역할을 한다. 옥신과 더불어 다양한 식물의 생장·발달에 영향을 미치는 중요한 호르몬이라 생합성 돌연변이체는 생존하지 못한다. 사이토키닌의 발견 과정에는 대단히 흥미로운 에피소드가 있다. 미국 위스콘신 대학의 폴케 스쿠그(Folke K. Skoog) 교수는 1950~60년대에 식물조직배양 기법을 확립하는 다양한 논문을 발표하면서 세계적 명성을 얻은 과학자이다. 이 과정에 스쿠그 교수는 그의 제자 밀러(Carlos O. Miller) 박사와 함께 우여곡절 끝에 사이토키닌을 분리하고 그 구조를 밝히는 행운을 얻게 되었다. 우연과 행운이 겹친 이 발견 과정은 한 편의 드라마이다.*

스쿠그 교수는 식물조직배양이 농업의 대안으로 각광받고 있던 1950년대 이 분야의 초심자로 연구에 뛰어들었다. 그는 담배 잎조직을 이용해 조직배양을 하면서 캘러스(callus, 세포증식의 결과 형성되는 불규칙한 모양의 흰색 세포덩어리)에서 잎이 형성되게 하는 방법을 찾고 있었다. 당시 코코넛유(coconut milk, 코코넛 속의 우윳빛 액체를 말하는데 이를 식물학자들은 액

---

* 이 글은 아마시노 교수의 강의를 회고하며 쓴 글이다. 보다 자세한 사이토키닌 발견 과정을 알고 싶은 독자는 다음 논문을 참조하라. Amasino (2005) Cytokinin revealed. *Plant Physiology*. Vol. 125; 1324-1334.

체 배젖이라고 부른다)가 식물조직배양에 매우 유용한 성분으로 활용되고 있었는데, 이를 식료품 마켓에서 구입하여 쓰다 보니 결과가 들쭉날쭉하였다. 이에 스쿠그 교수는 당시 코넬 대학에서 코코넛유를 생화학적으로 분석하여 당근의 조직배양을 활성화시키는 물질을 찾고 있던 스튜어드 (Frederick C. Steward) 교수에게 편지를 보내 그들의 코코넛유 분리 방법을 물어보았다. 스튜어드 교수는 분리법을 알려주는 대신에 자신이 당근을 이용하여 식물생장활성 물질을 찾는 일에 얼마나 대단한 성과를 얻었는지 대서특필된 신문 스크랩과 함께 그 일은 코넬 대학에 맡기는 게 좋겠다는 다소 무례한 답장을 보내왔다.

스쿠그 교수는 미국으로 이민 오기 전 스웨덴의 국가 대표로 1932년 올림픽 경기(1,500미터 달리기 경주)에 참가한 전력이 있었다. 경쟁의 의도가 전혀 없었던 스쿠그 교수는 스튜어드 교수의 편지를 받고 마음속에 경쟁심이 불붙었다고 한다. 식물의 세포증식을 촉진시키는 물질을 찾는 긴 연구 여정이 이렇게 시작되었다. 우선 스쿠그 교수는 당시 박사후연구원이었던 밀러 박사와 함께 담배의 조직배양을 활성화시키는 물질이 코코넛유보다 코코넛 조직 추출물에 더 많다는 사실을 발견하였다. 이어서 우여곡절 끝에 구하기 쉽지 않은 코코넛보다는 실험실에서 많이 사용하고 있던 효모 추출물—지금도 실험실에서 가장 널리 활용되는 대장균 배양 성분—에 세포분열 활성물질이 있음을 알아내었다. 그런데 이후 모든 효모 추출물이 그런 활성을 가진 것이 아니고 밀러 박사가 사용한 특정한 병 속의 효모 추출물만 세포증식 물질이 들어 있다는 것을 알게 된다. 우연히 찾아온 행운이었다.

이제 이 물질을 추출하고 분리하여 화학적 실체를 밝히는 작업이 남았다. 이 과정에 세포분열 활성물질이 질산은(silver nitrate)에 의해 쉽게 침전되는 특성을 가진다는 사실을 알아내었고, 문헌을 통해 질산은은 DNA 염기를 침전시키는 작용을 한다는 사실을 알게 되었다. 효모추출물이 분석 과정에서 점점 양이 줄어들고 있는 상황에서 밀러 박사는 실험실에 있던 DNA(연어의 정자에서 추출한 DNA)를 물에 녹여 효모 추출물 대신 담배 조직배양에 사용해보았는데, 놀랍게도 세포증식 활성이 나타나는 것이었다. 아마 이때 밀러 박사와 스쿠그 교수는 마음속으로 유레카를 외쳤을 것이다. 이제 쉽게 대량으로 얻을 수 있는 연어 정자 DNA를 이용하면 식물 세포증식 활성인자를 찾을 수 있게 된 것이다. 그러나 이러한 희망은 사용하던 DNA가 다 떨어져 새로 DNA를 구입하면서 물거품이 될 위기에 처해졌다.

새로 구입한 DNA는 이전의 세포증식 활성이 나타나지 않는 것이다. 실험에 사용했던 병 속의 물질만 효과가 있는 이상한 우연이 DNA에서도 적용된 것처럼 보였다. 이후 밀러 박사는 위스콘신 대학의 여러 연구실에 수소문하여 같은 회사 제조의 DNA를 빌려다 실험을 해보았는데 세포증식 효과가 있기도 하고 없기도 한 묘한 상황에 놓이게 되었다. 우여곡절 끝에 DNA가 세포증식 활성을 가지기 위해서는 상온에 일정 기간 보관해두어야 한다는 사실을 이해하게 되었다. 이어 밀러 교수의 기발한 아이디어로 몇 달이라는 세월을 대신해 DNA 용액을 고온·고압으로 멸균처리를 하게 되면 활성을 가진다는 사실을 알아내게 되었다. 이로부터 세포증식 물질은 DNA 염기가 변형된 형태임을 유추할 수 있게 되었고, 이후 위스콘신 대학 생화학과 스트롱(Frank Strong) 교수의 도움을 받아 사이토키닌 활성을 가진 아데닌 유도체 화합물, 키네틴(kinetin)을 1955넌《미국화

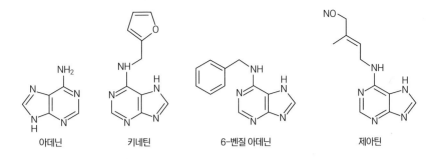

| 아데닌 | 키네틴 | 6-벤질 아데닌 | 제아틴 |

학회지《Journal of American Chemical Society》에 발표하게 된다(그림). 키네틴이라는 이름도 세포질분리(cytokinesis)에서 유래한 것이니 세포증식 활성물질이라는 의미를 담고 있었다. 이후 스트롱 교수는 키네틴보다 세포증식활성이 더 강한 물질, 6-벤질 아데닌을 찾아내었는데 이것이 현재 실험실에서 가장 널리 사용되는 합성 사이토키닌이다(그림).

한편 경쟁에서 앞서 달리고 있었던 코넬 대학 스튜어드 교수는 듀폰사의 적극적 지원을 받으면서 당근 세포의 증식을 촉진하는 물질을 찾아내었고 키네틴의 발표와 같은 해 같은 저널에 그 결과를 발표하였다. 스튜어드가 찾아낸 세포증식물질 디페닐유레아(diphenylurea)는 마침 플로리다에 닥친 태풍 피해 때문에 대량으로 확보할 수 있었던 코코넛유를 듀폰사가 제공한 통 속에 저장해두고 조금씩 세포증식 활성을 분석하면서 찾아낸 것이다. 그런데 코코넛유를 저장한 통은 한때 듀폰사가 생산한 제초제 페닐유레아(phenylurea)를 보관하던 통이었고, 결국 그 제초제의 변형된 형태를 스튜어드 교수는 세포증식물질이라고 찾아낸 것이다. 코코넛유 속의 세포증식물질은 못 찾아낸 셈인데 천연의 사이토키닌은 결국 밀러 교수에 의해 발견된다. 위스콘신 대학 식물학과의 밀러 박사는 엄청나게 성공적인 박사후연구원 생활을 끝내고 인디애나 대학의 교수로 부임해 가게 되었다. 이곳에서 밀러 교수는 천부적인 재능을 썩히지 않고 마침내 식물이 생산해내는 천연의 사이토키닌을 옥수수에서 추출하여 구조를 밝히고, 1965년 제아틴(zeatin, 옥수수 *Zea mays*에 -tin을 붙임)이라는 이름으로 발표하였다. 밀러 교수는 필자의 지도교수의 스승이니 내게는 학문적 조부이시다.

옥신이 뿌리를 형성하게 하는 호르몬이라면 사이토키닌은 줄기를 형성하게 하는 호르몬이다. 스쿠그 교수는 조직배양에서 옥신과 사이토키닌의 농도 비율에 따라 캘러스에서 뿌리를 내리게도 하고 줄기를 내리게도 할 수 있다는 사실을 알아내었고 이것이 조직배양을 통해 새로운 식물체를 생산하는 형질전환의 근간이 되었다. GMO 생산 기술의 기초 중의 기초이다. 이외에도 스쿠그 교수는 그의 제자였던 무라시게 박사와 함께 조직배양에 가장 많이 사용되는 배지인 MS 배지(Murashige & Skoog media)의 제조법을 개발하였다. 그럴 리는 없지만 식물조직배양 분야에 노벨상을 수여한다면 단연코 스쿠그 교수가 그 대상자일 것이다.

에틸렌(Ethylene)

에틸렌은 기체성 식물호르몬이다. 에틸렌은 잎의 노화 과정과 과일 후숙에 매우 중요한 역할을 한다. 아주 작은 휘발성 기체이기 때문에 "썩은 사과 하나가 바구니 전체의 사과를 썩게 만든다." 즉 사과 하나가 썩으면서 과일 후숙이 촉진되면 더 많은 에틸렌이 생성되어 주변의 사과들마저도 과일 후숙이 빠르게 진행되어 상하게 한다. 말하자면 에틸렌은 자가증폭이 일어나는 호르몬이다. 에틸렌은 20종의 아미노산 중 하나인 메티오닌이 변형되어 생성되는데, 생합성 과정의 마지막을 매개하는 효소가 에틸렌에 의해 유전자 발현이 증가하여 그 양이 더욱 증폭되기 때문에 자가증폭이 일어나게 된다.

한때 유럽 전역에 가스등을 가로등으로 쓸 때 가스가 타면서 생성되는 에틸렌 때문에 가로등 주위의 잎에 먼저 낙엽이 생기는 현상이 관찰되기도 했다. 이런 현상에 착안하여 발견된 것이 에틸렌 호르몬이다. 이후 익기 전에 열매를 따다가 창고에 보관하면서 필요할 때 에틸렌 가스를 창고에 주입하여 과일 후숙을 유도하였다. 토마토와 바나나가 이런 방식으로 수송과 저장을 용이하게 만든 열매이다. 1998년 일산화질소(NO)가 심혈관계의 신호전달물질로 작용한다는 사실을 발견한 과학자들에게 노벨생리의학상이 수여되었다. 이때 많은 언론에서 기체성 호르몬을 최초로 발견한 공로로 노벨상을 받았다고 소개하면서 식물과학자들을 발끈하게 했

에틸렌

다. 최초로 발견된 기체성 호르몬은 당연히 에틸렌이었다. 식물과학의 이해가 부족했던 언론 보도의 사례 중 하나이다.

이일하 교수의 식물학 산책

3부

가을

1

곡식과 열매

"가을 햇살에 곡식이 익는다"라는 옛말이 있다. 가을은 온도로 보면 여름에 비해 낮은 선선한 기후이지만 햇살로 보면 여름보다 오히려 더 따가워지는 때이기도 하다. 구름 한 점 없는 청명한 대기 때문이다. 이렇게 타는 듯한 가을 햇살에 곡식 알갱이에 영양분이 꽉 차고 튼실해진다. 선선한 날씨 덕에 광호흡의 비효율이 한결 덜어지고 따가운 햇살 덕에 광합성이 보다 활발해지기 때문에 가을은 식물이 우량한 자손, 곡식을 생산하는 데 더없이 좋은 계절이다.

| 곡식 |

1만여 년 전부터 인류는 영양분이 풍부하고 재배가 용이한 주변의 식물을 작물로 개발해왔고 이윽고 뜨내기 생활을 청산하고 정주생활을 시작하였다. 이렇게 작물화된 주요 식물이 현재 30여 종쯤 된다. 지구상에 꽃 피는 고등식물이 대략 40만여 종 된다고 하니 작물로 개발될 수 있는

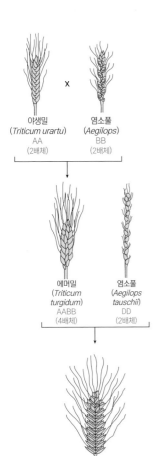

야생밀
(*Triticum urartu*)
AA
(2배체)

염소풀
(*Aegilops*)
BB
(2배체)

에머밀
(*Triticum turgidum*)
AABB
(4배체)

염소풀
(*Aegilops tauschii*)
DD
(2배체)

빵밀
(*Triticum aestivum*)
AABBDD(6배체)

그림 3-1 **밀의 작물화 과정.** 유전자형이 AA인 야생밀(*Triticum Urartu*)과 BB인 염소풀(*Aegilops*)이 교배되어 4배체인 에머밀(*Triticum turgidum*)이 되었고, 다시 4배체가 유전자형이 DD인 염소풀(*Aegilops tauschii*)과 교배되어 6배체인 현재의 빵밀이 되었다.

식물은 극히 제한적이었던 셈이다. 이 중 특히 곡식을 제공하는 식물은 거의 대부분 벼과식물에서 유래되었다. 벼를 포함하여, 보리, 밀, 수수, 옥수수, 조, 귀리 등이 모두 벼과식물이다. 그렇다고 모든 벼과식물이 작물화되는 것은 아니다. 벼과식물에는 전 세계적으로 무려 714속, 1만 1,307종이 보고*되어 있으니 사실상 대부분의 벼과식물들은 농부들이 논에서 뽑아 없애야만 하는 잡초들인 셈이다.

곡식은 풍부한 탄수화물과 적당한 단백질, 지질 등이 들어 있어 우리 인류의 에너지원으로는 최적화된 식량이다. 특히 비옥한 초승달 지역에서 작물화된 밀은 풍부한 영양분과 손쉬운 조리법으로 인류가 가장 널리 애용하는 식량이다. 현재의 밀은 2배체**인 야생밀과 염소풀이 두 차례에 걸친 혼성 잡종화를 통해서 4배체 에머밀을 거쳐 현재의 6배체 빵밀로 개량된 작물이다(그림

---

*   출처: 네이버 지식백과.

**   고등동·식물은 일반적으로 두 벌의 염색체 조합을 가진 2배체 생물이다. 사람은 46개의 염색체를 가지고 있는데, 이는 23개의 염색체 한 벌을 어머니로부터, 23개의 염색체 한 벌을 아버지로부터 물려받은 것이다. 식물은 친척종 간의 혼성화가 비교적 쉽게 일어난다. 따라서 유사한 종 간에 수정이 일어나면 2배체가 4배체가 되고, 2배체와 4배체가 수정되어 자손이 나오면 6배체가 되는 것이다. 밀은 이런 과정을 거쳐 2배체가 결국 6배체가 된 작물이다.

3-1).

곡식의 구조는 배아(embryo)와 배젖, 그리고 호분층으로 이루어진다(그림 1-3). 배아는 활발한 세포분열을 하면서 생장하게 되면 미래의 식물체를 만들게 되는, 사람으로 치면 아기에 해당하는 조직이고, 배젖은 배아의 성장 과정에 영양분을 제공하는 조직이다. 구태여 비유하자면 새들이 낳은 알의 노른자위에 해당하는 것이다.[*] 배젖은 배아가 충분히 생장하여 스스로 광합성을 수행하는 자가영양 생물체로 우뚝 설 때까지 양분을 제공하기 위하여 모체가 저장해놓은 식량창고인 셈이다. 호분층은 배젖을 둘러싸고 있는 살아 있는 세포층인데, 배아가 발아를 시작할 때 분비한 호르몬 지베렐린에 자극받아 가수분해 효소를 생산하는 조직이다. 그 결과 배젖의 영양분이 잘게 분해되어 배아에 제공된다(1부 2장 '깨어나기' 참조).

최근의 고인류학자들은 농업의 정착을 통해 우리 인류가 부드러운 음식을 주 식량으로 삼게 되었고 그 결과 하악턱이 온화해지면서 언어생활에 변화가 일어나지 않았을까 추측한다.[**] 그 근거로 영어에 'f'와 'v' 발음이 발달한 것을 들고 있다. 글쎄, 필자와 같이 'f'와 'v' 발음에 어려움을 느끼는 한국인에게도 이 가설이 적용될지는 의문이다.

| 열매 |

곡식은 단자엽 식물의 씨앗이며, 다음 세대의 일생을 잠깐 유보해놓은, 즉 물질대사를 '0'에 가까운 상태로 유보해놓은 특수한 기관이다. 반면 열

---

[*]   정확히는 계란의 흰자위도 영양분이고, 흰자위의 한쪽 귀퉁이에 백색으로 된 희끗희끗한 이물질처럼 보이는 부분만 배아에 해당한다.
[**] *Science* (2019) Vol. 363; p1131, How farming reshaped our smiles and our speech.

매는 씨앗을 보다 널리 퍼트리기 위해 '씨앗 전파' 매개체 동물에게 제공하는 뇌물(보상)이다. 맛있는 열매를 먹은 동물의 배 속에서 적당히 발효가 된 씨앗이 배설되면 모체 식물과는 다른 장소에서 새로운 생명을 시작할 수 있게 진화한 것이 열매이다.

열매는 '꽃받침, 꽃잎, 수술, 암술, 네 개의 기관으로 이루어진 꽃'을 받치는 꽃판(floral receptacle)이 변형된 형태이다. 즉 꽃을 받치는 꽃판이 암·수의 수정 후 부풀어 올라 씨방이 들어 있는 암술 기관을 둘러싸게 되는데, 이것이 점점 더 발달하여 열매가 된다. 그 결과 열매 속에는 다양한 형태로 씨앗이 자리 잡게 되는 것이다. 열매에는 그것을 먹는 매개체 동물을 유혹하기에 충분한 당분과 영양분이 풍부하게 들어 있다. 말하자면 식물의 열매도 동물과의 공진화 산물인 셈이다.

| 과일과 채소 |

내가 중등 학생이었던 1980년대에는 과일과 채소의 기준이 엄격하여 토마토는 과일이 아니라 채소라고 우격다짐으로 가르쳤다. 심지어 4지선다 시험 문제에도 출제되어 토마토는 채소라고 강요하였다. 이때의 당혹스러움은 잊을 수 없다. 분명히 채소가 아닌데 채소라고 답을 해야 하는 이 황당한 상황을 어찌할꼬. 아직도 많은 이들이 토마토는 채소라고 철석같이 믿고 있다. 왜 채소가 아닌 것을 채소라고 교과서에서 가르쳤을까? 늦게나마 잘못된 용어 사용은 바로 잡을 필요가 있어 과학적 엄밀성으로 이 용어를 분석해본다.

채소(菜蔬)라는 한자어는 菜와 蔬, 둘 다 나물을 의미한다. 영어로는 vegetable이다. 작물의 잎을 의미하는 용어이다. 말하자면 채소에는 열매라는 의미가 없다. 그런데 왜 나물을 의미하는 채소에 구태여 토마토 열매를 집어넣었을까? 이 유래를 따져보니 식품영양학회에서 그렇게 규정했기 때문이었다. 식품영양학회가 그런 이상한 규정을 만든 데에는 특별한 에피소드가 있다. 식품영양학회에서는 1893년 미국 대법원의 판결*을 존중하여 "vegetable이란 익히지 않고 날것으로 먹는 작물의 부위"라 정의하였다. 그런데 우리가 토마토를 과연 날것으로만 먹는지 생각해보자. 파스타에 들어 있는 토마토가 날것은 아니지 않은가. 그러면 미 대법원의 판단 기준에 이미 모순이 발생한 것이다. 토마토 파스타가 1893년 미대법원 판결 이후에 만들어진 음식이 아닌 건 분명하니 이미 토마토를 vegetable에 끼워넣은 것 자체가 잘못이다. 그럼에도 불구하고 왜 우리 식품영양학회에서는 이런 무리한 규정을 억지춘향격으로 받아들였을까? 아마도 토마토=채소 규정은 시기적으로 보았을 때 일제 식민지하에 도입되었을 것이다. 우리가 광복을 맞은 지 75년이 더 지났는데도 이런 규정을 고집하는 것은 학문적 사대주의의 영향이 크다.

　토마토, 호박, 수박 등은 채소로 가르쳐왔다. 그러나 이들이 나물이 아님은 분명하니 이는 잘못된 분류이다. 그렇다고 이들이 과일은 아니다. 과일(果實)이란 다년생 식물인 나무에서 생산되는 열매만을 의미하기 때문이다. 토마토가 과일이 아니라고 해서 채소라 가르치는 것은 박테리아는 동물이 아닌 것이 명확하니 식물이라고 부르자는 주장처럼 허무맹랑한

---

*　1893년 존 닉스라는 식품 수입상은 토마토를 채소로 분류하는 뉴욕항 세관을 상대로 소송을 제기했다. 토마토는 열매이니 채소에 부과되는 관세 적용이 부당하다는 주장이었다. 이 소송에서 미 대법원은 다양한 수입 농산품에 대해 일괄적으로 적용되는 법률적 기준을 마련하였다. 이 기준에 따르면 콩, 가지, 오이, 고추, 홍당무 등이 모두 채소로 분류될 수 있었다. 그러나 캐첩 등이 채소에 포함되는 등 법률 용어가 비논리적이며 비과학적인 문제를 드러내고 있다.

주장이다. 채소는 나물이며, vegetable도 나물을 의미한다. 토마토는 결코 나물도 vegetable도 아니며, 오히려 열매라는 관점에서는 과일에 가깝다. 그런데 생각해보니 열매라고 부르면 무엇이 문제인가? 다행히 최근의 교과서에서는 나물류에서 난 열매를 과채류로 분류하기 시작했다고 한다. 틀린 용어를 쓰는 것보다는 한결 낫다.

| 봄볕에 며느리를 내보내고 가을볕에 딸을 내보낸다 |

이 속담은 종종 사람들이 모인 자리에서 내기 거리가 되곤 한다. 이 속담을 거꾸로 알고 있는 사람이 많기도 하거니와 속담의 유래도 제각각이기 때문이다. 무엇이 옳은지를 떠나서 그 유래로 가장 많이 거론되는 것이 딸을 사랑하는 부모의 마음, 혹은 며느리를 구박하는 시가 댁의 못된 심정이다.

가을 햇살은 피부 건강에 좋으니 딸내미를 내보내고, 봄 햇살은 해로우니 며느리를 내보내 농사일을 돕게 한다는 것이다. 왜 그럴까? 상식적으로는 봄보다 가을에 구름과 비가 적기 때문에 자외선 수치는 가을 햇살이 더 높지 않을까? 하늘이 높고 말이 살찐다는 천고마비라는 옛말도 가을 하늘이 구름 한 점 없이 청명하다는 것을 강조한 것 아닌가. 이 속담을 두고 몇 년 전 서울대 대기과학 전공의 허창회 교수와 산책하며 얘기를 나눈 적이 있다. 이때 허창회 교수는 아마 속담의 속뜻이 거꾸로일 것이라고 하며, 이 속담은 식량이 부족했던 시절에 며느리를 가을 추수 농사에 내보내고 딸을 봄 농사에 내보내기 위한 일종의 핑계로 만들어진 것이 아닐까 추정하였다. 말하자면 봄볕이 건강에 좋다는 핑계로 딸을 봄볕에 내보내 농사일을 돕게 하고, 수확철인 가을에 며느리를 내보내 수확을 돕게

함으로써 딸이 시가 댁에 추수거리 농산물을 가져가지 못하게 막기 위함이라는 것이다. 이를테면 이 속담의 유래는 '며느리에 대한 구박'이 아니라 곤궁한 식량 사정에 '딸에게도 주기 아까운 식량 부족'에 근거한다는 것이다. 그랬던 우리네의 고단한 식량 사정이 해결된 건 고작 100년도 안 되었다. 식량난 해소에 공헌한 녹색혁명의 인류사적 의미를 강조하기에는 허창회 교수의 속담 해석보다 더 좋은 예시가 없을 듯하였다.

그러나 이 속담을 두고 의견이 분분해서 이번에는 서울대 국문학과 이종묵 교수와 철학과의 한국 유학 전공 허남진 교수에게 의견을 물어보았다. 두 분의 답은 봄볕에 며느리, 가을볕에 딸을 내놓는다는 것이었다. 대기과학 전공인 허창회 교수의 해석과 내가 경험한 한국의 봄, 가을 강수량을 생각하면 가을볕이 더 해로울 터라는 생각을 지울 수 없어 허남진 교수님에게 다시 그 연유를 물었다. 그랬더니 생각지도 못한 과학적 답이 돌아왔다. 한겨울 칩거 생활을 하면서 피부가 하얗게 바뀐 상태에서 봄볕을 받게 되면 자외선에 치명적인 해를 입게 된다. 반면 한여름 뜨거운 자외선 하에서 이미 검게 그을린 피부는 가을볕의 자외선을 어느 정도 차단하는 효과도 있거니와 가을 햇살 덕에 오히려 비타민 D가 체내에 생산되어 겨울을 준비하는 긍정적 효과까지도 있기 때문이 아닐까 하는 답이었다. 이런 간단한 과학적 해답을 두고 대기과학적 관점에서 답을 얻으려 했으니 아뿔싸 했다.

이 질문에 대한 답을 얻는 과정에서 화장품 회사 연구원으로 일하고 있는 필자의 연구실 제자 박한나를 통해서 화장품 업계에서는 이 속담에 대해 어떻게 생각하는지 들을 수 있었다. 한마디로 화장품 업계에서는 봄볕에 자외선이 많은지, 가을볕에 자외선이 많은지 별 관심이 없었다. 그냥 봄이건, 가을이건 상관없이 자외선 수치에 따라 적절한 화장품을 개발하면 된다는 생각이었다. 실제로 자외선 수치가 봄볕이 더 높은지 가을볕이 더 높은지 허창회 교수에게 다시 질문을 하니 비슷하다고 한다. 왜 화장품 업계에서 봄, 가을의 자외선 수치 비교에 관심이 없었는지 확인한 순간이었다.

2

녹색혁명

우리 인류는 대략 50만 년 전 아프리카 남부의 어느 지역에서 작은 그룹으로 출발하였고, 20만 년 전 '아웃 오브 아프리카', 즉 아프리카를 떠나면서 생물 종으로서는 비약적인 발전을 이루었다고 짐작된다. 이후 비옥한 초승달 지역*을 차지하면서 1만여 년 전부터 농업을 시작하였고 이때부터 정주생활을 하면서 문화를 가진 신인류로 발돋움하게 된다. 그러나 인류는 지난 1만여 년 동안 배불리 먹은 기억이 거의 없다. 우리 인류는 항상 굶주렸으며 누군가는 기아로 사망해야만 했다. 그러던 것이 지난 1960년대 10여 년간의 녹색혁명을 거치면서 기아 문제가 크게 해소되었다. 농작물의 생산량이 10배 이상 증가한 것이다. 우리는 왜 산업혁명은 교과서에서 자세히 배우면서 그보다 훨씬 더 중요한 녹색혁명이 무엇인지, 녹색혁명을 이끈 주역은 누구인지 제대로 배우지 않는 걸까? 그 아쉬

---

*   비옥한 초승달 지역에 대해서는 본문 98쪽의 두 번째 각주를 참조하라.

움을 여기에서 덜어보려 한다.

| 질소비료의 생산 |

질소는 단백질의 중요한 구성 원소로서 식물을 포함한 모든 생물체의 성장을 위해 꼭 필요한 원소이다. 질소는 우리 공기 중에 80퍼센트나 들어 있을 정도로 많은 기체이다. 그러나 이 기체는 워낙 단단한 삼중결합으로 원자들이 묶여 있어 식물체가 쉽게 사용하지 못한다. 질소 기체가 생태계의 단백질 구성 원소로 들어오기 위해서는 먼저 삼중결합이 끊어져야 하는데 이 일은 특별한 박테리아─질산균과 아질산균─만이 할 수 있다. 이들이 지구생태계에 질소화합물을 매년 무려 1억 4000만 톤이나 제공하고 있고, 많은 식물들이 생장을 위해 이들이 만든 질소화합물에 의존하고 있다. 그러나 집약적인 농법으로 작물을 키우는 논과 밭은 질소화합물이 쉬 고갈된다. 농작물이 토양 속 양분을 쉴 새 없이 빨아먹기 때문이다. 따라서 농작물의 생산에 가장 취약한 영양분이 질소화합물이다.

이런 상황에서 우리 인류에 소중한 단비 같은 발명이 이루어진다. 하버[*]-보슈 공정이라는 질소비료 생산법이 개발된 것이다. 이것이 녹색혁명의 불씨가 되었다. 그러나 비료의 생산이 곧장 농작물 생산량의 비약적 증가로 이어지지는 않았다. 하버-보슈 공정이 완성된 때는 1910년대이지만 녹색혁명이 진행된 시기는 1960년대이다. 녹색혁명을 위해서는 또 다른 기술의 진보가 필요했던 것이다. 그중 하나는 농작물에 풍부한 물을 제공하는 관개 기술의 개발이고, 다른 하나는 질소비료의 혜택을 곡식에 집약

---

[*] 프리츠 하버 박사에 대한 소개는 본문 145쪽의 세 번째 각주를 참조하라.

시킬 수 있는 농작물 품종의 개발이다.

| 녹색혁명의 아버지, 노먼 볼로그 |

녹색혁명을 실제적으로 주도하고 그 기술을 세계에 뉴노멀(New Normal)로 채택하게 한 과학자가 노먼 볼로그(Norman Borlaug) 박사이다 (그림 3-2). 그는 미국 아이오와 주의 작은 농가에서 태어나 유소년 시절을 거쳤고 미네소타 대학에서 임학을 전공하였다. 대학 졸업 후 2차 세계대전과 전후 대공황 상황에서 적당한 직업을 구하지 못한 그는 박사과정에 진학하였고, 식물병리학으로 박사 학위를 받게 된다. 이후

그림 3-2 **녹색혁명의 아버지 노먼 볼로그.**

록펠러 재단의 지원을 받아 멕시코 정부*와 함께 곰팡이 녹병을 이겨낼 수 있는 밀 품종의 개발에 전력을 기울였다. 밀에 대한 경험은 없지만 식물병리학에 대한 풍부한 경험을 가진 볼로그 박사는 뒤에서 설명하게 될 유전자-유전자 상호작용 가설**에 따른 식물의 병저항성 기작을 잘 이해하고 있었고, 따라서 녹병에 대해 저항성을 가진 밀 야생 품종을 찾아내기 위해 멕시코 전역을 헤매고 다녔다. 몇 년의 수고 끝에 마침내 멕시코 북부 지역에서 녹병 저항성 야생밀을 찾아내었고, 이 유전자를 교배를 통

---

* 　이때 볼로그 박사가 함께 연구했던 연구소가 멕시코의 국제옥수수밀개량센터(CIMMYT)이다.
** 　식물이 병원균에 대해 저항성을 갖기 위해서는 식물이 가진 저항성 유전자와 병원균이 가진 유전자가 서로 합이 맞아야 한다는 가설이 유전자-유전자 상호작용(Gene for Gene Interaction) 가설이다. 이에 대해서는 다음 장 '식물의 면역과 방어체계'에서 설명한다.

해 작물로 사용되던 밀 표준 품종에 도입하는 데 성공하였다. 이 과정에 밀 꽃에서 수술을 제거하고 인공수정을 하는 정밀한 기술을 개발하여 주변의 많은 연구자들의 감탄을 자아내기도 하였다.

곰팡이 녹병 저항성 밀을 개발하는 과정에 볼로그 교수는 의도치 않게 광주기에 상관없이 꽃이 피는 '중일식물'* 밀을 생산하였고, 그 결과 밀을 전 세계 어느 곳에서나 재배할 수 있게 만들었다. 그러나 중일식물이며 녹병 저항성을 가진 밀 표준 품종은 고수확 품질을 유지하기 위해서 충분한 물과 비료의 공급이 필요하였다. 당시 개발되었던 관개시설과 질소비료의 투입으로 문제가 해결될 것처럼 보였다.

그러나 질소비료의 투입으로 밀은 무지막지하게 자랐지만 그 많은 영양분이 밀알을 만드는 데 사용되기보다 무성한 잎과 줄기를 만드는 데 이용된다는 낭패를 겪는다. 더구나 가을에 비바람이라도 몰려오면 큰 키의 줄기가 부러져 밀 이삭이 물속에 잠겨버리는 피해를 입게 되었다. 이에 볼로그 박사는 왜소증 형질의 도입이 필요하다는 판단을 하였고, 수소문 끝에 일본에 밀 왜소증 품종이 있음을 알게 되어 그 품종 노린 10(Norin 10) 씨앗을 얻어오게 된다. 이후 볼로그 박사는 녹병에 심각한 피해를 입는 노린 10과 당시 개발된 큰 키의 밀 품종 간 교배를 통해 고수확이면서 왜소증을 가진 녹색혁명의 첫 품종을 개발하는 데 성공한다. 이렇게 개발된 왜소증 품종이 녹색혁명의 견인차가 되었다. 멕시코는 1960년대 이전엔 밀 수입국이었지만 왜소증 밀 품종의 개발로 단박에 밀 수출국으로 도

---

* 일장이 긴 봄에 꽃 피는 식물은 장일식물, 일장이 짧은 가을에 꽃 피는 식물은 단일식물, 일장에 상관없이 꽃 피는 식물을 중일식물이라 한다. 1부 5장 '개화, 꽃이 피다'를 참조하라.

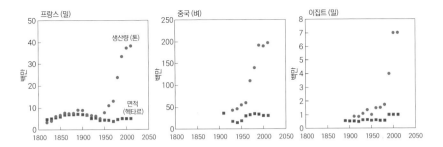

그림 3-3　**녹색혁명 이후의 생산량 증대와 농지면적의 변화.** 녹색혁명 전후(1960년대 이후) 프랑스, 중국, 이집트 3개국에서의 농지면적(빨간색)과 생산량(파란색)의 변화 추이. 1960년대 이후 농지면적의 변화는 거의 없이 작물생산량은 비약적으로 증가한다.

약하였다. 이에 감명을 받은 인도는 폭증하는 인구를 먹여 살리기 위해 볼로그 교수를 초빙하여 녹색혁명의 기술을 국가적으로 보급하기 시작했다. 이러한 녹색혁명은 10년의 세월 동안 천천히 진행되었고 이후 농산물의 생산량이 비약적으로 증가하면서 인류는 식량과잉의 시대를 맞게 된다(그림 3-3). 이 공로로 노먼 볼로그 박사는 1970년 노벨평화상을 받았다.

| 노린 10 품종의 유래 |

한번은 옥수수 유전학자이면서 미 학술원 회원으로 존경받는 니나 페도로프(Nina Fedoroff) 교수의 글*을 통해 왜소증 품종의 유래를 알게 되었다. 이 글을 친구들과 공유하려고 SNS에 올렸더니 곧 포항공대 생명과학

---

*　https://geneticliteracyproject.org/2020/05/14/viewpoint-norman-borlaug-knew-technology-could-fight-hunger-in-the-biotech-age-we-ignore-his-wisdom-at-our-peril/?mc_cid=cd2d6b9f71&mc_eid=42a690c7b3&fbclid=IwAR28LPevtG0WCvQUMRedzJxmHzA09mjAW2apJmNQM1Wg0OB7jbFJscJuGbY

Dwarf Wheat and the Green Revolution.

CAMBRIDGE
UNIVERSITY
Botanic
Garden

Between 1930 and 1970 world population doubled from 2 to 4 billion people. Widespread famine seemed inevitable but since the 1960s massive increases in crop yields (the "Green Revolution") have helped avert this. Semi-dwarf and disease-resistant wheat varieties

Most older varieties of wheat are tall, 1.5 to 2 metres in height. Modern varieties grow to about 80 cm and are classified as semi-dwarf. With less energy going to make straw, more is available to make grain. Tall varieties also tend to lodge (fall over) before harvest leading to losses of grain, especially when fertiliser is used as the wheat grows even taller with thinner straw and heavier heads.

Short wheat varieties were grown in Korea in the 3rd century AD. It would seem that short wheat was taken to Japan during the sixteenth century following the Japanese-Korean war. In the 20th century, after the Japanese defeat in the Second World War, short Japanese landraces such as 'Norin 10' were taken to America, where they were crossed with tall, high-yielding American varieties such as 'Brevor' to give new varieties less liable to lodge.

In 1952 a researcher called Norman Borlaug working on fungal diseases of wheat at the International Maize and Wheat Improvement Centre in Mexico (CIMMYT) used these semi-dwarf varieties in his breeding programme. His new varieties combining short straw and disease resistance meant that by 1963 Mexico's wheat production had increased six-fold. In 1965 Borlaug's varieties were introduced into India, taking it from the brink of famine to self-sufficiency in food. Borlaug was awarded the Nobel Peace Prize for his work.

In Italy another Japanese landrace, 'Akakomugi', was used to breed semi-dwarf wheat. The dwarfing gene involved is different from those in Norin 10. Akakomugi-derived cultivars are still important in Southern and Eastern Europe.

그림 3-4 **녹색혁명의 주역 노린 10 품종의 기원.** 노린 10이 임진왜란 당시 조선에서 일본으로 넘어 갔음을 밝히는 케임브리지 대학 식물원(Cambridge Botanical Garden)의 안내판. (포항공 대 최규하 교수 제공)

과 교수인 최규하 박사가 노린 10의 유래가 실은 우리나라라고 알려왔다. 최 박사 또한 그 사실을 영국 케임브리지 대학의 식물원 앞에 세워져 있 는 표지판을 보고 알게 되었다고 한다(그림 3-4). 이 안내판에 따르면 노 린 10 밀 품종은 임진왜란 당시에 조선에서 일본으로 건너간 왜소증 밀이 그 기원이며, 이게 노먼 볼로그 교수의 요청에 의해 멕시코로 넘어갔다고 한다. 녹색혁명의 주역이었던 왜소증 품종 밀의 유래가 우리 밀이었다니 감개무량하였다. 이 품종에 대한 이후의 역사를 자세히 알고 싶으면 멕시 코 국제옥수수밀개량센터(CIMMYT)의 홈페이지에 2016년 게시된 글*을 참고하라.

---

* https://www.cimmyt.org/news/from-east-asia-to-south-asia-via-mexico-how-one-gene-changed-the-course-of-history/?fbclid=IwAR06Xs20YBthSWrxlw21Fqlc4u6XUCNO_JwHR6N81DAW9nFpuuFscCaBRS4

| 녹색혁명을 일으킨 작물의 형질, 왜소증 |

불필요하게 잎과 줄기로 가는 에너지를 곡식에 집약시킬 수 있는 왜소증, 더구나 현대적 관개시스템 하에서 비바람에 쓰러져 잃게 되는 손실을 피하게 해주는 왜소증의 장점이 볼로그 박사의 품종 개량 과정에서 확연히 드러나게 되었다. 이에 벼 품종의 개량에서도 왜소증을 찾아 나서게 된다. 녹색혁명의 산물인 벼 품종은 필리핀의 국제벼연구소(IRRI, International Rice Research Institute)에서 개발되었다. 역시 왜소증이며 다수확인 벼 품종을 개발한 것인데, 왜소증 다수확 밀의 경우 교배를 통해 개발되었지만 벼의 경우에는 인공적 돌연변이를 통해 왜소증 품종을 찾아내었다. 즉 방사성을 조사하여 고수확 벼 품종에 돌연변이를 일으킨 뒤 왜소증 증세를 보이는 벼를 동정해낸 것이다. 우리나라의 대표적 고수확 품종—비록 맛이 없어 결국 역사의 뒤안길로 사라졌지만—통일벼도 이렇게 생산된 품종이다. 이미 자연에 있던 왜소증 밀 품종도, 인공적인 방사성 조사에 의해 얻어진 왜소증 벼 품종도 결국 돌연변이 산물이긴 마찬가지다. 오랜 농사 과정을 통해 돌연변이가 자연스럽게 선택된 것과 빠른 시간 안에 돌연변이를 선별한 시간의 차이만 있을 뿐이다.

최근 GMO가 사회적 이슈가 되면서 과거에 이루어진 돌연변이에 의한 품종 개발이 공론장에 재소환되고 있다. 환경단체에서 한두 개의 유전자를 집어넣은 GMO를 두고도 프랑켄푸드이니 먹으면 큰일난다고 문제 삼는 것을 보고, 수천 개의 유전자에 돌연변이가 일어나 있을 녹색혁명의 품종에 대해서는 아무 말 하지 않는 것은 비과학적이지 않느냐는 갑론을박이 있었다. 이에 일부 환경단체에서 뒤늦게 녹색혁명의 품종 개량이 문제라고 주장하기 시작한 것이다. 지난 60여 년 동안 아무런 문제 없이 먹어왔던 식량들인데 논란이 되는 것이 안타깝다. 육종의 역사와 GMO에 대해서는 4부에서 자세히 다룰 것이다.

| 왜소증이란 유전적 변이 |

왜소증 형질이 가능했던 유전적 배경을 살펴보면 밀과 벼가 조금 다르다. 벼의 경우에는 식물의 잎 생장을 촉진하는 호르몬, 지베렐린 생합성 유전자에 돌연변이가 일어난 결과이다(지베렐린의 기능, 90~91쪽 참조). 즉 지베렐린의 최종 생합성 과정을 매개하는 유전자 GA20 산화 효소 유전자에 돌연변이가 일어나 잎의 생장이 저해된 결과 왜소증이 된 것이다. 한편 밀의 경우에는 지베렐린 생합성이 아니라 지베렐린 신호전달 과정에 작용하는 유전자 델라 단백질(DELLA protein) 유전자*에 돌연변이가 일어나, 지베렐린 신호전달을 저해하면서 왜소증이 나타난 것이다. 인류의 입장에서는 운이 좋았던 게 해당 델라 단백질 유전자가 밀에는 5개나 있어 어떤 유전자가 망가진다고 표현형이 나타날 수 없을 텐데, 노린 10 밀이 가진 돌연변이는 우성이어서 한 개의 유전자만 돌연변이가 있어도 표현형이 바로 드러나는 경우였다. 이를 기능 획득 돌연변이(gain-of-function)라 한다. 이런 돌연변이는 자연에서도 쉬 볼 수 있는 것이 아닌데, 자연이 인류에게 준 선물은 아닐까.

---

* 지베렐린(GA) 신호전달체계는 유전자 조절 체계(genetic circuit)를 보여주는 좋은 사례이다. GA 수용체 단백질은 GA와 결합하게 되면, GA 반응을 통상적으로 억제하고 있던 델라 단백질을 분해하는 신호로 작용한다. 델라 단백질이 분해되면 GA 반응의 억제가 풀려 생장반응을 하게 된다. 그림으로 표현하면, GID1 (수용체 단백질) + GA ⊣ SLR1 (델라 단백질) ⊣ GA 반응, 흥미롭게도 식물호르몬의 신호전달체계는 이처럼 거의 대부분 음성제어 시스템이다. 밀의 왜소증은 GID1과 지베렐린이 결합했음에도 델라 단백질이 분해되지 않는 돌연변이이고 이는 우성으로 작용한다.

| 이후의 농업혁명 |

1960년대 녹색혁명 이후 인류가 가진 모든 과학기술을 총동원하여 작물 생산성을 증대시키는 노력을 경주하게 되었다. 돌연변이법이 공공연히 이루어져 보리의 경우 방사성을 조사하여 얻은 고수확 품종을 바로 황금 약속 보리(Golden Promise Barley)라는 상품명으로 판매하기도 하였다(그림 3-5). 많은 채소 작물의 경우에는 잡종강세(hybrid vigor) 현상을 이용하여 생산성 향상을 꾀하였다. 잡종강세*는 서로 다른 지역종(landrace) 순계 간의 교배를 통

그림 3-5　방사성 돌연변이법에 의해 생산된 녹색혁명 품종 황금 약속 보리. 방사성 돌연변이로 생산한 황금 약속 보리는 선풍적인 인기를 끌며 마켓에서 판매되었다. (Genetic Literacy Project 제공)

해 얻은 잡종이 더욱 생산성이 뛰어나고 건강해지는 현상을 말한다. 유럽의 각 지역에서 재배하던 순계 작물들을 서로 교배했더니 잡종 제1세대의 작물에서 품질 좋은 농산품이 얻어지더라는 농부들의 경험을 활용하여 생산성을 증진시킨 것이다.

잡종강세를 대규모 농장에서 적용하여 교배 작업에 엄청난 노동력을 투입하는 작물이 옥수수이다. 옥수수는 암꽃과 수꽃이 따로 있는 단성화식물인데, 수꽃은 옥수숫대의 꼭대기에 술의 형태로 피어 있으며, 암꽃은

---

*　　잡종강세의 단점은 고수확을 위해서는 항상 F1 잡종 종자를 얻어야만 한다는 것이다. 종자회사의 입장에서는 계속 F1 잡종 종자를 팔 수 있어 좋겠지만, 농부의 입장에서는 씨앗을 직접 받아 다음 해에 이용할 수 없다는 안타까움이 있다. 다음 세대 F2는 그 전 잡종인 F1에 비해 생산성이 떨어질 뿐만 아니라 품질이 균질하지도 않기 때문이다.

마디마디 사이에 피어 있다. 잡종강세를 활용하기 위해 옥수수 농장에서는 엄청난 인력을 동원하여 옥수숫대 꼭대기의 수꽃을 모두 잘라내어 자가수분을 막고, 다른 한쪽에 심은 다른 종의 옥수수 술을 잘라 와서 암꽃의 인공수분에 이용하고 있다.[*] 또 다른 작물생산성 증대에 흔히 활용했던 기법은 육종 기술로서 야생종의 우수한 형질―병저항성 혹은 색깔, 큰 크기 등―을 교배를 통해 현재 먹고 있는 표준 품종에 도입하는 것이었다. 노먼 볼로그 박사가 녹병 저항성 형질을 야생밀에서 표준 밀로 도입하는 데 사용했던 기법인데, 이 방법이 널리 활용되기 시작한 것이다.

그런데 이 과정에서 원치 않았던 독성 유전자가 함께 표준 품종에 따라오는 문제가 종종 발생하였다. 이를테면 1970년대에 유럽에서 시금치 품종 하나가 육종으로 개발되었는데 별생각 없이 판매했다가 부작용이 나타나 부랴부랴 회수 폐기하는 사건도 있었다. 물론 이 시금치는 GMO가 아니며 GMO가 개발되기 훨씬 전에 있었던 사건이다. 새로운 품종의 개발 과정에는 의도치 않은 부작용이 일어나기도 한다는 사실을 깨달은 식품의약청에서는 이후 매우 까다로운 승인 절차를 거친 후에야 농산품을 시중에 판매하도록 제도적 장치를 갖추게 되었다.

---

[*] 인공수분에 드는 엄청난 인건비를 절약하기 위해 옥수수 농가협회에서는 웅성불임 옥수수를 개발하기 위한 많은 노력을 기울여왔다. 유전자 가위 기술이 받아들여지게 되면 옥수수에서는 가장 먼저 웅성불임 작물을 생산하게 될 것이다. 그 원리는 이제 충분히 알고 있기 때문이다.

3

식물의 면역과 방어체계

2020년부터 전 세계는 코로나 바이러스라는 위기를 겪고 있다. COVID-19에 대한 대응 전략으로 전염병의 확산 차단, 백신 개발 등을 시도했지만 제대로 되지 않는 상황에서 스웨덴을 비롯한 몇몇 국가에서는 집단면역(herd immunity) 전략을 채택하였다. 인간이 가진 면역 시스템을 활용하여 대부분의 사람이 COVID-19에 감염되었다가 회복되면 결국 더 이상 확산되지 않을 것 아니냐는 아이디어인데, 이 전략이 독감에는 주효했지만 코로나에는 쉽게 먹혀들지 않는 것 같다.

이런 상황에 우리나라에서는 과수화상병이 전국적으로 퍼져 농가에 비상이 걸렸다. 대책이 없는 상황이라 병이 확산된 지역의 모든 과수나무를 뽑아서 그냥 태워서 묻어버렸다(그림 3-6). 돼지열병이 전 세계적으로 확산되었을 때나 구제역이 전국적으로 확산될 때, 조류독감이 퍼져 닭들이 앓기 시작할 때 별 대책 없이 그냥 병에 걸린 가축들을 땅에 파묻어버리는 것과 같은 방법이다. 돼지, 소, 닭이 면역체계가 없어 땅에 파묻어버리

는 것이 아니듯이 식물도 면역체계가 없어 땅에 묻는 것이 아니다. 집단 면역이 생길 때까지 우리 농부들이 기다릴 수 없기 때문에 간단한 방법— 이라 쓰고 잔인한 방법이라 읽는다—을 채택하는 것이다. 가축과 작물에 대유행 병이 발발했을 때 가장 간단한 전염병 확산 차단법이 묻거나 태우는 것이기 때문이다.

| 아일랜드 디아스포라를 일으킨 감자잎마름병 |

작물의 병에 적절히 대처하지 못하여 인류 역사가 바뀐 사례가 아일랜드 감자 대기근 사건(Ireland Great Hunger)이다. 19세기 중반 영국 연방의 일원으로 있던 아일랜드는 식량으로 감자에 과도하게 의존하고 있었다. 그런데 1845년 아일랜드 동부 지역에서 시작한 감자잎마름병이 빠른 속도로 전국적으로 확산되어 그해 감자 소출량을 절반으로 떨어뜨렸다. 이

그림 3-7 **아일랜드 대기근 기념 동상(왼쪽)과 감자역병의 병원체 모습.** 아일랜드 대기근을 피해 아메리카 대륙으로 집단 이주한 아일랜드인을 추념하는 동상. 감자역병의 증상 모습(오른쪽 위)과 병원체 (난균류, *Phytophthora infestans*)의 모습. (왼쪽 ⓒ Alan Kolnik l Dreamstime.com, 오른쪽 아래 연 암대 이현아 교수 제공)

후 확산일로에 있었던 감자역병으로 1852년까지 7년 동안 감자 소출량 은 25퍼센트로 급감하였다. 결국 감자 대기근 상황에서 아일랜드는 100 만 명의 인구가 기아로 사망하였고, 200만 명의 인구는 아메리카 대륙으 로 디아스포라를 감행하여 800만이었던 인구가 500만 명으로 줄어드는 대참사를 겪게 된다. 이를 추념하는 기념비가 뉴욕, 보스턴, 필라델피아, 피닉스 등의 미국 주요 도시에 세워져 있고(그림 3-7), 아일랜드 교포들은 초록색 복장을 하고 이날을 추념하는 행사를 현재도 하고 있다. 이때 대 기근에 적절히 대처하지 못한 영국 본토에 대한 원망이 아일랜드 독립운 동을 촉발시켰고, 1997년 토니 블레어 영국 수상은 영국 정부를 대표하여 아일랜드 대기근 참사에 정식으로 사과 성명을 발표하기도 하였다.

아일랜드 대기근은 정치적으로는 지나치게 높게 책정되었던 옥수수, 밀의 관세 때문에 영국에서 아일랜드로의 식량 지원이 원활하지 못했던 탓이 컸다. 다른 한편으로 이 사태는 우리 인류에게 농업기술적인 측면에서 두 가지 교훈을 안겨주었다. 첫째는 단일품종을 재배하는 농사의 위험성이고, 둘째는 식량 다변화의 필요성이다. 아일랜드는 남미 페루 지역에서 개발된 감자를 대기근 100년 전에 들여와서 주식으로 삼았는데, 이때 들여온 감자는 'Irish Lumper'라 불린 단일품종의 감자였다. 이 감자에 곰팡이와 유사한 종류의 병원체인 난균류(*Phytophthora infestans*)가 감염되자 대책 없이 전국적으로 잎마름병이 확산된 것이다(그림 3-7). 감자 대기근은 감자 품종이 다양했더라면, 그래서 난균류에 대한 저항성을 가진 감자 품종을 빨리 발견해내었다면 막을 수 있었을 것이다. 노먼 볼로그 박사가 녹병 저항성 야생밀을 멕시코 북부 지역에서 찾아내면서 밀에 확산되던 녹병을 잡아낸 것처럼 말이다.[*] 난균류에 대한 저항성을 가진 감자 품종은 나중에 발굴되었고 결국 1852년경에 이르러 감자 품종의 대체를 통해 잎마름병의 폐해를 극복하게 된다. 한편으론 감자라는 한 종류의 식량에 과도하게 의존하지 않았더라면 대기근 현상이 발생하지 않았을지도 모른다.

　이제 식물의 병에 대한 방어와 면역체계에 대해 살펴보자. 이를 통해 우리는 앞에서 살펴본 감자잎마름병 혹은 야생밀의 녹병 저항성 원리를 알게 될 것이며, 왜 어떤 품종은 병에 대해 저항성을 가지는데 어떤 품종은 그렇지 못한지를 이해하게 될 것이다.

| 식물의 면역체계 |

식물의 면역체계도 교과서 수준에서 보면 인간을 포함한 동물과 크게

---

[*]　자세한 설명은 3부 2장 '녹색혁명'을 참조하라.

다르지 않다. 1차적으로는 인간의 피부에 해당하는 식물의 표피 조직에서 항균성 물질을 생산하여 각종 세균이나 곰팡이 등이 자라지 못하게 한다. 식물이 생산해내는 각종 2차대사물질이 대부분 이런 수준의 1차적 방어를 목적으로 만들어지는 것이다. 이런 1차적 방어를 뚫고 들어오는 병원체에 대해서는 식물이 선천성 면역(innate immunity) 반응을 보인다. 우리 인간의 경우 면역체계로서 가장 많이 연구된 것이 항원-항체를 이용한 2차면역, 혹은 후천성 면역이다. 식물에는 이러한 2차면역 기작은 존재하지 않는다. 당연히 항체를 만드는 데 필요한 많은 유전자들을 갖지도 않는다. 대신 선천성 면역에 관여하는 유전자들이 엄청나게 많다.[*]

2000년대 초반 많은 식물의 유전체가 속속 발표되면서 가장 놀라워했던 발견 중 하나가 수많은 선천성 면역 관련 유전자의 존재였다. 식물은 적게는 수백, 많게는 수천 종류의 선천성 면역 유전자를 가지고 있다. 후천성 면역이 발달한 동물과 달리 식물은 선천성 면역이 매우 발달해 있는 셈이다. 움직이지 못하는 식물이 스스로를 방어하기 위해서 선택한 생존 전략이다. 이들이 어떤 작용을 하는지는 뒤에서 다시 살펴보기로 하고 식물의 선천성 면역 기작이 밝혀진 과정을 살펴보자.

| 유전자-유전자 상호작용 |

1940년대 미국 노스다코다 주립대학 교수였던 식물병리학자 해럴드 플로어(Harold Flor) 교수는 식물이 특정한 병원균에 대해 병저항성을 갖

---

[*]   식물의 선천성 면역에 관여하는 유전자들은 인간의 선천성 면역 유전자들과 상당히 유사하다. 아마도 동·식물이 진화적으로 갈라지기 전에 이미 병원균에 대한 방어체계는 어느 정도 갖추어져 있었던 것으로 생각된다.

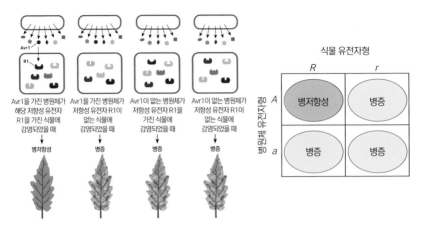

그림 3-8 **식물 병저항성을 설명하는 유전자–유전자 상호작용 가설.** (왼쪽) 식물이 R 유전자, 병원체가 Avr 유전자를 가질 때만 병저항성이 나타나게 되는 원리. (오른쪽) 유전자–유전자 상호작용을 퍼넷 사각형으로 표현한 것으로 식물과 병원체가 모두 우성인 유전자를 가질 때 병저항성이 나타남을 보인다.

게 되는 기작에 대해 연구하였다. 그는 당시 유행하던 유전학적 방법을 이용하여 식물과 병원균 간의 복잡한 유전적 상호 관계를 밝혀내었는데 이를 유전자–유전자 상호작용 가설이라고 부른다(그림 3-8). 첫 번째 유전자는 식물의 유전자이고 두 번째 유전자는 병원체의 유전자이며, 이 두 유전자가 상호작용하여 병저항성이 나타난다는 가설이다. 이 가설은 향후 60년간 많은 식물과학자들의 성토 대상이 되곤 했다. 진화적으로 도무지 말이 되지 않는 가설이라 생각되었기 때문이다.

플로어 교수는 아마(*Linum usitatissimum*)라는 식물에서 녹병균(*Melampsora lini*)에 대해 병저항성을 가진 품종을 찾아내어 연구를 하고 있었다. 이 품종은 특별한 병저항성 유전자(*R*이라 표기, Resistance에서 따옴)를 가지고 있으며, 이 유전자가 우성으로 작용함을 밝혀내었다. 이 유전자가 없는 아마는 녹병균에 감염되면 병증을 나타내어 결국 죽게 된다. 이렇게 병에 걸리는 아마는 열성 유전자 r을 가지고 있는 것으로 플로어 교수는 유추하였다. 저항성을 가진 아마와 저항성이 없는 아마 식물을 교배하여 얻은 잡종 제1세대는 녹병균에 대해 저항성을 보여 병저항성 유전자가 우성임을 알 수 있었다. 그런데 대단히 흥미롭게도 녹병균에 돌연변이를 유도했더니 병저항성을 가진 아마가 다시 병에 걸리는 것이 아닌가! 녹병균에 일으킨 돌연변이가 녹병균으로 하여금 아마에 성공적으로 침투하게 해주다니……. 이 결과를 보고 궁리하던 플로어 교수는 녹병균이 아마에 병저항성을 갖게 하는 데 필요한 유전자를 가지고 있다고 상상하였고, 그 유전자의 이름을 침투하지 못한다는 의미로 Avr(Avirulence)이라 칭하였다. 즉 녹병균에 병을 일으키지 않게끔 해주는 비감염 유전자가 있다는 것이다.

그림 3-8에 정리된 대로 아마가 병이 걸리지 않기 위해서는 아마 식물에 병저항성 유전자 R이 있어야 되지만 동시에 녹병균에도 비감염 유전자 Avr이 있어야 된다는 것이다. 아마나 녹병균 둘 중 하나가 해당 유전자를 가지고 있지 않으면—정확히는 유전자에 돌연변이가 있으면—병 증세가 나타나게 된다는 이론이 유전자-유전자 상호작용 가설이다. 이 가설이 왜 40여 년 동안 진화적 관점에서 말이 안 된다고 비난을 들었는지 이해하겠는가? 녹병균의 입장에서 보면 이건 난센스이기 때문이다. 병균의 입장에서는 식물을 감염시켜야 자손을 증식할 수 있을 것이다. 그런데 감염되지 않게 하는 유전자 Avr을 병원균이 가지고 있다가 그게 돌연변이가 되면 다시 감염시킬 수 있게 된다니 이게 진화적으로 말이 되는가? 자손의 번식은 생명의 다섯 가지 특징 중에 하나로 꼽을 만큼 중요한 특징인데 말이다.

그림 3-8과 같은 유전자-유전자 상호작용 가설은 아마—녹병균뿐만

아니라 많은 식물—병원체의 관계에서 꾸준히 보고되었고 1980년대에는 이 가설이 정설이 되었다.* 그러나 그러고도 20여 년간 학회에 가면 이 가설이 말이 되지 않는 가설이라고 비난하는 학자들을 꾸준히 만날 수 있었다. 식물의 병저항성 유전자와 병원체의 *Avr* 유전자들이 무수히 많이 동정된 지금에 와서야 이런 진화적으로 말이 안 되는 듯한 현상들에 대한 이해가 넓어졌다. 실은 관점의 문제였다. 병원체의 입장에서 말이 안 되는 유전자-유전자 상호작용을 식물의 입장에서 생각해보면 당연한 결과이다. 병원체의 *Avr* 유전자는 비감염을 위해 존재하는 것이 아니라 실은 식물 숙주 세포 속에 침투하기 위해 병원체가 가지고 있던 유전자이다. 많은 *Avr* 유전자가 우리 인간의 병원균에서도 발견되는 유형 Ⅲ의 세포 침투 단백질들에 대한 정보이다. 식물이 진화적으로 병저항성을 획득하는 과정에 병원체의 침투 분자를 인식하게끔 진화한 것이다. 식물과 병원체 간에도 쫓고 쫓기는 공진화가 일어난다.** 이러한 공진화를 잘 설명하는 이론 모델이 Z 공식(Z scheme)이다(그림 3-9).

| 식물과 병원체의 공진화 Z 공식 |

식물의 병에 대한 방어체계도 우리 인간 못지않게 복잡하고 다층적 구조를 가지고 있다. 이를 간명하게 Z 공식이라 정리한 이가 노스캐롤라이나 대학의 제프 댕글(Jeff Dangl) 교수이다. 식물과 병원체의 공진화 과정

---

* 　유전자-유전자 상호작용 가설은 세균뿐만 아니라 식물에 병을 일으키는 병원체 모두에 적용된다. 세균, 바이러스, 곰팡이뿐만 아니라 심지어 동물인 선충류에도 적용된다고 보고되고 있다.
** 　공진화의 대표적 사례로 치타와 가젤의 속도 경쟁을 들고 있다. 공진화의 좀 더 다양한 사례는 『이일하 교수의 생물학 산책』을 참고하라.

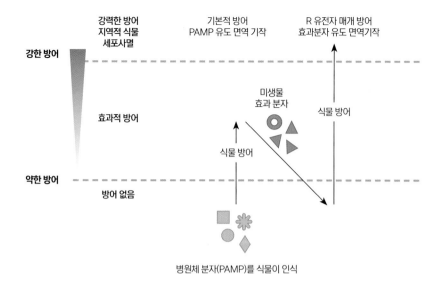

그림 3-9 **식물과 병원체의 4단계 공진화를 설명하는 Z 공식.** 식물의 약한 방어를 효과분자를 가진 병원체가 뚫고 들어오게 되면 식물은 R 유전자 매개의 강력한 방어 기작을 작동하여 병원균을 퇴치한다. 이후 병원균은 효과분자의 변형을 통해 식물을 공격하게 되고…… 이러한 과정이 진화적으로 계속 반복되는 진화적 군비경쟁(arms race)이 일어나게 된다.

과 식물의 방어체계를 한꺼번에 설명하는 이론이 Z 공식이다. 이를 설명하면, 식물이 병원체에 노출되면 먼저 여러 가지 독성 방어물질을 잎의 표면 혹은 세포 속에 생성하여 방어한다. 가장 낮은 단계의 1차 방어이다. 이 과정에 세균, 혹은 곰팡이를 죽이는 페놀계(phenolics), 터펜계(terpenoids), 알칼로이드계(alkaloid)의 물질을 생산한다. 특히 알칼로이드계로 잘 알려진 2차 대사물질에는 쓴맛을 내는 커피의 카페인, 담배의 니코틴, 매운맛을 내는 고추의 캡사이신 등이 포함되는데 이들은 실상 인간의 맛이나 기호를 충족시키기 위해 식물이 생산하는 것이 아니라 병원체를 죽이기 위해 방어 목적으로 생산된 것이다. 대부분의 병원체는 이러한

1차 방어 단계에서 차단되지만 이에 대한 대비를 갖춘 병원체는 세포 속으로 침투해 들어오게 된다. 이에 식물세포는 침투해 들어온 병원체의 표면 분자(PAMP, Pathogen Associated Molecular Pattern)를 인식하여 1차 방어보다 더 강력한 2차 방어체계를 가동한다. 이때 사용되는 2차 방어물질로 병원체의 세포벽을 분해시키는 각종 효소들과 독성을 가진 여러 가지 분자—이를 통칭하여 파이토알렉신(phytoalexin)이라 한다—를 분비하게 된다.

일부 병원체는 이러한 식물의 2차 방어마저 뚫고 들어오게 되는데, 이때 미생물 효과 분자(microbial effector)라는 것을 이용하여 식물세포 속으로 침투해 들어온다. 이 미생물 효과 분자가 대개 병원체의 Avr 단백질이다. 2차 방어를 뚫고 들어온 병원체에 대해 방어하기 위해 식물이 진화적으로 획득한 것이 R 유전자이며, R 유전자에 의해 병원체의 존재가 인식되면 매우 빠르고 강한 식물방어 기작이 활성화된다. 이것을 R 유전자 매개 면역방어라 한다. 이 반응의 대표적인 사례가 과민성 방어반응(HR 반응, Hypersensitive Resistance Response)으로, 감염된 식물세포를 포함하여 주변 세포들까지 한꺼번에 싹 죽여버려 병원균이 아예 퍼지지 못하게 차단해버리는 반응이다. 산행길에 나뭇잎에 노랗게 말라 있는 작은 반점을 제법 볼 수 있는데, 이것이 HR 반응의 결과이다(그림 3-10). 우리가 병에 걸린 가축이나 작물을 소거해버림으로써 방역을 하듯이 식물은 조직 수준에서 병에 걸린 부위를 제거하여 병이 확산되지 못하게 차단하는 것이다.

이 3단계 Z 공식의 특징은 매 단계 식물의 방어가 상승할 때마다 방어기작은 더 강해진다는 것이고, 이를 뚫고 들어오는 병원체는 진화적으로 출현하기 마련이라 식물의 방어 기작이 더 정교해지게 된다는 것이다. 더

그림 3-10 **병원체에 과민성 방어반응을 보이는 장미**. 장미 잎의 검은색 둥근 반점은 병원체에 감염된 식물조직에 과민성 방어반응이 일어나 세포사멸이 일어난 결과 생긴 것이다.

붙어 Z 공식은 한 식물체에서 나타나는 방어체계라기보다 식물과 병원체의 공진화 과정에서 나타나는 식물의 진화 중인 방어체계라 할 수 있다.

| 마침내 드러나는 염증단백질복합체 NLR |

1990년대부터 식물과학 분야가 분자유전학이라는 연구방법론을 채택하면서 식물에 나타나는 다양한 생명현상들을 분자 수준에서 해명할 수 있게 되었다. 이러한 연구 분위기를 선도한 두 분야가 '개화유도' 분야와 '식물의 병저항성' 혹은 면역 분야이다. 식물과학 분야에서 최초로 클로닝된 R 유전자는 코넬 대학의 탱크슬리(Steven D. Tanksley) 교수가 1993년에 클로닝한 Pto 유전자이다. 토마토의 한 품종이 *Pseudomonas syringae*라는 세균에 의해 감염되지 않는 병저항성을 가진 것을 보고, 토마토의 병저항성 유전자를 당시의 기술로는 엄청나게 어려운 과정을 거쳐 클로닝하는 데 성공한 것이다.

이후 20여 년간 식물병리학자들의 노력으로 무수히 많은 R 유전자들이 클로닝되었지만, 이들의 분자적 특성이 제각각이라 식물병리학자들을 당혹스럽게 만들었다. 2010년대 후반으로 가면서 R 유전자들 중에서 가장 많이 나타나는 유전자가 NLR(Nucleotide Binding-Leucine Rich Repeat

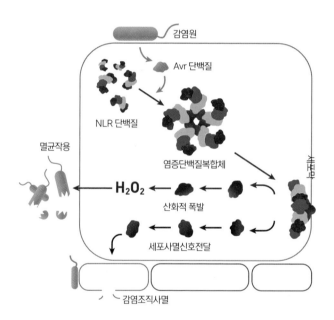

그림 3-11 **식물의 R 매개 방어 기작을 유도하는 염증단백질복합체, NLR의 작용.** 식물세포가 병원균에 감염되면 병원체는 Avr 단백질을 식물세포 내에 투입하여 침투하려 한다. R 유전자를 가진 식물은 Avr 단백질을 인지하여 NLR 단백질(R 유전자 산물)의 3차 구조를 변환, 염증단백질복합체를 만들게 된다. 이 복합체는 막에 결합된 상태로 산화적 폭발을 일으켜 과산화수소와 같은 활성 산소를 생산하거나, 세포사멸신호를 보내어 감염된 식물세포를 죽이게 되는데, 그 결과 병원균의 확산을 차단하게 된다. 이를 HR 반응이라 한다.

Resistance)이라는 사실이 분명해졌고, 당연히 NLR 유전자의 작용 기작에 대해 집중적인 연구가 진행되었다. 마침내 2019년 종잡을 수 없을 것처럼 보였던 R 유전자들이 결국 염증단백질복합체(inflammasome 혹은 식물에서는 resistosome이라고도 불림)로 작용하거나 이들의 신호전달을 돕는 유전자로 작용한다는 모델이 만들어지게 된다(그림 3-11).[*]

NLR은 염증단백질복합체의 가장 중요한 부속품이다. 염증단백질복합체는 2017년 생쥐의 염증을 연구하던 과학자들에 의해 발견되었으며, 세포사멸[**]을 촉매하는 단백질복합체로 병원균에 의해 감염이 된 세포조직을 빠른 속도로 죽임으로써 병원체의 확산을 막는 동물의 선천성 면역 작용 분자이다. 이러한 포유동물의 방어 기작이 식물에서는 R 유전자 매개 면역방어 기작으로 진화된 것이다. 앞에서 언급한 식물 유전체에 놀라울 정도로 많은 수백, 수천 가지의 선천성 면역 유전자가 있다고 한 것도 실은 NLR 유전자들을 말한다. 이 연구 결과로 우리는 다시 한번 동물과 식물에 내재된 방어시스템의 유사성에 놀랐다.

| 식물 시스템 수준의 방어 기작 |

세포막에 박혀 있는 염증단백질복합체는 식물의 2차방어를 뚫고 들어온 병원체를 인지하면 매우 빠른 속도로 세포 내 신호전달을 통해 활성산소를 폭발적으로 생산하게 만든다. 이를 산화적 폭발(oxidative burst)이라

---

[*]   *Science* (2019) A pentangular plant inflammasome. Vol. 364; 31-32.
[**]   세포사멸(apoptosis)은 고등동·식물의 발생 과정에서 없어져야 할 조직의 세포를 죽이는 유전적 프로그래밍 과정이다. 발생 과정에서 사라지는 올챙이의 꼬리나 인간 태아의 물갈퀴 세포 등에서 볼 수 있다. 세포사멸은 발생 과정뿐만 아니라 꽤 다양한 생명현상에서 나타난다.

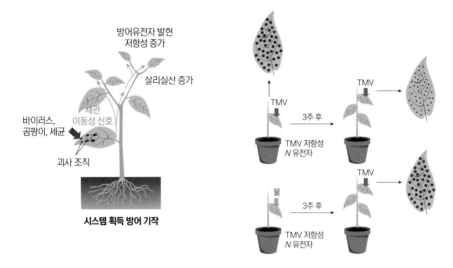

그림 3-12　**식물의 방어 기작: 지역적 방어와 시스템적 획득 방어 기작.** (왼쪽) 병원체(바이러스, 곰
팡이, 세균)가 식물 잎을 감염하면 식물의 방어 기작에 의해 살리실산 등이 생성되어 병원
균을 죽이기도 하고, 감염조직을 빠르게 죽여 괴사가 되기도 한다. 이를 지역방어라 한다.
한편 감염조직에서는 신호물질(NHP)이 생성되어 관다발을 따라 다른 가지의 잎에 병원
체의 침입을 알려준다. 신호를 받은 다른 가지의 잎에서는 병원체의 침입을 미리 대비하
여 방어 유전자를 발현시키고 살리실산 생성을 증가시킨다. 덕분에 이 지역에서는 병원체
의 감염 피해가 최소화된다. 이를 시스템적 획득 방어라 한다. (오른쪽) 시스템적 획득 방
어는 병원체의 2차 감염에 빠르게 반응하여 피해를 최소화시킨다. 이 그림은 담배에 대한
TMV(담배 모자이크 바이러스) 바이러스 감염시 나타나는 식물의 방어반응을 보여준다.
위 그림에서는 담배 잎이 처음 TMV에 감염되면 비교적 큰 반점 증세를 보인다. 그러나 새
로운 잎에 TMV가 감염되면 이번엔 매우 빠르게 바이러스가 퇴치되어 아주 작은 반점이
생긴다. 시스템적 획득 방어 때문이다. 아래 그림은 이에 대한 대조구로 TMV 감염 대신
물을 발라준 뒤 새로 생성된 잎에 TMV를 감염시키면 시스템적 획득 방어반응이 나타나지
않기 때문에 큰 반점이 생기게 된다.

한다. 이렇게 생산된 활성산소는 소독약의 과산화수소처럼 병균들을 죽
이는 역할을 하게 된다. 이와 동시에 세포사멸을 통해 주변 조직의 세포
들을 스스로 죽게 만들고, 죽은 세포들 주위로 매우 단단한 세포벽을 형
성하여 병원체의 확산을 막게 된다. 즉 과민성 방어반응을 일으키게 된다.

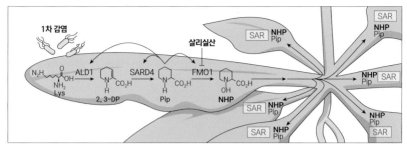

그림 3-13 **식물의 시스템적 획득 방어에 필요한 신호물질, NHP.** 잎이 병원체에 감염되면 NHP 생성에 관여하는 효소 유전자들이 신속하게 발현되어 NHP를 합성한다. NHP는 체관을 따라 다른 식물조직으로 수송되며 그곳에서 시스템적 획득 방어(SAR)를 일으킨다. *Cell* (2018) Vol. 173; 456-469.

뿐만 아니라 병원체의 공격을 받은 식물의 잎은 경계 신호를 모든 식물조직으로 보내어 미리 방어반응을 준비하게 만든다. 이를 시스템 수준의 획득 방어 기작(SAR, Systemic Acquired Resistance)이라 한다. 미리 경계 신호를 받은 식물의 잎은 초기의 잎보다 훨씬 빠르고 효과적으로 방어반응을 수행하게 되는 것이다(그림 3-12).

식물학자들은 접목 실험을 포함한 다양한 생리 실험을 통해 감염된 식물의 잎이 다른 지역의 잎에 신호를 보낸다는 사실을 알고 있었지만 이 신호가 무엇인지는 50여 년간 밝혀지지 않고 있었다. 개화유도 분야의 70년간의 미스터리였던 플로리겐과 유사한 에피소드가 식물 병저항성 분야에도 있었던 것이다. 초기에는 이 신호물질이 아스피린으로 작용하는 살리실산 아닐까 추정하기도 하였지만 그게 아니라는 부정적 실험 결과가 《사이언스》라는 최고급 저널에 발표되기도 하였다. 우여곡절 끝에 그토록 애타게 찾고 있던 신호가 수산화 피페콜린산(hydroxypipecolic acid)인 것으로 2018년 《셀Cell》에 보고되었다(그림 3-13).[*] 아직 더 많은 증거들이 축적될 필요가 있어 보이지만 식물 병저항성 분야의 오랜 미스터리도 풀린 것이 아닌가 생각된다. 30여 년에 걸친 식물과학자들의 개가이다.

---

*   Hartmann *et al*. (2018) Flavin monooxygenase-generated N-hydroxypipecolic acid is a critical element of plant systemic immunity. *Cell*. Vol. 173; 456-469.

4

연리지, 그 애틋함

뿌리가 다른 두 나무가 뒤엉켜 하나의 나무처럼 연결되는 현상을 연리지(蓮理枝)라고 한다. 따로 태어났으나 한 몸이 되어 살아가게 되었으니 그 애틋함이 화목한 부부나 연인 간의 영원한 사랑을 상징하기 알맞은 자연 현상이다. 연리지는 식물의 관다발을 만드는 조직인 형성층이 쉽게 융합하는 특성 때문에 나타나는 현상이다. 연리지에 얽힌 재미있는 고사를 식물과학적인 측면에서 함께 살펴보자.

| 옛 문헌 속에 등장하는 연리지 |

연리지는 남녀 간의 사랑을 주제로 하는 드라마나 영화의 아주 좋은 소재거리가 되고 있다. 얼핏 초자연적 현상처럼 느껴지는 연리지의 상징성 때문에 옛날에도 애틋한 부부애를 묘사할 때 많이 언급되었나 보다. 연리지에 관한 대표적인 고사로 춘추전국시대의 송나라 폭군이었던 강왕의 횡포와 그에 맞선 부부의 얘기가 있다. 주색을 탐하던 송나라 강왕은 자신의 신하인 한빙이 어여쁜 아내 하씨를 데리고 있다는 얘기를 듣고 강제로 아내를 빼앗았다. 이에 저항한 한빙은 스스로 목숨을 끊었고, 그 소식은 들은 하씨마저 따라 죽으며 자신을 남편과 함께 합장해 달라고 유언하였다. 화가 난 강왕은 부부를 합장하지 않았을 뿐만 아니라 심술궂게도 부부의 묘가 서로 마주보도록 떨어뜨려 두었다. 이후 두 사람의 무덤에서 각각 가래나무가 자라났고 이들의 가지가 만나면서 연리지가 되었다는 고사이다. 죽어서도 함께하고자 하는 진한 부부애가 느껴진다.

또 다른 고사로는 후한 시대의 선비 채옹의 시묘살이 사연에 연리지가 등장한다. 남북조 시대 송나라 범엽이 쓴 『후한서』에 나오는 고사인데, 후한말 채옹이 모친상으로 3년간 지극정성으로 시묘살이를 하던 중 채옹의 방 앞에 두 그루 나무가 자라더니 서로 가지가 뒤엉켜 연리지가 되었다고 한다. 채옹의 지극한 효성에 감탄하여 하늘이 연리지를 내렸다는 전설인데, 지극한 효성에 부모와 자식이 하나가 되었음을 상징하고 있다. 말하자면 연리지가 지극한 효성의 상징이기도 하다.

이후 당나라의 시인이었던 백거이는 〈장한가長恨歌〉라는 시를 통해 두 남녀의 아름다운 사랑의 상징으로 연리지를 제시하였다. 당 현종과 양귀비 간의 뜨거운 사랑을 노래한 〈장한가〉는 다음과 같다.

在天願作比翼鳥	하늘에서 태어난다면 비익조가 되고,
在地願爲連理枝	땅에서 태어난다면 연리지 되리.
天長地久有時盡	비록 하늘과 땅이 다한다 해도,
此恨綿綿無絶期	우리 맺힌 한이 끊어질 날 있을까.

그림 3-14 **연리지, 따로 태어났으나 하나가 되어.** 제주도 서귀포 치유의 숲에서 만난 연리지들. (왼쪽) 동백나무들 간의 연리지, 가운데 나뭇가지 하나로 서로 연결되어 있다. (가운데) 동백나무(아래쪽 잎이 무성한 나무)와 조롱나무가 융합이 되어 한 나무가 된 연리목. 아래에는 동백나무 잎이, 위에는 조롱나무 잎이 달려 있다. (오른쪽) 뿌리가 서로 연결된 삼나무 연리지.

비익조(比翼鳥)는 좌, 우 한쪽씩의 날개만을 가진 두 마리 새가 서로 화합하여 한 몸처럼 날 때 비로소 정상적인 비행을 할 수 있다는 상상 속의 새이다. 근래 우리나라에 보수, 진보 간의 대립이 격화되면서 비익조의 지혜가 필요하다는 주장을 담은 사설들을 꽤 접하게 된다. 비익조와 연리지를 합해서 부부간의 사랑을 애기할 때 비익연리(比翼連理)라고도 한다. 비익조는 상상의 산물이지만 연리지는 현실 세계에 존재하는 두 나무 간의 결합 현상이다(그림 3-14). 실제로 연리지에 의해 연결된 두 나무는 잎에서 생성한 광합성 산물과 뿌리에서 흡수한 양분과 물을 서로 공유하며 살고 있다.

| 연리지의 원리 |

연리지는 두 나무의 가지, 뿌리, 혹은 심지어 몸통이 만나면 서로 융합하여 관다발 조직이 서서히 하나가 되는 과정을 통해 형성된다. 주로 나

그림 3-15 **나무의 관다발 조직과 환상박피.** 과수 농사에서 과일의 크기를 크게 만들기 위해서 환상박피를 한다. 즉 체관층까지의 껍질을 벗겨내면 뿌리의 물은 위로 수송되지만 잎에서 생성된 양분은 아래로 내려가지 못해 환상박피를 한 위쪽 가지의 열매가 커지게 된다.

나무들이 너무 밀접하게 심겨 있을 때 하나의 공간을 공유하기 위해 일어나는 현상이라 할 수 있다. 뿌리에서 줄기로 물과 양분이 이동하는 통로 역할을 하는 식물의 관다발은 안쪽의 물관과 바깥쪽의 체관, 그리고 그 사이에 위치한 조직인 형성층으로 이루어져 있다(그림 3-15). 초등학교에서 배운 지식대로 물관은 뿌리에서 지상부로 물과 토양 속 미네랄을 전달하는 통로이며, 체관은 잎에서 온 당을 포함한 영양분이 뿌리 방향으로 전달되는 통로이다. 연리지 현상과 직접적 관계가 있는 것은 형성층인데, 형성층은 줄기정단분열조직, 뿌리정단분열조직과 더불어 식물이 몸통에 가지고 있는 분열조직이다. 말하자면 식물은 세 종류의 정단분열조직을 가지고 있는 셈이다. 형성층은 다른 두 정단분열조직과 마찬가지로 미분화 상태를 유지하며, 세포분열을 통해 원체관세포(protophloem)와 원물관세포(protoxylem)를 만들어 끊임없이 새로운 물관과 체관을 제공한다. 그 결과 식물이 부피자람을 하게 되고 나이테를 만들게 되는 것이다.

　이 형성층은 상처를 받으면 원래 상태의 세포조직을 재생하는 능력이 매우 뛰어나다. 이 능력은 미분화세포 상태를 유지하는 정단분열조직의 특성이기도 하다. 이러한 특성을 농업적으로 활용한 것이 환상박피 현상(girdling)이다(그림 3-15). 과실의 크기를 키우고 수확을 촉진하기 위해 나무의 껍질을 바깥쪽에 위치한 체관부까지만 고리모양(환상)으로 벗겨내는 것을 환상박피라 한다. 이렇게 함으로써 환상박피가 된 나무 밑동 위쪽의 영양분이 아래로 내려가지 못하게 됨에 따라 위쪽의 과실이 튼실해지고 빨리 익게 되는 것이다. 한편 형성층의 뛰어난 재생 능력으로 다시 체관이 형성되어 나무는 계속 자랄 수 있게 된다.

이러한 뛰어난 재생 능력을 가진 형성층이 있기에 두 나무의 줄기가 밀접하게 붙으면 형성층과 형성층 간의 미분화세포들 간에 융합이 일어나 하나의 관다발을 공유할 수 있게 되는 것이다. 이때 두 나무 줄기 간에는 일시적으로 상처반응이 일어나게 되는데 이때 만들어지는 조직을 캘러스(callus)라 한다. 이 캘러스는 두 나무 줄기에서 생성된 미분화 상태의 조직으로 이루어져 있으며, 일정한 시간이 지나면서 점차 원체관세포와 원물관세포로 분화되어 하나의 관다발을 만들게 된다. 이때 먼저 체관이 연결되고 이후 물관이 연결되면서 두 나무의 관다발이 하나가 된다. 먹을 것을 나눠 먹으면서 이웃끼리 친하게 지내는 인간사회의 원리를 보는 듯하다. 어쨌든 이렇게 해서 형성된 것이 연리지이다.

인간을 포함한 포유동물에서 조직 이식 수술을 할 때 자가불화합성(self-incompatibility)이라는 면역거부반응이 일어난다. 식물에는 연리지 현상이 일어날 때 이러한 자가불화합성 반응이 없을까? 연리지가 일어난 식물들을 보면 대개 같은 종이거나 친척 종에서만 일어나는 것을 볼 수 있다. 식물에도 동물에서 보는 자가불화합성 반응이 어느 정도는 있기 때문이다. 특히 농업적으로 활용되는 접목도 결국 연리지와 같은 현상인데, 접목이 가능한 식물은 같은 종이거나 친척 종인 경우에 한정된다. 정확한 원리는 모르지만 식물도 자신과 타자를 인지하는 능력이 있고, 인척 관계를 파악하는 능력이 있다고 생각된다. 이 사례는 여름 편의 '식물의 친족 선택'에서 소개한 바 있다.

| 농업에 활용되는 접목 |

연리지 현상과 생리학적으로 같은 현상이 접목이다. 접목은 농업에 광범위하게 이용된다. 이를테면 우리가 먹는 수박은 거의 모두 박을 대목으로 사용하여 얻은 접목을 통해 생산된다(그림 3-16). 이렇게 접목으로 생산하는 작물은 주로 수박, 참외, 오이 등 박과작물인데 근래에는 토마토, 가지, 고추 등 가지과 작물에도 적용되고 있다. 수박은 재배면적의 95퍼센트 이상에서 접목을 활용하고, 참외와 멜론은 90퍼센트, 오이는 85퍼센트 정도가 접목을 이용하여 재배하고 있다고 한다. 아직 토마토는 5퍼센

그림 3-16 **수박의 접목.** (ⓒ vallefrias | iStock)

트, 가지는 2퍼센트 미만밖에 되지 않아 그 활용이 미미하지만 일본의 경우 40~50퍼센트 이상을 접목을 통해 생산하고 있다고 하니 우리나라도 점차 확대될 전망이다.

이렇게 접목을 이용하여 작물을 키우는 이유는 무엇보다 토양 속의 병원체에 대한 병저항성 때문이다. 연작을 할 수밖에 없는 농업의 특성상 토양 속에는 병을 일으키는 병원체가 득시글하게 되는데 이들에 대한 저항성을 가진 박을 대목으로 이용하게 되면, 그 저항성이 접수(椄穗)—접목을 해주는 지상부 식물, 수박—에도 전달되어 건강하게 자라기 때문이다. 더불어 접수의 활성이 증가하여 생산성이 배가되는 장점이 있기 때문에 농부들이 접붙이기라는 성가신 일을 마다하지 않는 것이다.

| 기생식물의 접속 |

겨울철 스키장에서 리프트를 타고 꼭대기로 올라가면서 흔하게 볼 수 있는 광경 중 하나가 나뭇가지 사이사이에 발견되는 겨우살이들이다(그림 3-17). 이들은 우리나라의 대표적인 기생식물이다. 기생식물은 숙주 식물의 가지 속으로 뿌리를 내려 관다발 조직을 융합시키는 재주가 있다. 이때 관다발 조직이 서로 연결되는 방식도 연리지나 접목시 관다발이 융합되는 것과 똑같다. 다만 한 가지 차이가 있다면 기생식물은 서로 유사한 종이 아님에도 관다발 조직을 연결시킨다는 것이다. 이들 기생식물들이 어떻게 식물의 방어체계, 혹은 불화합성을 극복하게 되는지는 아무도 모른다. 제대로 연구가 되어 있지 않기 때문이다. 겨우살이는 광합성을 할 수 있는 잎을 가지고 있어 완전히 기생하는 것은 아니고 물과 토양 속 미네랄만 뺏어 먹는 반기생식물이다.

그림 3-17 **기생식물, 겨우살이와 스트리가.** (왼쪽) 무주 리조트의 겨우살이. (오른쪽) 옥수수 밭의 스트리가(핑크빛 꽃이 핀 식물).

아프리카 지역에서 농사에 심각한 피해를 주는 기생식물 중 하나로 스트리가가 있다(그림 3-17). 예쁜 분홍색 꽃을 피우는 이 기생식물은 옥수수, 수수 등의 작물에 뿌리를 내려 영양분을 빨아먹는 악동 잡초이다. 이 기생식물을 제거해주지 않으면 옥수수 수확량이 확 줄어들게 된다. 오죽 농부들이 진저리를 쳤으면 아프리카에서는 스트리가를 마귀식물(witchweed)이라고 부른다. 스트리가가 어떻게 숙주식물을 인식하여 뿌리를 연결시키는지에 대한 연구는 꽤 많이 이루어져 있다. 최근의 연구 결과에 따르면 식물이 뿌리에서 발산하는 스트리고락톤(strigolactone, 스트리가를 유혹하는 분자라는 뜻)이라는 호르몬 냄새를 맡은 스트리가 종자가 그 냄새를 맡고 발아하며, 그 냄새를 따라 스트리가의 뿌리가 뻗어나가 접속을 하게 된다고 한다.

기생식물을 유혹하기 위해 스트리고락톤이라는 호르몬을 숙주식물이 발산한다고 오해하지 말기 바란다. 식물 병저항성 기작에서 유전자-유전자 상호작용 가설이 병원체 입장에서 도무지 이해되지 않는 것과 같은 원리가 여기에도 적용된다. 스트리고락톤은 이름에서 짐작할 수 있듯이 스트리가가 기생하는 식물의 뿌리 추출물에서 확인된 호르몬이다. 1966년 《사이언스》에 처음 보고된 이후 많은 식물생리학자들에 의해 연구된 이 호르몬은 식물의 2차 가지 형성을 적절히 조절하는 역할을 하는 것으로 밝혀졌다. 즉 환경에 따라 적당한 개수의 가지를 뻗어내도록 하는 기능을 가진 호르몬인데, 그 호르몬이 뿌리를 통해 새어나가는 것을 스트리가가 인지하게끔 진화한 것이다. 기생체의 입장이 아니라 식물의 입장에서 생각해야 이해되는 현상이다.

5

꽃들의 키스, 수정

꽃은 수술과 암술이라는 생식기관을 만드는 특별한 식물 기관이다. 수술이 만드는 꽃가루가 암술이 만드는 배낭(胚囊) 속을 찾아 들어가 수정을 완성한다(그림 3-18). 남녀가 만나 합일을 하고 사랑의 열매로 아이를 가지는 일에 천지의 조화가 필요하듯이, 꽃이 수정을 하여 마침내 씨앗을 맺기 위해서도 많은 우여곡절이 필요하다.

| 꽃가루와 배낭 |

우리가 꽃을 떠올릴 때는 대개 꽃기관이 모두 갖추어진 완전화를 떠올린다. 꽃받침과 꽃잎, 수술과 암술이 모두 있는 꽃을 완전화라고 한다.[*] 좀 더 세분해서 말하면 꽃기관 중 꽃받침과 꽃잎을 장식기관(perianth)이라

---

[*]　꽃기관 중 어느 하나가 없는, 불완전화가 만들어지는 생물학적 기작은 1부 4장에서 ABC 모델을 소개하면서 설명했다.

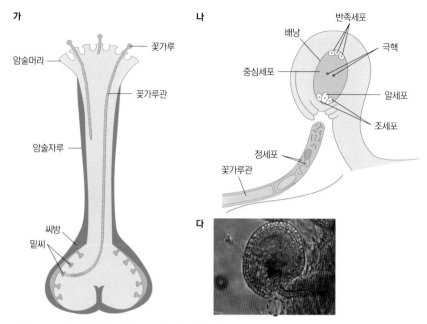

가

암술머리

꽃가루

꽃가루관

암술자루

씨방

밑씨

나

배낭

반족세포

극핵

중심세포

알세포

조세포

정세포

꽃가루관

다

그림 3-18 **식물의 정세포와 알세포의 도킹.** (가) 꽃가루관은 밑씨가 분비하는 신호를 따라 암술자루 속을 뚫고 자란다. (나) 꽃가루관은 조세포가 분비하는 LURE를 따라가서, 조세포 속에 정세포를 내려놓는다. (다) 꽃가루관(붉은색 원)이 배낭의 입구를 찾아가는 모습(서울대 박철민 박사 제공).

하고 수술과 암술을 생식기관이라 한다. 실제 수정을 통해 다음 세대의 씨앗을 만드는 데 직접 관여하는 기관이 수술과 암술이기 때문이다. 수술에서는 정세포가 만들어지고 암술에서는 알세포가 만들어져 둘 간의 결합에 의해 배아가 만들어지게 된다. 움직이지 못하는 식물에서 공간적으로 분리되어 있는 수술과 암술, 두 장소의 세포가 어떻게 만나서 수정을 하게 되는지를 살펴보자.

우선 정세포와 알세포가 만들어지는 방법에 대해 잠깐 살펴보아야겠다. 꽃기관 자체는 2n 상태의 이배체 기관이고 정세포와 알세포는 n 상태의 반수체*이기 때문에, 동물의 정자와 난자가 만들어질 때처럼 식물에서도 감수분열이 필요하다. 여기까지는 동물과 식물이 큰 차이가 없어 보인다. 그러나 이후에 진행되는 사건은 동물과 식물이 천양지차로 다르다. 이렇게 다른 이유는 동물과 식물의 근본적인 차이에서 비롯된다. 이 부분은 '들어가기' 장에서 설명한 식물의 특성을 다시 읽어보기 바란다. 식물은 동물과 달리 감수분열에 의해 만들어진 반수체의 세포—미세포자(microspore)와 거대포자(megaspore)—가 바로 수정에 참여하지 않고 일련의 세포분열을 통해 반수체 세포들로 이루어진 다세포 배우체(gametophyte)** 기관을 만든다. 꽃가루는 감수분열 결과 얻어진 반수체 세포인 미세포자가 세포분열에 의해 생식세포(generative cell)와 영양세포(vegetative cell)로 나누어진 다세포 조직이다(그림 3-19 왼쪽). 수정의 초기 단계에 꽃가루가 암술머리에 앉으면 발아한 뒤 꽃가루관이 암술자루 속으로 뚫고 들어가게 되는데, 이때 생식세포가 다시 한번 세포분열한 뒤 두 개의 정세포를 만들면 이들이 수정에 참여하게 된다.

한편 암술 속 깊은 곳에 들어 있는 밑씨(배주) 속에서는 감수분열 결과 형성된 거대포자가 세 차례의 세포분열 결과 7개의 세포(8개의 핵)를 만들게 되는데, 이들이 밑씨 속에 배열되면서 이 중 하나가 알세포, 알세포를

---

* 미세포자(n)는 동물의 정자(n)에 해당한다. 동물에서 2배체의 정원세포(2n)는 감수분열하면 4개의 정자가 된다. 미세포자도 꽃가루 모세포(2n)가 감수분열하면 4개의 미세포자(n)가 되니 유사하다. 한편 동물의 난원세포(2n)는 감수분열하면 3개의 극체와 1개의 난자(n)를 만드는데 3개의 극체는 퇴화되어 없어진다. 거대포자(n)가 만들어지는 과정에도 유사한 일이 진행된다. 거대포자 모세포(2n)가 감수분열된 뒤 3개의 세포가 죽고 1개의 세포만 살아남아 거대포자가 된다. 말하자면 동·식물의 배우체가 생성되는 초기는 매우 유사하다.

** 반수체 세포로 만들어진 개체를 배우체(gametophyte)라 하고 2배체 세포로 만들어진 개체를 포자체(sporophyte)라 한다. 이끼의 경우 우리가 볼 수 있는 잎 조직은 반수체의 배우체이며, 그 위에 노랗게 익은 홀씨 자루가 포자체이다. 식물이 고등식물로 진화하는 과정에서 점차 배우체의 비중이 작아지고 포자체의 비중이 커지게 되어 결국 꽃가루와 배낭 속에서만 배우체가 남게 된 것이 고등식물이다.

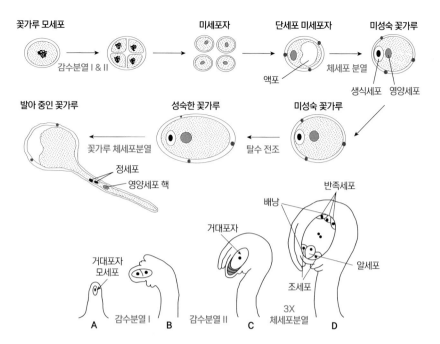

꽃가루 모세포　미세포자　단세포 미세포자　미성숙 꽃가루

감수분열 I & II　액포　체세포 분열　생식세포　영양세포

발아 중인 꽃가루　성숙한 꽃가루　미성숙 꽃가루

꽃가루 체세포분열　탈수 전조

정세포　영양세포 핵

반족세포

배낭

거대포자

알세포

거대포자
모세포

조세포

3X
체세포분열

A　감수분열 I　B　감수분열 II　C　D

그림 3-19　**식물의 배우자 생성.** (위) 꽃가루의 분화 과정. 꽃가루 모세포(2n)가 감수분열을 하여 4개의 미세포자가 되고, 미세포자는 다시 두 번의 세포분열을 하여 2개의 정세포와 1개의 생장세포를 만들게 된다. (아래) 배낭(embryo sac)의 형성 과정. 감수분열에 의해 4개의 생식세포가 되면 3개의 세포는 퇴화되고 하나가 거대포자가 된다. 이후 3번의 세포분열을 통해 1개의 알세포, 2개의 조세포, 3개의 반족세포, 1개의 중앙세포(n+n)를 가진 배낭이 된다.

둘러싼 두 개의 조세포(synergid), 가운데 두 개의 극핵(polar nuclei)을 가지는 중앙세포, 알세포와 반대방향에 위치한 3개의 반족세포(antipodal cells)로 분화된다(그림 3-19 오른쪽). 이렇게 형성된 배우체 조직을 식물의 배낭(embryo sac)이라 한다. 이제 꽃가루관이 어떻게 밑씨가 있는 방향을 찾아가서 정세포를 내려놓는지 꽃들의 키스가 일어나는 분자생물학적 기작에 대해 살펴보자.

그림 3-20 **강렬한 냄새를 풍기는 시체화.** 천남성과 식물로 크기가 2.7미터 정도 된다.

| 정세포와 알세포의 도킹 |

씨앗이 만들어지기 위해서는 꽃가루가 암술을 만나야 한다. 식물은 움직이지 못하기에 꽃가루가 암술을 만나는 것은 행운에 맡길 수밖에 없다. 바람이 운 좋게 불어와서 꽃가루가 암술머리 위로 날아가거나, 벌이나 나비가 와서 꽃가루를 암술머리에 묻혀주길 바랄 수밖에 없다.[*] 행운의 확률을 조금이라도 높이기 위해 많은 식물은 화려한 꽃과 향기로운 냄새, 꿀이라는 뇌물을 진화시켰다. 냄새가 꼭 향기로울 필요는 없다. 시체화라 불리는 천남성과의 식물은 고약한 냄새를 풍겨 엄청난 수의 파리가 들끓게 만든다(그림 3-20).

꽃가루는 곤충의 몸에 잘 달라붙기 위해서, 혹은 바람에 잘 실려가기 위해서 수분이 없는 건조한 상태로 분화된 식물조직이다. 이런 꽃가루가 암술머리 위에 앉으면 암술이 제공하는 수분을 흡수하여 발아하게 된다. 씨앗이 발아하기 위해서는 먼저 건조한 씨앗 껍질 속으로 수분을 흡수하여야 하는 것과 비슷하다. 발아가 된 꽃가루는 꽃가루관을 만들어 암술의 깊은 속살을 뚫고 들어가게 된다(그림 3-21). 당연한 얘기겠지만 암술머

---

[*] 은행나무의 정세포는 특이하게도 스스로 빗물 속을 수영하여 암술까지 이동하는 운동성을 가진다. 더구나 은행나무는 암수딴몸이다. 은행나무의 정세포가 어떻게 은행나무의 암술까지 긴 여행을 할 수 있는지에 대해서는 알려진 것이 없다. 재미있는 연구 주제라 하겠다.

이일하 교수의 식물학 산책

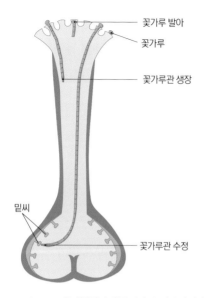
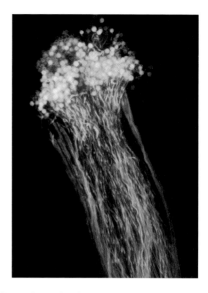

그림 3-21 **꽃가루관의 생장.** (왼쪽) 암술머리에 앉은 꽃가루는 암술의 수분을 흡수하여 발아를 하게 된다. 꽃가루관은 밑씨 속 배낭에서 분비하는 물질, LURE를 인식하여 밑씨 방향으로 생장 하게 된다. (오른쪽) 암술머리에 앉은 많은 꽃가루들이 발아하여 암술자루 속으로 생장하 는 현미경 사진.

리에 앉은 모든 꽃가루가 다 발아하는 것은 아니다. 식물의 꽃가루가 암 술머리에 앉게 되는 것은 다분히 우연의 결과이기 때문에 다른 식물종의 꽃가루가 암술머리 위에 앉는 일도 다반사일 것이다. 이 경우는 대개 꽃 가루가 발아하지 못하게 되거나, 발아 중 죽거나, 혹은 밑씨를 찾지 못해 수정하지 못하게 된다. 다른 식물종의 꽃가루가 제대로 작동하지 못하게 하는 어떤 분자 기작이 작동하고 있을 텐데 우리는 그 기작의 전모를 아 주 최근에야 알게 되었다. 이를 이어서 곧 소개하겠다. 한편 같은 종의 꽃 가루임에도 발아하지 못하게 하는 경우가 있다. 근친교배를 억제하는 기 작을 가진 식물의 경우이다. 이 기작을 자가불화합성(self-incompatibility)

이라 하는데, 자가불화합성을 보이는 대표적 식물이 배추와 페튜니아이다. 자가불화합성의 분자 기작은 많은 연구자들이 관심을 갖고 연구해왔기 때문에 비교적 잘 알려져 있다. 이에 대해서는 뒤에서 설명하기로 하자.

| 수분과 꽃가루의 발아 |

2021년 《사이언스》에 자못 흥미로운 연구 결과가 발표되었다. 수분(受粉)에 의해 꽃가루관이 발아하는 원리, 즉 동일 종의 꽃가루만 수분이 되고 다른 식물종의 꽃가루는 수분이 되지 않는 원리가 중국과 미국의 연구진에 의해 소개되었다.[*]

꽃가루가 발아할 것인지 말 것인지는 1차적으로는 암술이 결정한다. 암술에는 페로니아[**]라는 이름을 가진 수용체인산화 단백질이 있다. 이 단백질은 다른 식물의 꽃가루나 포자가 암술머리에 떨어지면 활성산소종을 생산하는 시그널을 내보내어 꽃가루나 포자가 터져 죽게 만든다. 활성산소종은 식물이 자신의 방어를 위해서 가장 즐겨 사용하는 화학물질이기도 하다. 말하자면 암술머리는 다른 식물의 꽃가루나 포자를 적으로 인식하여 없애버리는 것이다. 그렇다면 같은 식물종의 꽃가루가 암술머리에 앉았을 때는 어떻게 파괴되는 것을 피할 수 있을까? 같은 종의 꽃가루에는 페로니아에 의한 파괴를 막는 특별한 단백질 조각이 생성되기 때문이다. 꽃가루를 둘러싼 외투 단백질(PCP-B, Pollen Coat Protein B-class

---

[*] Liu *et al.* (2021) Pollen PCP-B peptides unlock a stigma peptide-receptor kinase gating mechanism for pollination. *Science*. Vol. 372; 171-175.

[**] 페로니아(FERONIA)는 고대 로마의 '다산과 풍요의 여신' 이름에서 따왔다. 수정 과정에 중요한 기능을 하는 유전자로 세포신호전달에 중요한 역할을 하는 인산화 효소를 암호화하고 있다. 이후 연구에 의해 식물의 면역 기작에도 중요한 역할을 하는 것이 알려진다.

peptides)이 꽃가루에서 분비되는데, 이 단백질 조각은 같은 종의 암술머리에 있는 페로니아 단백질에만 결합하며, 결합의 결과 페로니아의 인산화 기능이 차단되어 활성산소종을 생산하라는 시그널을 더 이상 보내지 못하게 된다. 따라서 꽃가루는 암술이 제공하는 수분을 흡수하여 정상적인 꽃가루관 발아를 진행하게 된다.

| 꽃가루관의 기나긴 여정 |

정상적인 수정이 일어나기 위해서는 꽃가루관이 씨방 속 밑씨까지 잘 찾아가야 한다(그림 3-21). 꽃가루나 정세포의 크기에 비하면 씨방 속 밑씨까지의 거리, 즉 암술자루의 길이는 매우 길다. 그런데 눈이 없는 꽃가루관이 어떻게 밑씨를 찾아갈 수 있을까? 이에 대한 해답을 찾은 과학자가 일본 동경대의 히가시야마(Tetsuya Higashiyama) 교수이다. 히가시야마 교수는 밑씨를 바깥으로 노출시킨 특이하게 생긴 토레니아 꽃(그림 3-22)을 이용하여 꽃가루관이 어떻게 밑씨를 찾아가는지 알아내었다.

2001년 《사이언스》에 발표된 그의 논문[*]에 따르면, 밑씨에서 레이저를 이용하여 알세포를 제거해도 꽃가루관은 별문제 없이 밑씨를 쫓아 생장하게 된다. 이것은 수정을 통해 수정란을 만드는 당사자인 알세포가 정작 꽃가루관을 유혹하는 데 별일을 하지 않음을 보여준다. 같은 세포제거술(cell ablation) 방법으로 조세포를 하나씩 제거해보았더니, 하나가 제거되었을 때는 별문제 없이 꽃가루관이 밑씨를 찾아가는데 둘 다 레이저로 제

---

[*] Higashiyma *et al*. (2001) Pollen tube attraction by the synergid cell. *Science*. Vol. 293; 1480-1483.

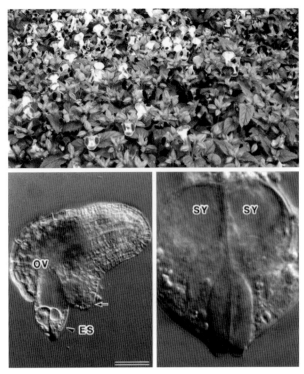

그림 3-22 **토레니아 꽃과 노출된 밑씨.** (위) 토레니아 꽃. (아래) 밑씨의
현미경 사진. OV: 밑씨, ES:배낭, SY: 조세포.

거하면 꽃가루관은 밑씨를 찾지 못하고 헤매게 된다. 이런 간단한 세포제
거술로 배낭 속의 조세포가 어떤 화학물질을 분비하여 꽃가루관의 생장
을 유혹한다는 사실을 알게 되었다.

실제로 유혹을 받은 꽃가루관은 조세포를 뚫고 들어가 그 속에 두 개의
정세포를 내려놓는다. 정세포 중 하나는 알세포와 융합하여 수정란을 만
들고(이는 동물의 수정 과정과 동일), 다른 하나의 정세포는 가운데에 있는
중앙세포(n+n=2n 세포)와 융합하여 배젖(3n)을 만든다. 이를 식물의 중복
수정이라 하며, 동물과 크게 다른 차이점 중 하나로 꼽고 있다.

그렇다면 꽃가루관을 유혹하는 그 화학물질은 무엇일까? 이에 대한 최초의 단서는 김선란 박사가 2003년《미국국립과학원회보*PNAS*》에 제1저자로 발표한 논문에서 얻어진다. 김선란 박사는 백합의 암술이 생산하는 작은 단백질(chemocyanin이라 명명)이 꽃가루관의 생장 방향을 유도한다는 사실을 발표하였다. 이후 2005년에는《사이언스》에 옥수수에서도 꽃가루관의 생장 방향을 유도하는 단백질이 있다고 보고되었다. 이러한 선행연구가 기반이 되어 마침내 히가시야마 교수는 2009년 토레니아 꽃에서, 배낭 속 조세포에서 생성되며 꽃가루관의 생장방향을 유도하는 물질 LURE를 찾아내게 된다.[*] 앞에서 발표된 단백질과는 조금 다르지만 꽃가루에서 흔히 발견되는 단백질 중 하나로 20종의 아미노산 중 하나인 시스테인이 상당히 많이 포함된 특이한 단백질이었다.[**] 각 식물이 가지고 있는 LURE 단백질의 아미노산 서열은 약간씩의 차이를 보이며, 이런 약간의 차이를 식물이 구분해낼 수 있게 진화되어 같은 종의 꽃가루만 유혹할 수 있게 된 것이다. 2012년에는 옥수수의 LURE를 애기장대의 조세포에 발현되게 만들면 옥수수의 꽃가루관이 애기장대 꽃 암술 속의 밑씨를 향해 자라게 된다는 사실도 보고되었다.[***] 말하자면 꽃가루관의 생장을

---

[*] Kim *et al* (2003) Chemocyanin, a small basic protein from the lily stigma, induces pollen tube chemotropism. *PNAS*. Vol. 100; 16125-16130.; Marton *et al*. (2005). Micropylar pollen tube guidance by egg apparatus 1 of maize. *Science*. Vol. 307; 573-576.; Okuda *et al*. (2009). Defensin-like polypeptide LUREs are pollen tube attractants secreted from synergid cells. *Nature*. Vol. 458; 357-361.

[**] 이런 종류의 단백질을 시스테인 고비율 단백질(CRP, Cystein Rich Protein)이라 하는데 식물의 수정 과정에 다양하게 등장하는 단백질이다. 앞에서 설명한 PCP-B나 뒤에서 자가불화합성 기작을 설명할 때 등장하는 SCR도 비슷한 종류의 시스테인 고비율 단백질이다.

[***] Marton *et al*. (2012). Overcoming hybridization barriers by the secretion of the maize pollen tube attractant ZmEA1 from Arabidopsis ovules. *Current Biology*. Vol. 22; 1194-1198.

유혹하는 물질은 LURE이며, 식물 간 LURE의 미세한 차이를 꽃가루관이 식별해내는 재주가 있다는 사실을 보여준 것이다. 조세포가 분비하는 LURE를 식별하는 분자는 당연히 꽃가루관에 있을 것인데 이 또한 히가시야마 교수에 의해 2016년 밝혀지게 된다.[*] 한 분야를 20여 년 집요하게 연구한 결과 히가시야마 교수는 꽃의 수정에 관한 한 알파에서 오메가까지 완벽히 밝혀낸 그 분야의 독보적 존재가 되었다. 한 우물을 파는 과학자를 꾸준히 지원하는 일이 왜 중요한지를 보여주는 좋은 사례라 하겠다.

| 그들의 격렬한 키스 |

이제 꽃의 수정을 마무리할 차례이다. 배낭 속 조세포가 분비한 LURE라는 작은 단백질을 인식하여 꽃가루관은 밑씨를 쫓아 자라게 된다(그림 3-23). 이후 꽃가루관의 끝이 조세포와 도킹하게 되면 조세포 내에서는 격렬한 칼슘 스파이크가 일어난다(그림 3-23 나, 다). 조세포 내의 칼슘 농도를 측정한 결과에 따르면[**] 꽃가루관이 조세포를 터치하기 전까지 칼슘 농도는 적은 농도로 잔잔하게 유지된다. 그러다가 꽃가루관의 끝이 조세포 내로 밀려 들어오게 되면 칼슘 농도의 급격한 진폭 변화, 즉 칼슘 진동이 격렬하게 일어난다. 이후 꽃가루관이 터지면서 두 정세포가 조세포 내

---

[*] Takeuchi & Higashiyama (2016) Tip-localized receptors control pollen tube growth and LURE sensing in Arabidopsis. *Nature*. Vol. 531; 245-248. 조세포가 분비하는 LURE를 꽃가루관이 쫓아가기 위해서는 LURE를 인지하는 수용체 단백질이 필요한데 이를 찾아낸 논문이다. 이 단백질은 수용체인 산화 단백질의 한 종류였다.

[**] Quy *et al*. (2014) Calcium dialog mediated by the FERONIA signal transduction pathway controls plant sperm delivery. *Developmental Cell*. Vol. 29; 491-500. 수정의 마지막 과정, 즉 배낭에 꽃가루관이 침투되는 과정에도 앞에서 언급한 페로니아 단백질이 작용한다. 페로니아 단백질은 이 과정에 칼슘 스파이크를 일으키는 주역배우이다.

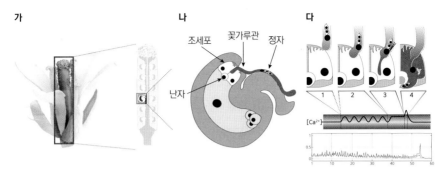

그림 3-23　**정세포와 알세포가 도킹할 때.** (가) 애기장대 꽃의 모습과 암술 내부의 도해. (나) 배낭 내에 꽃가루관이 도달한 모습. (다) 조세포를 뚫고 들어간 정세포의 도킹과 이때의 Ca^{2+} 스파이크 관찰.

부로 들어오게 되는데 이 과정에 가장 큰 칼슘 스파이크가 일어나게 된다 (그림 3-23 다, 하단의 칼슘 진동). 마치 동물들의 섹스 마지막 클라이막스를 보는 듯하다. 이후 칼슘 진동은 다시 고요하게 가라앉게 된다. 조세포에 내려놓은 두 개의 정세포 중 하나는 알세포와 융합하여 수정란을 만들고, 또 하나는 중앙세포의 두 극핵과 융합하여 3n의 배젖세포를 만들게 되면 중복수정이 완료된다.

| 씨앗을 얻기 위한 두 번의 수정 |

씨앗을 열매의 내부에 맺는 식물을 속씨식물, 바깥쪽에 노출하여 맺는 식물을 겉씨식물이라 한다. 소나무가 대표적인 겉씨식물이다. 속씨식물은 특이하게도 중복수정을 하게 된다.* 동물의 경우 정자와 난자가 만나면 수정란이 되고 그것으로 새로운 생명이 잉태되게 된다. 그러나 식물은

---

*　겉씨식물의 배젖은 속씨식물과 달리 핵상이 n이며, 이는 수정 없이 만들어진 배젖으로 중복수정이 필요하지 않다.

하나의 씨앗이 만들어지는 데 두 번의 수정이 필요하기 때문에 이를 중복수정이라 한다. 앞에서 언급한 대로 꽃가루관에는 두 개의 정세포가 들어 있다. 이 중 하나는 알세포와 수정하여 2n 상태의 수정란을 만든다. 또 다른 하나의 정세포(n)는 중앙세포의 두 극핵(n+n)과 융합하여 3n 상태의 배젖세포를 만든다. 이 세포가 왕성히 세포분열을 하면서 배젖을 만들고 이 배젖 속의 영양분을 이용하여 수정란이 배아 상태로 자라게 되는 것이다. 말하자면 배아를 만들기 위한 수정과 배젖을 만들기 위한 수정, 두 번의 수정이 하나의 씨앗을 만드는 데 필요한 것이다.

| 근친교배를 막기 위한 여러 가지 방안들 |

고등동·식물은 성을 통해 유전적 다양성을 증가시키는 생물들이다. 유전적 다양성을 증가시킴으로써 오랜 진화 과정에서 종의 생존과 번성을 꾀할 수 있기 때문이다. 이종교배를 통해서 얻을 수 있는 이득은 유전적 다양성 외에도, 동형접합에 의한 유전병 발현을 막을 수 있고, 잡종강세의 이점을 얻을 수 있으며, 개체군 집단의 유전자 총량을 일정하게 유지함으로써 변화하는 환경에 진화적으로 잘 적응할 수 있다는 것이다. 이런 장점에도 불구하고 주변의 식물들을 보면 자가수분되는 식물들을 흔히 볼 수 있다.[*] 즉 하나의 꽃이 꽃가루와 암술을 동시에 가지고 있어 쉽게 자가수분이 이루어지고, 자가수분의 결과 종자를 맺게 된다. 실험실에서 모델 식물로 흔히 사용되는 애기장대는 자가수분에 의해 얻어지는 종자가 95

---

[*] 식물이 자가수분을 이용하는 이유는 고착성 생활과 관계가 있다. 주변에 수분을 시켜줄 매개체가 없다면 자가수분을 통해 자손을 번식하는 것이 그나마 종의 생존에 유리하기 때문이다. 작물은 오랜 농업적 선별 과정에서 자가수분을 통해 쉽게 종자를 얻을 수 있는 형질이 선택된 결과 거의 대부분 자가수분을 한다.

그림 3-24　은행나무 암나무(왼쪽)와 수나무(오른쪽).

퍼센트 이상이고 타가수분에 의해 얻어지는 종자는 5퍼센트 내외에 지나지 않는다. 즉 애기장대는 자가수분을 통해 번식하는 식물인 셈이다. 이런 현상은 왠지 진화적인 원리에 맞지 않는 것처럼 보인다.

실제 자연계에 많은 식물들은 자가수분을 막기 위한 다양한 장치들을 마련하고 있다. 가장 손쉬운 방법은 고등동물들처럼 암수가 확실하게 구분되는 것이다. 은행나무나 버드나무가 그런 대표적인 사례이다. 은행나무의 큰 가지들을 자세히 보면 누가 암나무이고 누가 수나무인지 쉽게 알수 있다. 가지가 위로 뻣뻣하게 뻗어 있으면 수나무이고, 약간 아래쪽으로 쳐져 있으면 암나무이다(그림 3-24). 수나무는 가능한 꽃가루를 사방팔방으로 멀리 보내기 좋게 가지가 위로 뻗어 있고, 암나무는 가능하면 꽃가루를 많이 받을 수 있게 아래쪽으로 살짝 쳐져 있다.*

암수가 다른 그루에 생기는 식물을 자웅이주 식물이라 하고, 암수가 같은 그루에 생기는 식물을 자웅동주라고 한다. 자웅동주 식물이라도 암꽃과 수꽃이 따로 있는 경우가 있는데 이를 단성화라고 한다. 자웅동주이면서 단성화인 대표적인 사례로 소나무, 옥수수, 호박, 수박 등이 있다. 소나무는 나무의 위쪽 부위에 작은 솔방울 모양의 암꽃을 생산하고, 나무의 아래쪽에 큰 포도송이 모양의 수꽃을 생산한다.** 때깔도 암수가 조금 다른데 수꽃 솔방울은 노란색에 가깝고 암꽃 솔방울은 암갈색을 띠고 있다. 수꽃이 아래쪽에 달림으로써 꽃가루가 떨어지면서 자신의 암꽃에 수분이 될 가능성을 방지하는 구조를 가진 것이다. 옥수수는 이와 달리 술 모양의 수꽃이 가지 위쪽에 있는 반면 암꽃은 아래쪽에 있다. 그러나 옥수수는 암꽃을 먼저 피우고 나중에 수꽃을 피우는 시간차를 이용하여 자가수분을 최소화한다. 단성화와 대조 개념으로 암수가 함께 있는 꽃을 양성화라 한다. 자웅이주나 단성화는 모두 근친교배를 막기 위해 기관 차원에서 암수를 분리해놓은 경우이다.

그러나 양성화임에도 근친교배를 차단하는 방법들이 꽤 다양하게 존재한다. 꽃기관의 구조적 측면에서 암술의 크기를 길게, 수술의 크기를 짧게 만듦으로써 자가수분을 어렵게 만든 식물들도 있고, 아예 암술이 먼저 분화하여 수정을 끝내고 나면 수술이 나중에 발달하여 꽃가루를 만드는 시간차를 이용하는 식물들도 있다. 심지어 배추 속의 한 종류는 수술의 꽃가루를 방출하는 약밥 기관이 암술을 쳐다보지 않고 바깥을 쳐다보게 함

---

*   불행히도 은행나무가 묘목일 때는 암수 구분이 잘되지 않기 때문에 은행을 수나무만 가로수로 심기 위해서 최근에는 DNA 지문법을 이용하여 암수를 판별해낸다고 한다.
**   소나무의 생식기관은 엄밀히 말하면 꽃이 아니지만 여기서는 편의상 암꽃, 수꽃으로 기술하였다.

으로써 자가수분을 어렵게 만든 식물도 있다. 아예 화학적으로 자가수분을 불가능하게 하는 기작도 꽤 많은 식물에서 발견되는데 이런 현상을 자가불화합성(self-incompatibility)이라고 한다.

| 식물의 자가불화합성 |

근친교배를 차단하는 시스템인 자가불화합성은 같은 식물이 만든 꽃가루와 알세포가 수정이 되지 못하게 화학적으로 막는 현상이다. 자연계에 있는 식물의 절반 정도가 자가불화합성을 보인다. 자가불화합성이 일어나기 위해서는 암술이 자기와 같은 유전자를 가진 꽃가루를 인식하여 발아 및 생장을 억제할 수 있어야 한다. 이런 인식 기작에는 두 가지 방식이 있다. 하나는 꽃가루(n) 자체의 유전자가 자신을 인지하는 열쇠로 작용하는 경우이고, 다른 하나는 꽃가루를 만들기 위해 사용된 꽃가루 모세포(2n)의 유전자형이 자신을 인지하는 열쇠로 작용하는 방식이다. 이를 각각 배우체 자가불화합성(GSI, gametophytic self-incompatibility)과 포자체 자가불화합성(SSI, sporophytic self-incompatibility)이라 한다(그림 3-25). 말하자면 담배와 페튜니아 같은 배우체 자가불화합성 식물의 경우에는 유전자형 $S1S2^*$ 식물과 S2S3 식물이 교배되면 S1 유전자형을 가진 꽃가루는 S2, S3 유전자형을 가진 알세포와 유전적으로 다르기 때문에 별문제 없이 수정이 일어난다. 반면 배추와 같은 포자체 자가불화합성 식물은 같은 유

---

*   자가불화합성을 일으키는 유전자를 이 분야의 과학자들이 전통적으로 S 대립유전자(S locus specific gene)라 불렀다. 그러나 개념적으로 S 대립유전자는 웅성 분자(male partner)와 자성 분자(female partner) 두 개의 유전자로 구성되어 있어야 하고 이들이 같은 유전자 자리에 있으면서 감수분열의 재조합 과정에서 교차(분리)되지 않아야 한다. 즉 염색체 분리 과정에서 하나의 유전자처럼 함께 움직여야 한다.

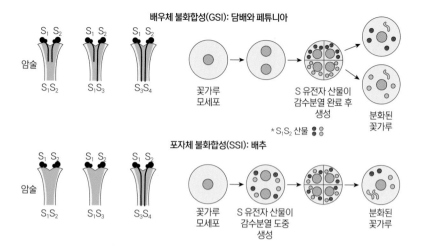

배우체 불화합성(GSI): 담배와 페튜니아

암술

$S_1 S_2$ $S_1 S_2$ $S_1 S_2$

S_1S_2 S_1S_3 S_3S_4

꽃가루
모세포

S 유전자 산물이
감수분열 완료 후
생성

분화된
꽃가루

*S_1S_2 산물

포자체 불화합성(SSI): 배추

암술

$S_1 S_2$ $S_1 S_2$ $S_1 S_2$

S_1S_2 S_1S_3 S_3S_4

꽃가루
모세포

S 유전자 산물이
감수분열 도중
생성

분화된
꽃가루

그림 3-25　**자가불화합성의 두 종류.** (왼쪽) 배우체 불화합성(위, GSI)과 포자체 불화합성(아래, SSI). (오른쪽) 배우체 불화합성은 꽃가루의 유전자형에 의해, 포자체 불화합성은 꽃가루가 기원한 모세포의 유전자형에 의해 불화합성 여부가 결정된다.

전자형 간의 교배에서 정세포를 제공하는 꽃가루 모세포의 유전자형에 있는 S1S2가 암술을 제공하는 모체의 S2S3 속의 S2와 동일하기 때문에 수정이 일어나지 않는다.

　왜 꽃가루의 유전자형에 따라 인지되는 것이 아니라 그 모세포의 유전자형에 따라 인지되는 것일까? 이론적으로 생각해보면 쉽다. 자신(self)과 타자(nonself)를 구분하는 화학적 기초 인자가 포자체 자가불화합성의 경우에는 감수분열 전에 형성이 되어 꽃가루에 전달되기 때문이다. 이와 달리 배우체 자가불화합성의 경우에는 이 인자가 감수분열 후에 형성이 된다(그림 3-25 오른쪽).

　이런 자가불화합성 기작을 분자 수준에서 명쾌하게 밝혀낸 과학자가 미국 코넬 대학의 나스랄라(June Nasrallah & Mikhail Nasralla) 부부 교

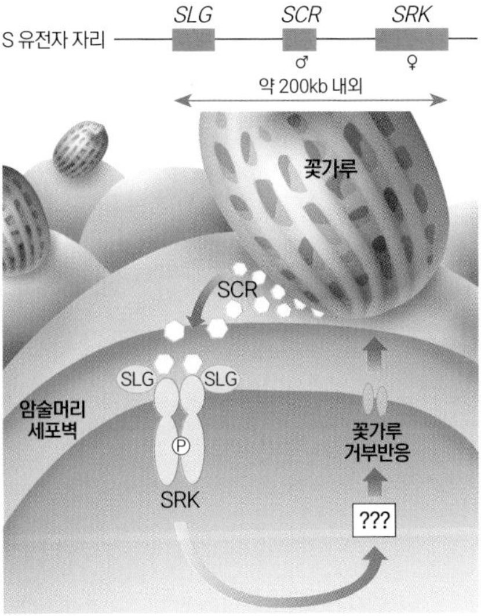

그림 3-26 **배추의 자가불화합성 유전자와 작용기작.** (위쪽) S 유전자 자리에 자가불화합성을 조절하는 세 유전자, SLG, SCR, SRK가 놓여 있으며, 이들 간에는 감수분열의 재조합 과정에서 교차가 일어나지 않아야 한다. (아래쪽) 꽃가루의 SCR 산물과 암술머리의 SLG+SRK 산물이 같은 유전자형을 가지면, 즉 같은 모체에서 형성된 것이면 꽃가루 발아가 억제되고 수정이 일어나지 않게 된다.

수이다. 이들은 1985년 배추에서 자가불화합성을 일으키는 S 대립유전자 SLG(S-locus-specific glycoprotein)를 암술에서 찾아내는 데 성공했다. 즉 자가불화합성을 담당하는 자성 분자(female partner)를 찾아낸 것이다.[*] 이후 이들은 자가불화합성 분야에서 눈부신 성과를 이루어내게 된다. 1992년 SLG와 약 20만 염기쌍 거리만큼 떨어진 SRK(S-locus specific receptor kinase) 유전자도 찾아내어 자가불화합성 기작에 SLG 외에도 SRK가 필요함을 밝혔다(그림 3-26). SRK도 SLG와 마찬가지로 자성 분자로서 기능을 하며 이 두 유전자가 하나의 유전자인 것처럼 감수분열 과정에서 함께 자손에 전달된다는 사실도 알아내었다. 이들이 감수분열 과정에서 재조합

---

*   Nasrallah *et al.* (1985). A cDNA encoding an S-locus-specific glycoprotein from Brassica oleracea. *Nature.* Vol. 318; 263-267.

에 의해 따로 분리된다면 자가불화합성은 진화 과정에서 유지되지 못한다. 그 이유는 독자들이 사고실험 삼아 한번 생각해보시기를 바란다. 이후 나스랄라 부부는 1999년에 SLG와 SRK 유전자 사이에 존재하는 SCR(S locus cystein rich protein)이라는 단백질이 자가불화합성 기작에 있어서 웅성 분자(male partner)로 작용함을 밝혔다. 배추 꽃가루의 SCR 단백질이 같은 S형 배추의 암술머리에 앉았을 때 암술머리 세포의 SRK, SLG에 의해 인지되어 수분의 공급이 차단된다. 그 결과 꽃가루가 발아하지 못하게 되어 자가수분을 막게 되는 것이다(그림 3-26). 이 논문은 《사이언스》에 발표되었는데* 이로써 배추의 자가불화합성 기작이 완벽하게 풀어졌다.

한편 배우체 자가불화합성(GSI) 기작은 펜실베이니아 주립대의 테후이 카오(Teh-Hui Kao) 교수에 의해 확립되었다. 이 연구는 연세대 배현숙 교수가 박사후연구원으로 있으면서 밝혀내어 《네이처》에 1994년 발표되었다. 그전 1986년에 담배의 GSI 기작에 관여한다고 보고된 S-RNase의 기능에 대해서는 학계에 갑론을박이 있었고, 1990년에는 이를 증명한다며 《플랜트 셀Plant Cell》지에 발표된 페튜니아의 S-RNase에 대한 보고도 있었지만, 이 논문 또한 신뢰하기 어렵다는 반박에 논란이 있었다. 무엇보다 RNA 분해 효소가 어떻게 꽃가루관의 생장을 차단할 수 있느냐 하는 의혹이 강하게 제기되었다. 필자가 1990년 미국 유학 중에 이 논문을 가지고 토론 수업을 한 적이 있었는데 그 당시의 비어스트라(Richard Vierstra) 교수는 "이 논문을 가지고 우리가 확실히 내릴 수 있는 결론은 S-RNase

---

*   Schopfer *et al*. (1999) The male determinant of self-incompatibility in Brassica. *Science*. Vol. 286; 1697-1700.

가 자가불화합성과 관련이 없다는 것"이라고 비꼬듯이 부정하였다. 그런데 그것을 명쾌하게 증명한 논문이 1994년에 발표한 배현숙 교수의《네이처》논문이다.* 배 교수는 S-RNase를 페튜니아에 집어넣은 형질전환체**를 만들어 자가불화합성이 유도된다는 사실을 아주 확실하게 보여주었다. 아쉬운 점은 배추의 SSI와는 달리 페튜니아나 담배의 GSI 기작은 아직 그 수준에서 큰 진전을 이루지 못하고 정체되어 있다는 사실이다.

---

*   Lee *et al*. (1994) S proteins control rejection of incompatible pollen in Petunia inflata. *Nature*. Vol. 367; 560-563.

**   형질전환체란 외래의 유전자를 고등동 · 식물에 항구적으로 도입하여 얻은 생물체를 말한다. GMO는 이런 기술을 작물에 적용했을 때 생산된 작물을 일컫는 말로 현재 사용되고 있다.

6

식물 배발생과 씨앗의 탄생

　식물의 중복수정 결과 생성되는 것이 씨앗이다. 씨앗은 식물이 품은 아기다. 이 아기는 엄마 뱃속에서 일정한 크기로 자란 뒤 수분을 적극적으로 뱉어내고 건조한 씨앗이 된다. 얼마나 자라야 일정한 크기인지는 식물마다 제각각 다르다. 어떤 식물은 영양분인 배젖을 완전히 소모한 뒤에야 씨앗이 되기도 하고, 어떤 식물은 적당한 양의 배젖은 남겨둔 채 씨앗이 되기도 한다(그림 3-27). 예로서 콩과식물은 배젖을 완전히 소모하고 대

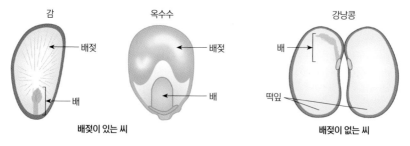

그림 3-27 **종자와 떡잎의 모양.** 배젖이 있는 씨(감과 옥수수). 배젖이 없는 씨(콩).

신 배아의 떡잎을 크게 키운 뒤에 씨앗이 된다(그림 3-27 오른쪽). 종자의 껍질 속을 떡잎으로 가득 채운 형태가 콩인 셈이다. 이를 무배젖 씨앗이라 한다. 한편 감이나 사과, 커피콩, 쌀, 옥수수 등의 씨앗은 배젖이 소모되지 않고 그대로 남아 있는 채로 건조한 씨앗이 된다. 배아가 자라는데 필요한 양분은 무배젖 씨앗의 경우 떡잎에 있고 유배젖 씨앗의 경우 배젖에 그대로 남아 있게 된다. 무배젖 종자와 유배젖 종자가 각각 어떤 진화적 이점이 있는지를 상상해보는 것도 재미있을 것 같다.

씨앗은 식물이 다음 세대를 잇기 위해 생산한 자손이다. 모든 생명은 자손이 더욱 번성하기를 바라며, 이 목적을 성취하기 위한 특별한 진화적 전략을 선택한다. 이러한 전략의 선택 과정에 엄마와 아빠 간 이해관계의 상충이 종종 벌어지며 그 결과 부와 모의 갈등으로만 설명 가능한 재미있는 유전 현상이 나타난다. 비유하자면 엄마는 모든 자식들에게 골고루 사랑 혹은 재산을 나눠주고 싶어 하나, 아빠는 자신이 낳은 자식임이 분명한 첫째 혹은 자신을 가장 닮은 자식에게만 엄마의 사랑이 독차지될 수 있기를 바란다. 유교 문화뿐만 아니라 전 세계 많은 문명에서 장자 상속의 원칙이 발견되는 데는 생물학적 이유가 있다는 것이다. 이러한 부와 모 간의 갈등은 생명의 오랜 진화사와 함께하기 때문에 다양한 생물에서 다양한 발생 과정을 통해 드러난다. 이를 진화생물학에서는 부모 갈등 이론이라 한다. 이를 설명하기 전에 우선 식물의 배발생 과정을 쌍자엽의 대표식물인 애기장대와 단자엽의 대표식물인 벼를 통해 간단히 살펴보자.

| 애기장대의 배발생 |

정세포와 알세포의 융합에 의해 만들어진 수정란은 먼저 세로 방향으

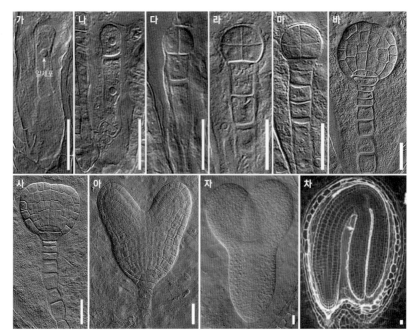

그림 3-28 **애기장대의 배발생과 종자형성.** (가) 수정 직전의 알세포. (나) 수정 후 정단 세포(위)와 기단 세포(아래)로 분열. (다) 배세포가 세로 방향으로 두 번 세포분열을 한 4세포기. 두 개의 세포는 뒤쪽에 배열되어 보이지 않는다. 아래쪽 긴 세포도 분열을 천천히 하면서 더욱 길어진다. (라) 배세포가 한 번 더 가로로 세포분열을 하여 8세포기가 된다. (마) 8개의 세포가 각각 사선방향으로 세포분열을 하여 16세포기가 된다. (바) 배아의 내부에서 빠른 세포분열이 진행되면서 배아가 공모양이 되는 구형기. (사) 세포분열이 점차 진행되면서 심장형 모양을 만들어간다. (아) 심장기. (자)어리기의 배아. (차) 고개 숙인 떡잎기. (각 사진 오른쪽의 눈금 막대 크기는 20마이크로미터(㎛), 서울대 생명과학부 박철민 박사 제공)

로 두 번 세포분열이 일어나 네 개의 기둥 모양의 세포가 된다(그림 3-28 다). 이후 가로 방향으로 세포분열이 한 번 더 일어나면 8개의 세포로 이루어진 '8세포기'가 된다(그림 3-28 라). 이 과정은 동물세포의 초기 배발생 과정과 유사하다. 이후 복잡한 패턴의 세포분열이 진행되면서 공 모양으로 생긴 '구형기'가 되고(그림 3-28 마, 바), 윗부분이 돌출되면서 심장모양처럼 되는 '심장기'(그림 3-28 사, 아), 윗부분의 좌우가 빠르게 자라면서 어뢰 모양이 되는 '어뢰기'(그림 3-28 자)를 거쳐, 최종적으로 떡잎이 씨앗 껍질을 꽉 채우는 '고개 숙인 떡잎기'(그림 3-28 차)가 된다. 정리하면 대부분의 쌍떡잎식물의 배발생은 8세포기, 구형기, 심장기, 어뢰기, 고개 숙인 떡잎기를 거치게 되는데, 이 배발생 과정 중 어느 단계에서 발생이 중단되면서 종자가 형성된다. 말하자면 감 씨의 경우 어뢰기에서 배발생이 중단되고 배아와 배젖에 들어 있던 모든 수분이 방출되면서 작은 숟가락 하나가 들어 있는 씨앗이 되는 것이다.

| 벼의 배발생 |

벼꽃은 여름 7~8월경에 한 번 피는데 피자마자 수정이 되면서 꽃이 닫혀버리고 그 속에서 배발생이 진행된다(그림 3-29). 의외로 농촌 지역의 학생들도 벼꽃이 언제 피는지 잘 모른다. 나는 농어촌 특별전형에 면접관으로 들어가면 학생들에게 벼꽃이 몇 시에 피는지 꼭 물어본다. 생명과학

벼의 종자 발생 단계

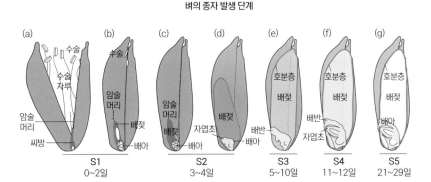

그림 3-29 **벼의 배발생과 종자형성.** 벼는 수정 후 곧 닫히면서 꽃의 내부에서 배발생이 진행된다. 배아가 생장하는 동안 배젖과 호분층이 형성되고, 배아는 자엽초로 둘러싸이게 된다.

부를 지원한 학생은 물론이고 자연대를 지원한 학생들이 평소 자연에 대한 관심과 관찰력이 있는지 알아보기 위해서다. 벼꽃은 대개 오전 9시에서 11시 사이에 잠깐 피었다가 수분을 하게 되면 이후 꽃이 닫혀버린다. 그림 3-29는 우리가 들여다볼 수 없는 벼꽃 속의 배발생 과정을 묘사한 것이다. 수정 후 3~4일이 지나면 8세포기에서 구형기까지 거치게 된다. 이때까지는 쌍자엽이나 단자엽이 큰 차이를 보이지 않는다. 이후 배발생 과정은 사뭇 다른데 본엽을 둘러싼 자엽초가 생기고 배젖의 영양분을 흡수하는 특별한 기관인 배반이 생기며, 배젖을 전체적으로 둘러싼 살아 있는 세포층인 호분층이 수정 후 10일경에 형성된다. 수정 후 20일에서 한 달 정도가 지나면 배발생이 완료되고 이후 건조한 씨앗을 만들기 위한 과정이 진행된다. 대부분의 외떡잎식물들, 즉 밀, 보리, 옥수수 등의 배발생은 비슷하게 진행되며 전분이 풍부한 배젖으로 둘러싸인 씨앗을 만들게 된다.

| 부모 갈등 이론 |

아이를 키우는 부모라면 아이 양육 문제로 한 번쯤 갈등을 겪지 않은 사람이 없을 것이다. 이것이 진화생물학에 적용된 것이 부모 갈등 이론(parental conflict theory)이라 할 수 있다. 진화생물학의 매우 유명한 이론 중 하나인 부모 갈등 이론은 식물의 배발생 과정 연구에서도 확인된다. 이 연구 결과를 잠깐 소개하려 한다.

부모 갈등 이론은 자손을 얻는 데 있어서 진화적 이득이란 관점에서 엄마와 아빠의 적응 전략이 상반—즉 갈등—되게 나타나는 생물학적 현상을 설명하는 이론이다. 즉 엄마는 진화적으로 하나 이상의 배우자를 통해 자식을 갖기 때문에 여러 자식들에게 자신이 가진 자원을 골고루 나누어주기 위해 자식들에게 자원을 적게 나눠주려는 경향을 가지며, 아빠는 자신의 자식이 엄마의 자원을 최대한 많이 뺏을 수 있게 하려는 경향을 가진다. 이러한 '자원'은 고등식물의 경우 배젖을 통해 배아에 공급되며 포유동물의 경우에는 태반을 통해 공급되는데, 부모 갈등 이론에 따르면 모계 유전자는 태반과 배젖을 작게 만들려 할 것이고 부계 유전자는 태반과 배젖을 크게 만들려 작동할 것이다. 이러한 실제 사례를 포유동물과 고등식물에서 각각 하나씩 소개하고, 이후 식물의 배발생 연구에서 부모 갈등 이론을 잘 설명하는 유전자 메데이아(*MEDEA*)에 대해 설명할 것이다.

포유동물의 사례

포유동물의 부모 갈등 이론은 쥐에서 입증되었다.[*] 쥐를 대상으로 한 실험에서 수정란에 들어 있는 2n 상태의 핵을 제거하고 대신 두 개의 정자 핵을 융합시킨 2n 상태의 핵이나 두 개의 난자 핵을 융합시킨 2n 상태의 핵으로 치환하였을 때 배발생 과정에 어떤 일이 벌어지는지 보았다. 물론 두 경우 모두 정상적인 배발생이 진행되지는 않는다. 그러나 놀랍게도 두 경우 배아에 영양분을 공급하는 태반에 사뭇 다른 결과가 나타났다. 정자의 핵을 집어넣은 경우에는 태반의 크기가 비정상적으로 비대해지는 반면 난자의 핵을 집어넣었을 때는 태반이 비정상적으로 쪼그라드는 결과를 얻은 것이다. 이 현상은 부모 갈등 이론으로 훌륭하게 설명된

---

[*]   『생명 설계도, 게놈』(메트 리들리 지음, 전성수·이동희·하영미 옮김, 반니, 2016)의 '15번 염색체 성'을
    참조하였다.

다. 아빠에게서 유래한 정자의 유전체만 있는 경우에는 태반을 크게 만들려는 유전적 작용이 일어난 것이고, 엄마에게서 유래한 난자의 유전체만 있는 경우에는 태반을 작게 만들려는 유전적 작용이 일어난 것이다. 이는 자원을 자식들에게 적게 나눠주려는 엄마의 진화적 이득과 엄마의 자원을 최대한 많이 빼앗아오려는 아빠의 진화적 이득이 극명하게 드러난 사례라 할 수 있다.

고등식물의 사례

식물의 경우에도 부모 갈등 이론을 입증하는 비슷한 실험 결과가 있다. 식물에서는 다배체 교배 실험을 통해 이 이론이 입증되었다. 식물은 비교

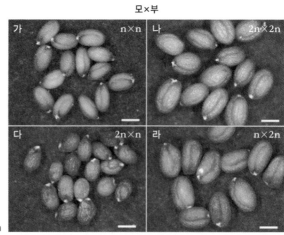

막대길이: 0.3mm

그림 3-30 **부모 갈등 이론을 설명하는 식물의 교배.** (가) 2배체 간의 교배에 의해 생성되는 종자는 배우체 n×n으로 표현되는 종자가 형성되며, (나) 4배체 간의 교배에 의해서는 배우체 2n ×2n의 종자가 형성된다. 2배체와 4배체 간의 교배에서는 배우체 n×2n의 종자가 형성되는데 웅성(male)을 2배체로 사용했는지 4배체를 사용했는지에 따라 종자의 크기가 달라진다. 4배체 웅성을 교배에 사용한 경우 종자는 커진다. 웅성 유전자는 종자의 크기가 커지도록 진화해왔기 때문이다. Ravi (2008) *Nature.* Vol. 451; 1121-1124.

적 쉽게 2n 상태의 식물에서 4n 혹은 8n 등의 다배체 식물을 얻을 수 있다.[*] 이 다배체 식물은 2배체 식물보다 전체적으로 크기가 더 커 쉽게 육안으로 판별할 수 있다. 심지어 다배체 식물은 종자도 2배체 식물보다 더 크다. 그림 3-30은 애기장대의 다배체 식물을 이용한 교배실험 결과를 보여주고 있다. 2배체 간의 교배를 통해 얻은 종자(가)보다 4배체 간의 교배에 의해서 얻은 종자(나)가 육안으로도 훨씬 큰 것을 볼 수 있다. 이제 2n 식물과 4n 식물이 교배되었을 때 종자의 크기가 어떻게 되는지 살펴보자. 그 결과는 4n을 모계로 사용했는지, 부계로 사용했는지에 따라 다르다. 4n을 모계로 사용하면 씨앗이 오히려 작아진다(다). 반면 4n을 부계로 사용하면 종자의 크기는 4배체 간의 교배만큼 커지는 것을 볼 수 있다(라). 이 실험 결과는 매우 다양한 식물에서 보고되었는데 부모 갈등 이론으로 아주 잘 설명되는 현상이다. 부계 유전자는 씨앗을 더 크게 만들려는 경향성을, 반대로 모계 유전자는 씨앗을 작게 만들려는 경향성을 보여주는 것이다.

| 부모 갈등 이론을 설명하는 메데이아 돌연변이체 |

스위스 취리히 대학의 그로스니클라우스(Ueli Grossniklaus) 교수는 미국의 콜드 스프링 하버 연구소(Cold Spring Harbr Laboratory)에서 연구원으로 있으면서 대단히 흥미로운 배발생 돌연변이체를 발견하였다. *medea*(*mea*)라고 명명한 이 돌연변이체는 그림 3-31 (가)에서 보는 것처럼 배젖의 크기가 정상적인 종자에 비해 크고 결국 배아는 죽는 표현형을 보인다. 이

---

[*] 우장춘 박사의 씨 없는 수박을 만들 때 사용했던 콜히친이라는 약품을 처리하면 쉽게 2배체가 4배체가 된다.

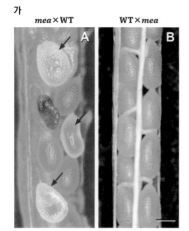

가
mea×WT   WT×*mea*   A   B

나
*mea*를 이용한 가역교배 결과

♀ *mea/MEA* X ♂ *MEA/MEA*
자손의 돌연변이 분리비: 50%

♀ *MEA/MEA* X ♂ *mea/MEA*
자손의 돌연변이 분리비: 0%

그림 3-31 **애기장대 배발생 돌연변이 *medea*의 특이한 분리비.** 부모 갈등 이론을 잘 설명하는 애기
장대 배발생 돌연변이 *medea*(mea)의 표현형(가)과 특이한 분리비(나). (가) *mea* 돌연
변이 표현형. 1:1 분리비를 보이는 낙태된 종자(빨간색 화살표로 표시). 낙태된 종자의 크
기가 정상 종자보다 더 큰 것은 배젖의 크기가 크기 때문이다. 즉 *MEA*의 기능이 배젖의
크기를 작게 만드는 것임을 알 수 있다. (나) *mea* 가역교배에서 나타나는 분리비. *mea* 돌
연변이는 모계에서 전달되었을 때만 표현형을 보인다. 따라서 가역교배의 결과 분리비가
다르게 나온다.

돌연변이가 흥미로운 것은 돌연변이의 표현형이 꽃가루의 유전자형에 의
해서는 전혀 영향을 받지 않고 알세포의 유전자형에 따라 결정된다는 것
이다. 즉 알세포의 유전자형에 의해 종자들이 죽게 되는 것이다. 이런 흥
미로운 특징 때문에 고대 그리스의 희곡『메데이아』의 비정한 여인 이름
을 따서 돌연변이 이름을 붙였다.*

  이 돌연변이의 특성을 이해하기 위해서는 그림 3-31 (나)의 가역교배

---

* *MEDEA*라는 유전자의 이름은 에우리피데스라는 극작가가 만든 고대 그리스 비극에 나오는 메데이아 공
주의 이야기에서 차용한 것이다. 메데이아 공주는 자신이 사랑했던 남자를 도와 왕위를 돌려받게끔 많은
노력을 기울였으나 돌아온 것은 그 남자의 배신이었다. 이에 메데이아는 그 남자에게서 얻은 자식들을 모
두 죽여버리고 떠나는 비정한 여인으로 그려진다.

결과를 잘 이해해야 한다. 머리에 쥐가 날 수도 있겠지만 재미있는 현상이니 집중해서 읽어보기 바란다. 그림 3-31은 똑같은 유전자형 간의 교배인데 암수를 서로 바꿔 교배한 가역교배의 결과를 보여주고 있다. 유전자형 *mea/MEA*는 돌연변이를 포함한 이형접합의 경우이고 *MEA/MEA*는 우성 동형접합인 경우이다. *mea/MEA*×*MEA/MEA* 교배는 멘델의 유전법칙을 배울 때 둥근 콩, 주름진 콩 교배에서 Rr×RR 교배와 같은 상황이다. 두 대립인자 사이에 /를 표시한 것은 유전자의 이름이 길어서 편의상 표시한 것이니 없다고 생각해도 좋다. 이를테면 mM×MM으로 이해해도 좋다. 어쨌든 멘델의 법칙으로 돌아가면 우리는 Rr×RR의 교배 결과가 어떤지 잘 알고 있다. Rr 유전자형을 수술을 사용하건 암술을 사용하건 R이 r에 대해 우성이기 때문에 두 교배 결과 모든 콩은 둥근 콩이 된다. 그러나 *mea/MEA*×*MEA/MEA* 교배 결과는 *MEA*가 *mea*에 대해 우성임에도 불구하고 모두 우성인 표현형이 나타나지는 않는다. 유전자형이 *mea/MEA*인 암술을 교배에 사용하면 수술의 유전자형에 상관없이 죽은 배아와 정상 배아가 1:1로 분리되어 나온다. 반면 *MEA/MEA*인 암술을 교배에 사용하면 수술의 유전자형이 무엇이든 상관없이 모든 종자가 100퍼센트 정상이다. 이 결과는 종자의 표현형이 반수체인 알세포의 유전자형에 의해 결정됨을 시사한다. 또한 모계 유래의 알세포 유전자형이 *mea*이면 배젖이 커진다는 것은 *MEA* 유전자의 기능이 배젖이 작아지게 하는 것임을 보여준다. 즉 *MEA* 유전자는 엄마가 자식에게 자원을 적게 나눠주려고 가지고 있는 유전자이니 부모 갈등 이론에 잘 맞아떨어지는 모계 쪽 유전자인 셈이다. 흥미롭게도 *MEA* 유전자는 부계 쪽에서 유래한 경우에는 비활성화되어 있다. 특히 배젖에서 *MEA* 유전자를 분석해보면 알세포 유래 유전자는 잘 활성화되어 있는데 부계 쪽 정세포에서 유래한 유전자는 비활성화되어 있다. 이렇게 유전자가 부계냐 모계냐에 따라 서로 다르게 비활성화되어 있는 현상을 유전학에서는 유전자 각인(genomic imprinting)*이라 한다.

*MEA*가 부모 갈등 이론을 입증하는 좋은 단서가 되는 이유는 *MEA*의 기능에서 알 수 있다. *mea* 돌연변이가 모계를 통해 전달되면 배젖은 정상 종자보다 일찍 분화가 시작되고, 그림 3-31 (가)에서 보는 것처럼 그 크기 또한 정상 종자보다 훨씬 크다. 즉 *MEA*는 배젖의 크기를 억제하는 유전자이고, 모계를 통해서만 작동한다. 반면 부계(정세포) 쪽에서 온 *MEA* 유전자는 활성이 억제되어 있다. 실제 관찰 결과 부계 쪽 *MEA*는 배젖에서 전혀 발현이 되지 않는다. 부모 갈등 이론에 따르면 자손에게 자원을 제공하는 태반이나 배젖의 크기를 억제하는 유전자는 부계 쪽에서 불활성되어 있어야 하는데 실제 결과가 예측에 잘 맞아떨어지고 있는 것이다. 아직 밝혀지지는 않았지만 태반이나 배젖의 크기를 증가시키는 유전자도 있을 것이며 그 유전자들은 모계에서 활성이 억제되어 있을 것이다. 실제로 유전자 활성의 억제가 모계냐 부계냐에 따라 서로 다르게 억제되어 있는 유전자 각인 현상은 꽤 많은 유전자에서 나타나고 있다. 멘델의 유전 법칙에서 벗어나는 사례로 꼽을 수도 있겠다.

---

* 이러한 유전자 각인을 일으키는 분자 기작은 대개 DNA 메틸화 현상에 의해 매개된다. DNA 메틸화 패턴이 유전되면서 나타나는 유전학적인 현상을 후성유전학적 효과라 한다.

| 씨앗의 형성 |

식물의 씨앗은 세 단계의 발생 과정을 거치면서 형성된다. 1단계는 앞에서 살펴본 배발생 단계이다. 이를 통해 동물의 새끼에 해당하는 배아가 만들어진다. 배아에는 떡잎과 줄기 및 뿌리 정단분열조직이 형성되어 있다. 2단계는 배아의 생장과 종자 양분 축적기이다. 이때 배아의 크기가 최종 씨앗 속 형태가 되며, 동시에 발아 후 스스로 광합성을 수행할 때까지, 즉 독립영양생물로 우뚝 설 때까지 필요한 각종 영양분이 씨앗에 축적된다. 3단계는 발생 중단 그리고 건조기이다. 이때 씨앗은 스스로 수분을 바깥으로 뱉어내어 바짝 마른 상태가 된다. 이런 상태가 되도록 도와주는 식물호르몬이 아브시스산이다(아브시스산의 기능 254쪽 참조).

아브시스산(abscisic acid)은 식물 잎의 떨켜현상(abscission)을 유도하는 호르몬을 찾는 과정에 발견된 호르몬이다. 이 호르몬은 겨울눈의 형성을 유도하는 호르몬을 찾는 과정에 발견된 도민(dormin)과도 같은 호르몬이었다. 그러나 아브시스산은 불행히도 떨켜현상을 유도하지도, 겨울눈 형성을 유도하지도 않는다. 이름이 떨켜현상을 조절할 것처럼 잘못 붙여졌으나 이를 안 이후에도 이름이 수정되지 않았다.[*] 아브시스산은 가뭄 상태에서 식물조직과 세포를 보호하기 위해 식물이 사용하는 호르몬인데, 씨앗의 3단계 건조기 동안에도 건조 현상으로부터 식물세포를 보호하기 위해 씨앗 속에 대량으로 생산된다. 겨울눈도 겨울을 나기 위해 내부를 건조 상태로 유지하게 되는데 이때 아브시스산이 축적된다. 아브시스산

---

[*] 이런 사례는 이외에도 무수히 많다. 그중 하나로 은행나무의 속명이 Ginkgo가 된 것이다. 분명히 발음을 따르자면 Gingko가 되어야 하는데 명명자가 Ginkgo라 잘못 썼고 이후에 오류가 수정되지 않으면서 우스꽝스러운 이름이 고착되었다. 최근 인터넷 언어로 명작을 '띵작'이라 부르는 것과 비슷하지 않을까.

이 도민(dormin)이라는 다른 이름으로도 불린 사연이라 하겠다.

씨앗은 건조 상태에서 수천 년 살아남기 위해 세포 내 물질대사를 거의 제로 상태로 만든다. 이를 종자의 휴면이라 하는데 이 휴면상태에서 깨어나야 씨앗이 발아를 시작할 수 있다. 식물에 따라 씨앗의 휴면상태가 깨어나는 방식은 천차만별이다. 어떤 식물의 씨앗은 반드시 동물의 소화기를 거치면서 종자의 껍질이 부드러워져야 휴면상태가 깨어지기도 하고, 어떤 식물은 산불이 나서 종자의 껍질이 태워져야 휴면상태에서 깨어난다.[*] 코코아 같은 두꺼운 종자껍질을 가진 씨앗은 오랜 기간 파도에 휩쓸리면서 껍질이 말랑말랑해져야 휴면상태가 깨진다.

씨앗이 휴면상태를 어떻게 깨게 되는지는 최종 씨앗에 남아 있는 아브시스산의 양이 좌우하는 경우가 많다. 종자가 형성되기만 하면 바로 발아가 가능한 식물은 배발생 과정 중 종자 내에 아브시스산이 분해되어 거의 없어지는 식물이고, 오랜 시간 휴면상태를 유지하는 식물은 씨앗 내에 아브시스산이 꽤 높은 농도로 축적되어 있는 식물이다. 아브시스산의 여러 기능 중 하나가 종자의 발아를 억제하는 것이기 때문이다. 시간이 흐르면서 아브시스산은 조금씩 자연히 분해되는데 완전히 분해되어 없어지는 기간 동안 식물은 휴면상태로 남아 있게 된다. 휴면상태에 있는 동안에는 외부에서 어떠한 발아조건을 제공해도 발아가 되지 않는다. 아마 내가 예

---

[*] 산불이 날 때 나무와 같은 식물이 타면서 카리킨(karrikin)이라는 화학성분이 만들어져 연기로 방출된다. 이 카리킨은 식물 뿌리를 설명할 때 등장하는 스트리고락톤 호르몬과 구조적으로 유사하며, 종자 발아를 유도하는 역할을 한다. 카리킨 덕분에 산불이 난 뒤 산에는 온갖 종류의 새싹들이 빠르게 발아하는 것을 볼 수 있다.

쁜 노랑제비꽃 종자를 받아다가 발아시켜 보려 별수를 다 써보았지만 발아시키지 못한 이유가 이 때문일 것이다.

| 씨앗 형성의 진화적 이유 |

씨앗은 식물이 자손을 자신과 다른 장소에서 새로운 삶을 시작할 수 있도록 배려하여 만든 특수한 식물조직이기도 하다. 이것이 잘못되어 나타나는 옥수수 돌연변이가 *viviparous*이다(그림 3-32). 옥수수자루에 달린 채 발아해버리는 돌연변이체인 *viviparous*는 땅에 떨어지지 못하고 자루에 매달린 채 말라 죽게 된다. 이 돌연변이체는 왜 식물이 씨앗을 만드는지 그 진화적 이유를 잘 설명하고 있다. 식물은 이동성이 없기 때문에 모체에서 떨어져 그 자리에서 발아하게 된다면, 모체의 그림자에 가려 빛도 제대로 못 받을 뿐만 아니라, 어미와의 경쟁에 밀려 토양 속 양분 또한 충분히 흡수하지 못하고, 결국 제대로 성장하지 못하게 된다. 따라서 모체와 멀찍이 떨어져서 자라는 게 유리한데 그러기 위해서는 우연히 비바람에 씻겨가거나 다른 동물의 먹이가 되어 배설될 때까지 발아를 멈추어야 한다. 말하자면 씨앗이 형성된 시기와 씨앗이 발아하는 시기의 시간적 차이가 충분히 있어야 생존에 유리한데 이런 역할을

그림 3-32 **옥수수 종자 돌연변이** *viviparous*. *viviparous*는 아브시스산 생합성 돌연변이로 종자가 모체에 붙은 채 발아를 하고 있다. 종자 발아를 막는 아브시스산이 생성되지 못하기 때문이다.

아브시스산이 하고 있는 셈이다. 그림 3-32의 *viviparous*는 아브시스산 생합성 유전자가 망가져 종자 발아가 정지되지 못한 돌연변이체이다.

정리하면 식물은 씨앗이 형성될 때 아브시스산을 생산함으로써 씨앗의 건조 상태로부터 세포들을 보호하기도 하지만, 동시에 종자의 발아를 막아 모체로부터 멀리 달아날 시간을 확보하게 한 것이다. 이것이 씨앗의 진화적 이유라 할 것이다. 식물이 물을 얻기 쉬운 바다에서 그렇지 않은 육상으로 진출하면서 건조한 대기환경 하에 새 생명을 그대로 노출시켜도 말라 죽지 않게 진화적으로 고안된 것이 씨앗이다. 이런 기능을 담당하는 아브시스산은 식물이 진화적으로 매우 일찍 획득한 호르몬일 것이다.

7

낙엽, 식물의 아나바다

꽃이 피고 종자가 생성되면 식물은 서서히 겨울을 준비한다. 겨울로 가는 길목에서 가장 눈에 띄는 자연의 변화는 두말할 것 없이 낙엽이다. 초록으로 울창했던 풍경도 10월이 지나면 울긋불긋 화사한 단장을 하기 시작한다. 아름다운 단풍으로 수놓아진 공원은 봄꽃이 만발한 봄날의 풍경 못지않다. 더구나 푸른 창공에서 쏟아지는 가을 햇살까지 보태지면 그 어디보다 훌륭한 장소로 변신한다.

내 기억에 관악의 가장 아름다웠던 가을은 2012년이었다. 물론 곱게 단풍이 물들여진 나뭇잎들 덕분이다. 단풍이 더할 나위 없이 예뻤던 2012년은 여름에 적당한 햇살과 강수로 식물이 건강하게 자랐고, 더불어 11월 초순 이후 갑자기 기온이 뚝 떨어지면서 빠른 속도로 잎의 노화, 혹은 낙엽화가 진행되었다. 그 결과 잎이 가지고 있었던 엽록소들이 깨끗하게 분해되어 없어지고 그 대신 다양한 색소들이 드러나면서 빨강색, 노랑색의 화려한 채색이 이루어진 것이다. 2016년 가을은 은행나무의 낙엽화가 하

그림 3-33 **한나절 사이 순식간에 떨어진 은행잎.** 2016년 11월 12일 관악 캠퍼스의 은행나무가 오전 한나절 동안에 거의 모든 잎을 떨어뜨려 낙엽이 주변에 수북이 쌓여 있다.

룻밤 사이에 일어나는 그 신속함에 놀란 해이다(그림 3-33). 그해 11월 12일 밤사이 기온이 뚝 떨어졌나 보다. 다음 날 아침 출근하는 길에 보니 순환도로 곁에 세워진 은행나무에서 노랑 은행잎이 하늘하늘 떨어지고 있었다. 점심시간쯤에 다시 보니 그새 모든 은행나무들이 잎사귀를 다 떨구어 벌거벗은 나무가 되어 있었다. 대략 반나절 만에 일어난 일이다. 식물이 어떤 일을 이렇게 신속하게 해치울 수 있다는 사실이 경이로웠다.

| 가을의 낙엽은 식물의 아나바다 |

가을에 식물은 왜 단풍이 물들고 낙엽이 되어 떨어질까? 이 질문은 단숨에 설명하기 쉽지 않은 매우 복잡한 식물 생리학적 현상이다. 아마도 가장 간단한 답은 식물의 아나바다(아껴 쓰고 나눠 쓰고, 바꿔 쓰고, 다시 쓰는) 현상이라는 것이다. 한여름 싱싱하게 자랐던 식물의 잎에는 탄수화물, 단백질, 핵산, 지질 등 다양한 영양분이 충만해 있다. 이 기간 동안 식물의 잎에는 사이토키닌이라는 호르몬이 생성되어 잎의 노화를 억제한다(사이토키닌의 기능 156~160쪽 참조). 항상 푸르른 잎을 유지하는 식물의 노하우(knowhow)이다. 그런데 가을이 오면, 즉 생식이 끝나고 종자가 영글기 시작하면 식물은 잎 속에 저장되었던 영양분을 모조리 분해해서 재순환(Recycling)시킨다. 특히 일년생 식물은 잎에 들어 있는 한 톨의 양분이라도 아낌없이 거둬들여 종자 생산에 사용하려 한다. 이때부터 식물의 잎은 노화 과정이 진행되어 노랗게 변하게 된다.

내가 박사과정에서 수학했던 아마시노 교수님은 개화 연구 외에도 식물 잎의 노화를 연구하고 있었는데 당시 옆에서 지켜본 결과가 대단히 흥미로웠다. 애기장대 식물이 꽃을 피우고 종자가 형성되기 시작하면 벌써 식물 잎에서는 노화현상의 첫 단계인 단백질, 핵산의 분해가 이루어진다. 잎 속의 사이토키닌 생성이 중지되면서 잎의 노화가 시작된 것이다. 아직 식물의 잎은 초록색으로 건강한 잎과 구분도 되지 않는 멀쩡한 상태이지만 광합성 효율은 현저히 떨어져 있다. 햇빛을 이용하여 당을 생산하는 광합성 시스템이 가동을 멈춘 것이다. 이후 일주일가량이 더 지나면 엽록소가 분해되면서 잎의 색깔이 노랗게 변하기 시작한다. 카로틴, 안토시아닌, 타닌 등의 일부 색소만 남고 다른 양분은 모두 분해되어 종자로 옮겨가게 된다. 재순환되는 것이다.

일년생 식물의 노화 연구에 가장 큰 역할을 한 과학자는 DGIST(대구경북과학기술대학)의 남홍길 교수이다. 국내 과학자 중 자신의 연구영역을 개척하고 그 분야에 세계적 명성을 얻은 몇 안 되는 과학자 중 한 명이다. 남홍길 교수의 대표 연구 결과 중 하나가 오래사라(ORESARA)라는 이름이 붙은 유전자들이다. 오래사라는 그 유전자에 돌연변이가 일어나면 식물 잎의 노화가 현저히 지연되는 표현형을 보이는데, 이들 유전자들을 통해 남홍길 교수는 잎의 노화에 내재된 유전적 프로그램을 밝혀내었다.

잎의 노화가 제대로 진행되지 않아 오랫동안 녹색 상태를 유지하는 원예종 스테이그린(Stay Green)*은 잎의 노화와 관련된 특이한 변이다. 스테이그린은 광합성 시스템 속의 여러 단백질들이 분해되어 재순환 과정에 들어가면 엽록소 분해도 시작되어야 하는데 이 두 과정의 접속이 끊어지면서 나타나는 표현형이다. 스테이그린 유전자를 벼에서 클로닝하여 논문을 발표한 서울대 농생대 백남천 교수에 따르면, 엽록체 내에 들어 있는 스테이그린 단백질은 광합성 기능 단백질들이 분해되기 시작하면 이를 인지하여 엽록소 분해 스위치를 가동시키는 기능을 가지고 있다고 한다. 이 또한 남홍길 교수의 오래사라 유전자와 마찬가지로 잎의 노화가 유전적으로 잘 프로그래밍된 능동적 과정임을 보여준다.

| 다년생 식물의 낙엽 |

다년생 식물의 낙엽이 형성되는 과정에도 유사한 생리적 프로그램이 진행된다. 꽃이 피고, 종자가 형성되면 가을의 잎들에서는 우선 단백질,

---

* 스테이그린은 다양한 작물과 원예종에서 나타나는 표현형으로 식물학자들은 그 연구의 기원을 멘델의 녹색콩과 노란콩의 교배실험에서 찾고 있다. 즉 멘델의 녹색콩은 스테이그린 유전자에 돌연변이가 일어나 콩의 떡잎이 노란색으로 바뀌지 못하는 돌연변이체인 것이다. 이후 벼, 밀 등을 포함한 다양한 식물의 스테이그린 유전자가 동정되었다.

탄수화물, 핵산 등의 양분이 분해된다. 이후 더 이상 필요 없어진 엽록소가 분해되는데, 그 결과 엽록소의 초록에 가리워져 있던 붉은색, 노란색 색소가 제 색을 드러낸다. 주로 붉은색은 안토시아닌 계통의 물질이, 노란색은 카로틴 계통의 색소가, 갈색은 타닌 계열의 색소가 나타내는 색인데 이들은 단풍이 물들면서 새로이 생성되는 것이 아니라 이미 잎에 들어 있던 색소들이 엽록소의 초록이 없어지면서 제 색을 드러낸 것이다.

봉숭아물을 손톱에 들여본 사람들은 초록 속에 감추어진 붉은 색소의 존재를 이해할 것이다. 봉숭아물을 들일 때 봉숭아 꽃잎뿐만 아니라 봉숭아 잎도 갈아서 백반과 함께 손톱을 싸매게 되는데 그 덕에 연분홍 꽃물이 더욱 짙게 스며든다. 엽록소는 비교적 쉽게 분해되지만 안토시아닌이나 카로틴 등의 다른 색소들은 오랫동안 유지되기 때문에 손톱과 낙엽에 물을 들이는 것이다.

식물 잎의 아나바다 특성이 나무가 왜 낙엽을 만들어 겨우내 떨어뜨리는지를 모두 설명하지는 못한다. 한겨울 내내 푸르른 잎을 유지하고 있다가 다음 해 봄에 다시 사용할 수 있다면 에너지 효율 측면에서 훨씬 더 나을 것이기 때문이다. 이를 설명하기 위해서는 나무가 겨울에 잎을 떨어뜨려야 하는 필연적 이유를 찾아야 한다. 이에 대한 해답은 잎의 기능과 관련이 있을 것이다. 식물의 잎은 두 가지 기능을 가지고 있다. 첫째는 광합성, 즉 빛에너지를 화학에너지로 전환하는, 말하자면 빛을 흡수하여 '밥'을 먹는 기능이고, 둘째는 뿌리에서 흡수한 물이 식물체 내 구석구석에 잘 전달되게끔 하는 증산*이라는 기능이다. 식물의 잎에서 증산이 원활히

---

* 증산에 관해서는 1부 7장 '나무는 물을 뿜는 분수'에서 자세히 다루고 있다.

일어나기 위해서는 식물체 내부의 관다발이라는 물기둥에 물이 가득 차 있어야 한다. 물기둥 안에 조금이라도 기포가 형성되면 식물체 내 물의 이동이 수월치 않게 될 것이다. 빨대의 중간에 기포가 형성되면 빨대가 막히는 경험들을 한 번쯤 해보았을 것이다.

겨울이 되면 식물이 살아가는 데 가장 심각한 문제가 물 부족이다. 겨울엔 지하에 물이 별로 없을 뿐만 아니라 그나마 있는 물도 얼어 있기 때문이다. 물이 부족한 상황에서 잎에서의 증산이 원활하게 일어나지 않으면 식물체 속을 채우고 있던 물기둥의 중간중간에 기포가 형성되어 물기둥이 막혀버리게 된다. 이때 가장 위험한 식물의 조직이 잎이다. 잎에는 물이 채워져 있고, 겨울의 추운 기온에 잎 속의 물이 얼어버릴 위험이 있기 때문이다. 그렇게 되면 동상에 걸려서 잎이 죽게 될 텐데 잎만 죽는 것이 아니고 잎이 매달린 가지도, 가지에 연결된 나무둥치도 덩달아 치명상을 입게 된다. 마치 동상에 걸린 사람을 살리기 위해 팔, 다리를 잘라야 하는 상황이 식물에서도 일어난다. 즉 동상의 피해를 막기 위해 식물이 선택한 방법이 잎을 포기하는 것이다. 그런데 식물의 잎에는 많은 영양분이 들어 있으니 이를 재활용하는 과정에 단풍이 생기는 것이다.

| 낙엽 형성의 신호, 에틸렌 |

가을이 되어 날씨가 추워지면 식물의 잎에서 에틸렌이라는 기체성 호르몬이 생산된다(에틸렌의 기능 161~162쪽 참조). 이 기체는 식물에 잎의 재활용을 시작하게 하는 신호로 사용된다. 에틸렌 가스에 노출된 식물의 잎은 빠른 속도로 재활용, 즉 노화현상을 진행시키게 된다. 1930년대 영국은 가로등으로 가스등을 사용하고 있었는데, 이 가로등 주위의 나무들이 일찍 낙엽이 지는 현상을 보고 가스등에서 발산되는 에틸렌이 낙엽 형성을 유도하는 호르몬임을 인식하게 되었다. 그림 2-24의 낙엽 지는 남호주 엔필드 공원의 가로수는 에틸렌이 휘발성 기체 신호로 작용하여 이웃한 나무의 낙엽 형성을 촉진시킨다는 사실을 잘 보여주고 있다. 더불어 이 한 장의 사진 속에는 에틸렌이 더 많은 에틸렌의 합성을 촉매하는 특성이 있음을 보여준다. 썩은 사과 하나가 바구니 속 모든 사과를 썩게 하는 것도 이와 유사한 에틸렌의 자가증폭 현상 때문이다. 이러한 자가증폭 현상은 은행나무에서 날씨가 갑자기 추워지면 유난히 급격하게 진행되는 게 아닌가 싶다.

잎에서 생성된 에틸렌 호르몬은 주변으로 확산되어 빠르게 식물 잎의 노화를 촉진하게 된다. 즉 탄수화물, 단백질, 지질, 핵산 등이 분해되고, 엽록소가 분해되어 그 영양분이 식물의 가지나 나무둥치 안으로 흡수되어서 겨울을 나기 위한 양식으로 이용된다. 사탕수수의 줄기에 설탕이 축적되는 것이나 고로쇠나무의 몸통에 당분이 저장되었다가 다음 해 봄에 고로쇠물 속 당분으로 방출되는 것은 모두 관다발 줄기 속 어딘가 당을 저장하는 부위가 있음을 시사한다. 요약하면 에틸렌 호르몬은 잎 속의 오래사라 유전자들을 발현시키고, 오래사라 유전자들은 스테이그린 유전자를 발현시키는 일련의 유전자 계층구조, 혹은 유전자 회로가 작동되어 낙엽이 형성되는 것이다.

| 잎의 떨켜현상 |

떨켜현상은 영어로 abscission이라 하며, 이를 매개할 것으로 추정되는 호르몬이 발견되어 아브시스산이라 명명하였다. 그러나 정작 아브시스산은 떨켜현상을 매개하는 호르몬이 아닌 것으로 후에 밝혀지게 된다. 그렇다면 떨켜현상을 매개하는 호르몬은 무엇일까? 아직 명확하지는 않지만 에틸렌이 가장 가능성이 높은 호르몬일 것이다. 그림 3-33의 한나절에 모두 떨어져버린 은행잎은 빠른 속도의 에틸렌 자가증폭과 이어진 동시다발적 떨켜현상으로 설명이 가능하다.

가을에 떨어진 낙엽을 주워보면 잎자루 끝이 날카롭게 베어진 모습을 볼 수 있다. 마치 천상의 무사가 날아와서 한바탕 칼춤이라도 춘 듯 정교하게 잘려진 모습이다. 이렇게 정교하게 떨켜층이 형성되는 이유는 잎자루의 끝부분에서 나란히 선을 긋듯 세포분열이 정교하게 일어나기 때문이다. 이미 분화가 완료된 조직에서 새로이 세포분열이 일어나는 것도 대단히 흥미로운 일이고 이런 일을 에틸렌이 해내는 것도 재미있다. 일반적으로 에틸렌에는 세포분열을 촉진하는 기능이 없기 때문이다. 어쨌든 에틸렌은 잎자루 끝의 세로 방향으로 이미 기능이 끝난 세포들을 독려하여 가지런히 세포분열을 일으키고, 동시에 식물의 가지에 남아 있는 세포층에 단단한 리그닌을 채워 낙엽과의 작별을 준비한다. 가을바람에 살랑이던 잎은 이 떨켜층을 따라 가지에서 떨어지게 되고, 낙엽이 떨어지고 나간 부위에는 리그닌 방수층이 형성되어 병해충이 식물에 침투하지 못하게 한다.

| 버려질 낙엽에 웬 색소? |

얼마 전 중학교 2학년 학생에게 이메일 한 통을 받았다. '곧 버려질 잎인데 가을 단풍에 왜 색소를 생산하나요'라는 질문이었다.

"최근에 저는 낙엽이 지는 현상에 대하여 배웠습니다. 겨우내 자신이 생존하기 위하여 나뭇잎들을 떨어뜨리는데, 이때 서서히 나뭇잎들로 가는 영양소와 수분의 공급을 둔화시키고 더 이상의 엽록소 합성을 저해합니다. 잎의 밑 부분에는 단단한 세포층인 떨켜가 만들어지고, 그와 동시에 나뭇잎에 원래 있던 엽록소들이 분해되면 잎에 있던 70여 가지의 색소가 드러나게 됩니다. 이때 낙엽에 '카로틴'이나 '크산토필'의 양이 많을 경우 잎은 노란색으로 보이고, '타닌'이라는 색소가 많을 경우 갈색을 띠고, '안토시아닌'이라는 색소가 많을 경우 붉은 단풍을 뽐내게 된다고 알고 있습니다.

　그렇다면 제 질문은 이것입니다. 도대체 왜 잎에는 카로틴이나 크산토필, 타닌, 그리고 안토시아닌 등과 같은 색소들이 남아 있을까요? 이 색소들은 자외선에 의하여 파괴되지 않는 것인가요? 식물들에게 더 유리한 방향으로 작용하려면 모든 색소들을 제거하는 것이 가장 효율적이지 않을까요? 아니면 나뭇잎들은 항상 색을 지녀야 하는 것일까요?"

　학생의 질문은 수준이 높고 배경 지식도 상당했다. 아마 궁금한 마음에 여기저기 물어보기도 하고 열심히 조사도 했을 것이다. 학생의 과학적 호기심이 대견해 성실히 답을 해주었다. 여기서 질문에 가려진 의문 중의 하나가 식물은 건강할 때 왜 눈에도 보이지 않는 색소를 가지고 있냐는 것이다. 식물의 잎에는 다양한 색소들, 카로틴, 크산토필, 타닌, 안토시아닌 등이 제각각 다른 목적으로 들어 있다. 이를테면 카로틴은 일반적으로 엽록소와 함께 빛을 흡수하여 광합성을 돕는 보조적 역할을 한다. 한편 다른 열매 등에 들어 있는 카로틴은 색깔로서 맛깔스럽게 보이게 하기 위한, 즉 동물들을 통하여 씨앗을 멀리 퍼트리게 하기 위한 진화적 이득을 위해서 가지고 있는 것으로 생각된다. 크산토필은 일부 카로틴과 같이 광합성에 사용할 빛의 흡수 역할도 하지만, 무엇보다 지나치게 많은 양의 빛을 흡수하였을 때 과잉된 에너지로부터 식물의 잎을 보호하기 위해 가지고 있는 것이다. 이때는 크산토필이 과잉 에너지를 열로 방출하는 역할을 한다.[*] 타닌은 일반적으로 떫은맛을 내어서 초식동물들이 자신의 잎을 잘 먹지 않게 하는 방어의 역할을 하고 있다. 안토시아닌은 색상을 나타내기 위해 가지고 있는 것으로 특히 꽃잎이 밝은 색상을 가지게 해준다. 꽃잎 세포의 액포 속 pH에 따라 파란색에서 빨간색에 이르기까지 다양한 꽃잎 색을 나타나게 하는 것이 안토시아닌이다. 잎에서 안토시아닌이 하는 역할은 조금 애매하지만 잎의 색깔을 조율하여 어떤 기능적 이득을 제공할 것이라 생각된다. 그 외 수많은 다른 색소들도 이와 마찬가지로 제각각의 기능이 있을 것이다.

결국 엽록소에 가려져 안 보이는 색소이지만 모두 제 나름의 기능을 가지고 있고, 그 기능이 식물의 생존, 즉 진화적 존속에 도움이 되기 때문에 잎에 들어 있는 것이다. 그런데 왜 곧 떨어질 단풍 속에 엽록소는 없어지고 이 색소들은 끝까지 남아 있을까? 이 질문에 대한 답은 간단치 않다. 가장 단순한 답은 '이 색소들이 엽록소에 비해 비교적 안정하여 쉽게 분해되지 않는다'는 것이다. 에너지 효율 측면에서 회수했을 때 별 득이 되지 않으면 이들에 대한 분해 효소가 구태여 생성되지 않을 가능성도 있다. 또한 곧 떨어질 낙엽임을 과시함으로써 양분을 이미 회수했으니 구태여 뜯어 먹으려 애쓸 필요 없다고 초식동물들에게 알리려는 목적도 있지

---

[*]　이러한 작용을 크산토필 회로라 부르는데 너무 전문적인 내용이라 대학원 교재에나 등장한다.

않을까? 초식동물들이 잎을 뜯어 먹는 과정에 나무를 손상시키는 것을 방지하는 효과가 있지 않을까 예상한다. 다양한 답이 가능한 질문이라는 생각이 든다.

아브시스산(Abscisic acid)

아브시스산은 식물이 수분이 부족한 건조 상태에서 환경스트레스를 버틸 수 있게 해주는 호르몬이다. 또한 환경이 건조할 때 기공을 닫아서 수분 손실을 막는 역할을 하며, 불리한 환경에서 종자가 발아하지 못하도록 막는 역할도 한다. 식물의 배발생 도중 종자가 성숙할 때에는 아브시스산이 생성되어 배아조직을 건조스트레스로부터 보호한다. 아브시스산은 원래는 가을에 잎이 떨어질 때 나타나는 떨켜현상(abscission)을 촉진하는 호르몬을 찾는 과정에서 발견된 호르몬이지만 기대와 달리 떨켜현상을 촉진하는 기능을 가지고 있지는 않다. 겨울눈의 형성 과정을 매개하는 호르몬 도민(dormin)을 찾는 과정에서도 아브시스산이 발견되었지만 역시 아브시스산의 기능은 아니었던 것으로 밝혀진다. 떨켜현상이나 겨울눈의 형성 과정에 식물조직이 건조해지기 때문에 수분스트레스 반응으로서 아브시스산이 생성되지만 이것이 각 생리적 현상을 매개하는 것은 아니다.

· 아브시스산 ·

이일하 교수의 식물학 산책

4부

겨울

1

남산 위의 저 소나무 철갑을 두른 듯

겨울은 식물이 생장을 중지하고 휴식을 취하는 시간이다. 한여름 생동하던 나무들의 활기는 사라지고, 뜨거운 가을 햇살 아래 열매와 곡식을 채운, 그래서 완숙해진 식물들은 월동기로 들어간다. 이와 함께 늘 분주했던 농부들도 일손을 잠시 놓고 농한기에 접어든다. 농가에 겨울이 오면 따뜻한 질화로에 고구마나 군밤을 채워 넣고 익기를 기다리며 이런저런 이야기를 주고받는다. 겨울 편에서는 식물에 얽힌 못다 한 이야기를 질화로 곁 이야기처럼 두런두런 풀어볼까 한다. 내 고향 상주의 친척 어른들이 궁금해하던 어느 날 사라진 대나무 숲 이야기, 샤인머스캣의 거대한 포도알의 비밀, GMO 먹거리로서의 안전성 등 다양한 식물 이야기로 긴 겨울밤을 채울 수 있지 않을까?

| 늘 푸른 소나무 |

우리에게 친숙한 '남산 위의 저 소나무'는 겨울에도 초록색 잎을 달고

그림 4-1 **항상 푸른 소나무.** (왼쪽) 2005년 1월의 청계산 소나무. (오른쪽) 눈이 내린 소나무 가지, 노랗게 노화되는 잎가지도 함께 보인다. (계승혁 교수 제공)

서 있다. 앞장에서 식물이 왜 낙엽을 떨어뜨려야만 하는지 상세히 살펴보 았다. 동상으로부터의 피해를 막기 위해, 아까운 양분을 재순환하기 위해 나무들은 늦가을에 낙엽을 만들어 떨어뜨린다. 그런데 소나무를 포함한 침엽수들은 한겨울에도 푸르른 잎을 그대로 유지하고 있다(그림 4-1). 어 떻게 소나무는 겨울철 동상을 피할 수 있을까? 왜 소나무는 단풍을 만들 지 않을까? 이런 의문은 과학자가 아니어도 저절로 떠오르는 질문이다. 다행히 식물학자들은 이런 질문에 해답을 얻기 위해 연구를 이어왔다.

소나무가 겨울에도 잎을 달고 있는 이유는 잎을 최대한 오랫동안 사용 하기 위함이다. 잎에 저장된 에너지와 질서 그리고 양분이 소나무에게는 매우 귀한 자원이기 때문이다. 이것은 생태계 천이 과정*에서 낙엽활엽수

---

* 　생태계 천이란 식물군락이 시간의 흐름에 따라 일정한 방향성을 갖고 변화해가는 것을 말하는데, 처음엔 개척지에서 지의류와 이끼류가 자라고 이후 초원이 되며, 관목림을 거쳐, 양수림, 혼합림, 음수림으로 변 하는 과정을 말한다. 소나무를 포함한 침엽수에 의해 형성되는 양수림은 토양이 비옥해지기 전에 우점종

에 의해 형성되는 음수림보다 침엽수에 의해 형성되는 양수림이 먼저 숲을 이룬다는 사실과 관련이 있다. 일반적으로 침엽수림은 양분이 적은 척박한 토양 위에 형성된다. 즉 소나무는 토양이 비옥하지 않은 곳에서 서식하기 때문에 잎 속에 저장된 양분들이 매우 귀중하여 이를 유지하려는 진화적 적응이 일어난 것이다. 반면 음수림은 양수림이 자라면서 만들어 놓은 토양 속의 변화, 비옥한 토양 위에 자라기 때문에 기꺼이 낙엽을 만들어 겨울 냉해를 피하는 진화적 적응이 일어난 것이다.

침엽수의 진화적 적응으로 가장 눈에 띄는 것이 잎의 형태이다. 소나무는 동그랗게 말려 있는 원통형 바늘잎을 생성한다. 이런 형태적 특성은 소나무로 하여금 겨울철 부족한 수분을 유지하게 해준다. 바늘형의 잎은 표면적이 적어 상대적으로 증산에 의한 수분 손실을 막을 수 있다. 더구나 소나무 잎은 큐틴이라는 지방산으로 구성된 왁스층을 표면에 두르고 있어 수분의 증발을 최소화하고 있다. 덕분에 소나무는 겨울철에도 따뜻한 한낮에는 광합성을 할 수 있다. 소나무는 잎뿐만 아니라 뿌리도 겨울철에 열심히 생장 활동을 한다. 우리 눈에 보이지 않지만, 겨울철에도 소나무 뿌리는 수분과 양분인 질소, 인, 칼륨 등을 찾아 얼어 있지 않은 땅속을 열심히 헤집고 있는 것이다. 소나무 기둥의 두꺼운 껍질(박피)도 겨울철을 이겨내기 위한 특별한 진화적 적응이라 할 수 있다. 갑옷의 비늘 같은 껍질은 추위로부터 내부 관다발 조직을 보호해준다고 한다. 애국가의 가사 '남산 위의 저 소나무 철갑을 두른 듯'은 비유라기보다 정확한 사실의 이해에 바탕을 둔 것이다.

이 되므로 척박한 토양에서 자란다.

소나무가 겨울철 동상을 피할 수 있는 이유는 뭘까? 소나무 잎은 겨울철에도 얼지 않는다. 얼지 않기 위해 소나무는 잎 속에 부동액 성분을 생산한다. 대표적인 부동액 성분이 설탕의 변형된 형태인 옥툴로오스, 트레할로오스 등이다. 이들은 세포 내 단백질들을 둘러싸 유리막을 형성함으로써 단백질 변형을 막기도 한다. 이외에도 포도당이 세포 내 어는점을 낮추기도 한다. 세포 내 어는점을 낮추기 위해 식물들은 부동 단백질(antifreeze protein)을 생산하기도 한다. 1992년 식물에서 처음 발견된 부동 단백질은 최근까지 60종 이상의 식물에서 15종류 이상이 보고되고 있다. 이들 단백질은 세포 내 어는점을 낮추는 역할을 할 뿐만 아니라, 이외에도 얼음 결정이 형성되는 것을 방해하고, 얼음 결정으로 물이 다가오지 못하게 차단함으로써 얼음의 크기가 커지는 것을 막는다고 한다. 소나무 잎이 그 추운 한파에도 얼지 않는 이유이다.

| 소나무 잎의 노화 |

소나무 잎의 특별한 진화적 적응에도 불구하고 소나무 잎도 결국에는 노화하고 낙엽이 되어 떨어진다. 상록수인 소나무도 낙엽을 만든다고? 놀랍지만 사실이다. 소나무 잎의 수명은 3년이다. 잎이 달린 소나무 가지를 찬찬히 살펴보라(그림 4-2). 소나무 가지도 마디로 이루어져 있음을 볼 수 있다. 사진 속의 소나무 가지는 세 마디로 이루어져 있다. 가지의 제일 위쪽 마디의 잎은 연녹색에 가깝다. 올해 봄에 새로 생성된 잎이다. 그 아래쪽 두 번째 마디의 잎은 짙은 초록색이며 현재 왕성한 광합성을 수행하는 잎이다. 광합성의 거의 대부분이 이 두 번째 마디의 잎에서 이루어진다. 그 아래쪽 세 번째 마디에 있는 잎은 현재 노화가 진행되고 있는 잎이다.[*]

첫 마디

둘째 마디

셋째 마디

그림 4-2 **소나무 잎의 나이 먹기.** 제일 왼쪽 정단 근처의 마디에 있는 잎은 연록색을 띠고 있고, 두 번째 마디의 잎은 짙은 초록색이며, 세 번째 마디의 잎 중 일부는 낙엽화가 진행되고 있다. (2021년 7월 현유봉 교수 촬영)

한여름에 찍은 사진임에도 세 번째 마디의 잎 중 일부는 갈색으로 낙엽화가 진행되고 있다. 이들은 가을이 오면 낙엽이 되어 떨어진다. 겨울철 아궁이에 불을 붙일 때 사용하는 소나무의 마른 잎인 '솔갈비'가 바로 이들이다.

| 겨울나무의 물질대사 |

활엽수들은 침엽수들과는 달리 겨울에 잎을 모두 떨어뜨리고 헐벗게 된다. 겨울산을 지키는 헐벗은 나무들은 왠지 죽음을 연상케 한다. 그러나 이러한 감상은 지극히 인간 중심적인 오해에 지나지 않는다. 겨울산의

---

* 초록색임에도 노화가 진행되는 잎에 대해서는 3부 7장 '낙엽, 식물의 아나바다'에서 설명하고 있다.

그림 4-3 **겨울철 나무가 내뿜는 열기.** 나무 기둥 주위의 눈이 녹아 있는 것을 볼 수 있다.

헐벗은 활엽수들도 겨우내 물질대사를 하고 있다. 다만 천천히 대사작용을 하므로 살아 있는지 죽어 있는지 긴가민가할 따름이다. 활엽수 나무들이 겨울에도 대사작용을 하고 있음을 보여주는 사진 한 장을 소개한다(그림 4-3). 이 사진은 설악산 자락에 자리 잡은 산벗마을에서 2021년 1월의 겨울에 찍은 것이다. 사진 속의 나무들은 상수리나무이며, 눈이 내린 이틀 뒤 산벗마을에서 가까이 내려다보이는 산비탈의 정경이다. 나무 기둥 주위로 눈이 녹아 있는 것을 볼 수 있다. 나무들이 대사작용을 하면서 내보내는 열기에 의해 눈이 원형으로 녹아 있는 모습이다. 겨울 숲에서 나무들이 춥다고 호호 열기를 내뿜고 있는 것이다.

2

일년생과 다년생

겨울을 나는 방식에 따라 식물은 크게 일년생과 다년생으로 나누어진다. 일년생은 곡식, 채소류의 농작물에서 가장 흔한 방식으로 겨울이 오기 전에 꽃을 피우고 종자를 맺는 식물들을 말한다. 경우에 따라서는 가을에 발아, 생장하여 겨울을 지난 후 다음 해 봄에 꽃을 피우는 식물들[*]도 있는데 이들도 사실상 햇수로는 일 년밖에 살지 못하므로 일년생이라 해야할 것이다. 이들의 가장 큰 특징 중 하나는 꽃이 피기 시작하면 모든 줄기가 생식생장 단계로 접어들어 종자를 최대한 많이 생산하고 죽음을 맞이한다는 것이다. 반면 다년생 식물은 꽃을 피우고 종자를 맺은 뒤에도 새로운 잎을 생산하는 2차줄기가 계속 유지된다. 줄기에서 잎이 생산되는 단계를 영양생장 단계라 하고 꽃과 종자가 생산되는 단계를 생식생장 단

---

[*] 1부 5장 '개화, 꽃이 피다'에서 소개한 밀, 보리 겨울종, 가을배추 등이 이러한 특성을 보이는 식물들이다. 이들을 이년생(biennial plants)이라 부르기도 한다.

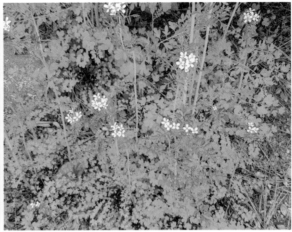

그림 4-4 **일년생 애기장대와 다년생 황새냉이 비교.** (왼쪽) 애기장대. (오른쪽) 황새냉이. 막대자: 1cm (왼쪽), 2cm (오른쪽)

계라 한다. 식물을 이러한 생장단계에 따라 구분하면 일년생 식물은 영양생장 → 생식생장 → 죽음의 단계를 거치는 반면 다년생 식물은 영양생장 → 생식생장 → 영양생장 → 생식생장 → …… 이 과정을 반복하게 된다.

연구실에서 널리 활용되는 모델식물인 애기장대는 일년생이다. 그런데 우리 주변에 애기장대 친척종인 다년생을 흔하게 볼 수 있다. 대표적인 예로 들판에서 흔히 보는 황새냉이가 애기장대의 친척 다년생 식물이다 (그림 4-4). 일년생과 다년생의 유전체를 분석해보면 친척종 간에는 유전적 차이가 아주 미세하다. 그런데 어떤 식물은 일년생으로, 또 어떤 식물은 다년생으로 진화하게 되었을까? 필자는 그 진화적 기초를 밝히는 연구를 한국연구재단의 지원을 받아 수행한 적이 있었는데 큰 성과 없이 연구가 종료되어 아쉬움이 있었다. 다행히 최근에 서울대 생명과학부 교수로

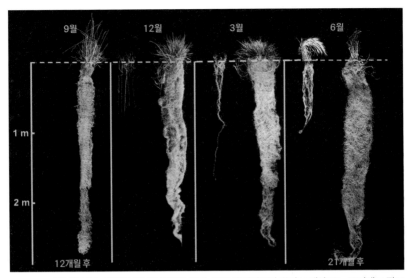

그림 4-5 **일년생 밀과 다년생 친척종의 뿌리 체계.** 다년생 친척종의 뿌리도 대략 25~40퍼센트 정도는 겨울에 죽게 되지만 일년생에 비해 매년 봄 앞서서 생장을 하기 때문에 더 많은 뿌리 속 양분을 흡수할 수 있고, 그 결과 지상부의 생산성도 더 높아지게 된다. 출처: *Bioscience* (2006) Vol. 56; 649-659.

부임해온 현유봉 박사가 다년생 식물의 분자적 기작에 꽤 많은 연구 성과를 얻어 보람을 느끼고 있다.

일년생 식물은 작물로 최적화되어 있는 식물이다. 잎이나 줄기 등의 영양기관에 들어 있는 모든 양분을 종자나 열매에 투자할 수 있으니 가장 우량한 농산품을 얻기에 좋은 품성인 셈이다. 한편 매해 봄에 새로이 발아해서 성체로 자라기까지 과정을 반복해야 하는 단점도 있다. 다년생의 경우에는 초본류라도 뿌리 조직은 대개 그대로 살아 있기 때문에 다음 해 봄에 생장이 재개될 때 일년생에는 비할 수 없을 정도로 빨리 자라게 된다(그림 4-5). 당연히 일년생에 비해 주변의 환경 자원을 이용하는 데 경쟁 우위에 있게 된다. 이 때문에 자연계 식물의 85퍼센트 이상이 다년생이다.

　석유 자원의 고갈이 우려되던 2000년대 초반, 과거 생물이 축적해놓은 탄소 화석연료 대신에 현생 식물들이 축적하는 탄소 바이오연료를 이용하자는 에너지 전환 운동이 일었다. 당시 바이오에너지 개발을 위한 엄청난 연구비 투자가 있었다. 미국에만 5개의 바이오에너지 센터가 구축되어 10여 년간 미국 에너지성의 집중적인 연구비 지원을 받았다. 이때 많은 관심이 집중되었던 연구과제가 바이오매스 생산성이 뛰어난 다년생 잡초들이었는데 필자의 눈에도 산과 들에 널린 엄청난 식물들의 잎과 가지들이 에너지로 이용되면 참 좋을 것 같았다. 그러나 불행히도 바이오에너지 프로젝트는 채 성과를 보기도 전에 연구가 중단되고 말았다. 조만간 고갈될까 조바심 냈던 석유가 셰일오일* 개발 덕분에 오히려 가격이 급락하는 상황을 맞으면서 바이오에너지 개발의 긴급성이 사라져버린 것이다. 다년생 식물을 연구하기 좋았던 상황이 지나가버리자 연구자들은 도로 일년생 식물 연구로 회귀하게 된다. 아무래도 다년생 식물의 연구는 긴 호흡으로 진행될 수밖에 없는데 대개 연구과제 평가는 3년 혹은 길어야 5년 단위로 이루어지기 때문에 낙제받기 딱 알맞은 연구주제인 셈이었다.

---

*　셰일오일은 지하 깊은 퇴적암층에 산재해 있는 석유로 암석의 미세한 틈새에 넓게 퍼져 있어 추출 비용이 너무 비싸 경제성이 없는 못 쓰는 석유로 간주되어왔다. 그러나 그 셰일오일을 저렴한 비용으로 추출하는 기술이 개발되면서 석유의 대안이 된 것이다. 더구나 셰일오일은 전 세계가 100년간 사용할 수 있을 만큼 매장량이 풍부하여 당분간 화석연료 고갈 상황은 걱정하지 않아도 되는 미래의 문제가 되었다.

| 일과성과 다결실성 식물 |

내 고향 상주 청하리에는 산소 주위로 대나무 숲이 흔히 있었다. 가까운 친척 할머니 산소 근처에도 대나무 숲이 무성하여 산소 관리에 근심이 많았는데 10여 년 전 어느 해 갑자기 대나무 숲이 사라졌다. 모든 대나무들이 한꺼번에 죽은 것이다. 이때의 놀라움과 신기함은 마을에서 두고두고 화젯거리가 되었다.

대나무는 평생 한 번 꽃이 피고, 꽃이 피면 죽는 식물이다(그림 4-6). 이런 식물들은 분명 일년생은 아니지만 일년생과 같은 특성을 가지고 있는 셈이다. 영양생장 → 생식생장 → 죽음이라는 순환회로가 일년생과 똑같은 식물들, 그렇지만 수년간의 수명을 가진 식물들. 이들을 표현하는 적절한 용어가 우리말에는 없다. 구태여 한자어로 풀어서 사용하는 용어가 일과성(一果性) 식물이다. 이에 반해 여러 번 꽃이 피고 종자를 맺는 식물을 다결실성 식물이라고 한다. 영어로는 각각 monocarpic(mono; 하나, carpic;

그림 4-6 **대나무 숲과 꽃.** (왼쪽 ⓒ Sanga Park | iStock.com)

열매) plants, polycarpic(poly; 여러 개, carpic; 열매) plants라고 한다. 일과성이며 여러 해를 사는 식물에는 대나무 외에도 드물긴 하지만 제법 존재한다. 지독한 냄새를 풍기는 시체화도 이에 해당한다. 일과성 식물은 지독한 엄마의 사랑을 상징하는 연어의 회귀 과정과도 유사하다. 마치 자신의 몸을 희생시켜 자식들의 영양분으로 제공하는 연어들의 숭고한 모성애를 닮았다.

| 대나무 숲의 미스터리 |

평생 한 번 꽃이 피고 한꺼번에 사라지는 대나무 숲 이야기는 참으로 흥미롭다. 그런데 모든 대나무 숲이 한꺼번에 사라지지는 않는다. 어떤 대나무는 한꺼번에 죽지만 어떤 대나무는 그렇지 않기도 한다. 이를 어떻게 설명할 수 있을까? 중국 난징임학대학의 대나무 연구소에서 교수로 재직 중인 유롱 딩 박사는 124군데의 대나무 숲을 분석하여 그 미스터리를 해명하였다.[*] 이 내용을 간단히 소개한다.

대나무는 일반적으로 종자를 통해 번식하지 않고 땅속줄기를 통해 번식한다. 땅속줄기가 뻗어나가다 모체로부터 일정한 거리로 떨어지게 되면 죽순을 지상으로 뻗어 올린다. 죽순은 빠르게는 하루에 1미터까지도 쑥쑥 성장하는데 이 때문에 우후죽순이라는 표현까지 생겨났을 정도이다. 이러한 성장 방식 때문에 대나무 숲은 대개 유전적으로 동일한 클론 숲을 이루게 된다. 이것이 대나무 숲이 동시에 꽃이 피고 한꺼번에 죽게

---

[*] 대나무의 개화와 죽음에 관심이 있는 독자는 다음 논문을 참조하라. Zheng *et al* (2020) The bamboo flowering cycle sheds light on flowering diversity. *Frontiers in Plant Science*. Vol. 11, Article 381.

되는 연유이다. 한편 서로 다른 클론이 섞인 대나무 숲도 종종 관찰되는데 이 경우 대나무 숲은 클론별로 서로 다른 시기에 꽃이 피게 되고 그 결과 꽃이 핀 후에도 대나무 숲은 사라지지 않게 된다. 대나무 숲의 미스터리는 결국 대나무의 번식 방식에 기인한 것이다. 유룽 딩 교수는 대나무 숲 클론의 유전적 동질성 여부가 서로 다른 사멸 방식의 원인임을 밝혀내었다.

3

농업의 역사

남아프리카에서 생활하던 한 작은 영장류 부족은 타고난 모험심으로 20만 년 전 이집트 유역을 넘어 서남아시아로 진출했고, 이어 네안데르탈인의 주요 근거지였던 유럽과 데니소바인들의 생활영역이었던 아시아 대륙을 정복해나갔다(그림 4-7). 20만 년 동안 이어왔던 수렵채취 생활은 1만여 년 전 서남아시아의 비옥한 초생달 지역을 중심으로 농작물과 가축을 키우는 농업혁명을 통해 정주 생활로 전환되었고 농업의 뛰어난 생산성을 바탕으로 문명을 구축하기 시작했다. 이후 인류는 다른 생물체와는 전혀 다른 진화 문명사를 개척하며 오늘에 이르고 있다. 우리 인류를 다른 동물과 나아가 다른 영장류와 차별화시킨 계기가 된 농업은 어떻게 시작되었을까?

| 비옥한 초생달 지역: 하필 이곳에서! |

비옥한 초생달 지역에서 농업혁명이 이루어지게 된 데에는 특별한 이

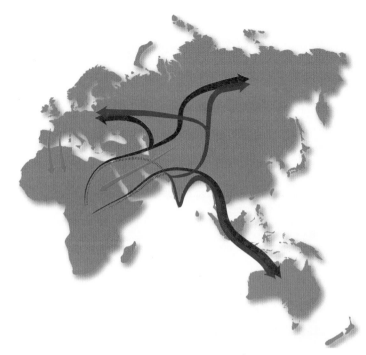

그림 4-7 **현생인류의 세계 정복지.** 출처: Lopez *et al*. (2016). "Human Dispersal Out of Africa: A Lasting Debate". *Evolutionary Bioinformatics*. 11s2 (Suppl 2): 57–68.

유가 있다. 『총, 균, 쇠』의 저자 재레드 다이아몬드에 의하면 서남아시아는 첫째, 아프리카에서 다른 대륙으로 넘어가는 길목에 있었고, 둘째, 가로로 긴 아시아 대륙의 특성상 유사한 기후가 넓게 펼쳐져 있었으며, 셋째, 이러한 지리적 특성으로 다양한 식물종들이 생존하고 있었고, 그 결과 작물화할 수 있는 식물이 풍부했던 덕분이다. 즉 농업이 아프리카에서 시작되지 못한 것은 대륙의 좁은 폭으로 인해 작물화할 수 있는 식물종이 충분치 못했기 때문이라는 것이다. 이 논리는 아메리카 대륙에도 해당한다.

실제로 현재 우리 인류가 작물화하여 먹고 있는 식물종은 대략 30여 종으로 전체 현화식물 40여만 종의 0.1퍼센트도 되지 않는다. 극히 일부의 식물종만 작물화할 수 있었던 것인데 이런 행운을 우리 인류가 갖게 된 데에는 종 다양성이 확보된 서남아시아로의 모험이 주효했다. 이러한 재레드 다이아몬드의 논리는 전 세계 무수히 많은 독자들의 공감을 얻었을 뿐 아니라 학자들의 연구영역을 확장하는 계기가 되었다. 다윈의 진화론, 즉 자연선택설로 인류 문명사를 설명할 수 있다는 다이아몬드 교수의 통찰은 다양한 학문 영역에 영감을 주어 사회, 정치, 사상, 경제, 문화사에 새로운 바람을 불러일으켰다. 진화경제학, 다윈의학, 사회진화론 등 새로운 영역의 학문이 속속 등장하게 된 것이다.

| 현대문명의 중심이 유럽이 된 이유 |

재레드 다이아몬드의 『총, 균, 쇠』는 문명이 서남아시아 지역에서 시작된 이유를 잘 설명하고 있지만 왜 현대문명의 중심이 중동이 아니고 유럽인지는 설명하지 못한다. 두루뭉술하게 인접한 지역이니 그럴 수도 있겠지 하고 넘어가버린 것이다. 현대문명의 중심지가 유럽이 되었던 이유는 후에 『사피엔스』의 저자 유발 하라리가 명쾌하게 설명하고 있다. 그에 따르면, 유럽이 현대문명의 중심이 된 이유는 한마디로 "아는 것이 힘이다"라는 의식혁명을 일으킨 베이컨의 모토 덕분이다. 베이컨이 활동하던 17세기 유럽은 좁은 대륙에 갇혀 그저 인도에서 나오는 향신료를 어떻게 쉽게 얻을 수 있을까 정도의 작은 욕망이 지배하던 사회였다. 당연히 당시 인류 문명의 중심은 유럽이 아니고 중국이었다. 그런데 베이컨의 이 간단한 모토, '아는 것이 힘'이라는 생각은 인류의 모험심을 자극했고, 미지의 세계인 대서양을 탐험하는 대항해 시대를 펼치게 만들었다. 유럽에 갇혀 있던 유럽인들의 좁은 세계가 갑자기 전 세계 대륙으로 펼쳐지게 된 것이다.

'아는 것이 힘'이라는 모토는 단지 세계를 구석구석 파악하고자 하는 모험심만 자극한 것이 아니었다. 자연의 질서, 즉 자연과학을 이해하고자 하는 지적 호기심을 자극하여 과학 탐구의 새로운 장이 열리게 된 것이다. 이후 우리가 과학 교과서에서 배우는 무수히 많은 과학적 지식들이 축적되면서 기술의 비약적 발전을 가져오게 되었다. 대항해 시대가 전개되면서 정복과 식민지 개척이라는 수탈과 착취의 야만적 역사가 진행되었지만 동시에 급격한 인류 문명의 대전환이 이루어져 오늘의 기술 문명을 누리게 된 것이라 할 수 있다.

| 주요 작물의 개발 역사 |

인류는 어떤 지역에서 어떤 작물을 개발하게 되었을까? 서남아시아 지역에서 개발된 주요 작물은 밀, 보리, 콩, 아마로서 이들은 대략 8,500년 전에 재배가 되기 시작했던 것으로 보인다. 이 중 밀은 놀라울 정도로 성공한 작물인데 현재 전 세계의 식량작물로서 가장 큰 비중을 차지하는 단연 일등 작물이다. 유발 하라리 교수는 밀의 이러한 뛰어난 식량작물로서의 가치를 전혀 다른 관점에서 바라보았다. 진화생물학적으로 가장 성공한 생물종은 인간이 아니고 밀이 아니겠냐고 주장한 것이다. 지구생태계의 절대적 지배자인 인간을 하인처럼 부려 매해 엄청난 양의 자손을 얻고 있으니 이보다 더 진화적으로 성공한 생물이 있을 수 있냐는 다소 해학적인 의견이다.

밀은 현대 유전학 기술을 이용하여 분석한 결과 적어도 두 번의 종간 혼성화 과정을 거쳐 6배체가 된 작물이라고 한다. 즉 서남아시아 지역에 자라던 2배체의 야생밀이 염소풀과 잡종 혼성화되면서 4배체인 에머밀

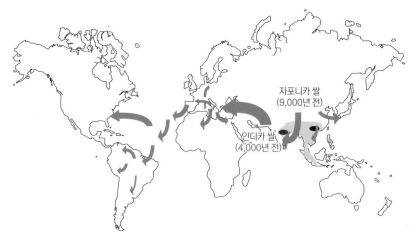

그림 4-8 **벼의 육종과 전파.**

이 되었고, 이후 에머밀이 또 다른 종류의 염소풀과 잡종 혼성화되면서 6배체인 빵밀이 된 것이다(그림 3-1). 이 과정에 농부들이 직접적으로 관여하여 혼성화 과정이 진행된 것으로 보인다. 농부들이 보다 더 나은 생산성을 보이는 종씨를 얻는 과정에 혼성 잡종이 인공적으로 선택된 것이다.

아시아 지역의 최대 식량작물인 벼는 중국 남부 지역에서 7,500년 전 작물화된 것으로 보인다. 벼는 원래 아열대 지역 식물이다. 더운 지역에 자라던 식물을 온대 지역의 식량으로 개발하기 위해 다양한 인공선택이 이루어졌음은 두말할 나위가 없다. 이 과정에 인디카와 자포니카 쌀이 개발된 것이다(그림 4-8). 중국에서는 벼 외에도 기장이 주요 작물로 개량이 되었다. 한편 옥수수, 토마토는 4,000년 전 중미에서 개발되었고, 감자와 카사바는 아마존 일대에서, 해바라기, 명아주 등은 북미에서 작물화되어 오늘에 이르렀다.

농업은 인류를 일상적 배고픔에서 해방시켰고 여유 시간을 가져다주었다. 덕분에 생산 활동과 상관없는 문화 활동을 영유하였고 창의력을 발휘하는 다양한 활동 공간을 만들게 되면서 기술의 발전이 이루어졌을 것이다. 한편 잉여 식량을 관리하는 과정에 지배계층과 피지배계층의 계급이 형성되었고, 자연의 불합리 못지않게 계층의 불합리를 설명하고자 하는 욕구에 의해 종교가 생겼을 것이라 짐작된다. 결국 현대사회의 모든 것은 농업이 낳은 부산물이 아닐까.

4

인류의 지능과 농업

앞에서 살펴본 대로 우리 인류는 20만 년 전 아프리카를 떠나 다른 대륙으로 이동한 후 오랜 기간 수렵 채취 생활을 해왔으며 고작 1만 년 전부터 농사를 짓기 시작했다.* 그때의 인간은 우리에 비해 지능이 떨어졌을까? 농사는커녕 변변한 창과 활조차 갖지 못했던 석기시대 인간들은 지금의 인류에 비해 지적 능력이 많이 떨어진 건 아니었을까? 그 당시 인간을 타임머신을 타고 가서 현대로 데려온다면 그들도 스마트폰, 컴퓨터, 자동차 같은 현대문명의 기기들을 자유자재로 활용할 수 있게 될까? 이런 의문은 답을 정확히 알 수 있는 문제가 아니다. 그러나 고인류학(paleoanthropology)과 염기서열 분석법의 비약적 발전으로 우리는 적어도 몇만 년 전 고인류 화석에서 DNA를 추출하여 전 유전체의 염기서열을

---

* 현생인류가 아메리카 대륙과 호주를 포함한 전 세계 대륙에 온전히 확산된 시점은 대략 3만 년 전으로 추정하고 있다. 말하자면 인류는 매년 얼추 3킬로미터씩 동쪽으로 이동한 셈이다.

분석할 수 있게 되었고, 진화적 시계의 속도로 미루어보아 석기시대 인간의 지능을 유추할 수 있게 되었다. 분석 가능한 몇만 년 전의 고인류와 현대 인간의 유전체를 비교해보면 우리 인류는 그때나 지금이나 별로 달라진 것이 없다. 그렇다면 무엇이 현생인류를 지구생태계의 유일한 지배자가 되게 했을까? 특히 체격적으로 훨씬 우람했던 네안데르탈인을 경쟁에서 물리치고* 현생인류만 살아남게 만든 원동력은 무엇이었을까? 우선 우리가 유전체라는 입장에서 얼마나 완전하냐는 논의부터 해보자.

| 우리는 얼마나 완전한가? |

인간유전체 프로젝트가 2000년에 1차로 완성되어 인간을 품고 있는 전체 유전정보가 공개되었다. 이 정보를 통해 우리는 인간이 가지고 있는 유전자의 총 수가 대략 2만 개 정도 된다는 사실을 알게 되었다. 그러나 이 유전정보는 내가 가지고 있는 유전체 정보와는 다소 다를 것이다. 인간유전체 프로젝트에서는 앵글로색슨, 아프리칸, 멕시칸, 인디안, 동양인 다섯 부류의 인종에서 DNA를 추출하여 염기서열을 결정했다고 한다. 평균적인 인간 유전체 서열을 얻기 위함이었다. 그렇다면 조금씩 다른 인간들 간의 유전체 서열 차이는 얼마나 될까? 이 또한 최근 생물정보학의 비약적 발전으로 잘 알려져 있다. 대략 인간과 인간 간에는 0.1퍼센트 정도의 염기서열 차이가 존재한다. 한편 인간과 가장 가까운 영장류 침팬지와

---

*　네안데르탈인은 대략 3만 년 전에 멸종한 것으로 추정된다. 따라서 유럽과 아시아 지역에서 네안데르탈인과 현생인류는 무려 17만 년을 함께 생존한 셈이다. 데니소바인이 발견된 시베리아 지역의 데니소바 동굴에서는 네안데르탈인, 현생인류, 데니소바인의 화석이 섞여서 나온다. 아마 이 동굴을 세 인류종이 번갈아가며 거주지로 삼았을 것이다.

는 대략 1.3퍼센트의 차이가 있다고 한다. 이 숫자는 상당한 의미가 있다. 염기서열 정보의 0.1퍼센트와 1.3퍼센트의 차이 사이에 인간이 인간이기 위한 생물학적 조건들이 들어 있는 셈이다. 이 얼마나 사소한 차이인가?

우리 개개인들은 유전적으로 얼마나 완전할까? 이 문제에 대한 해답은 2008년 《네이처》에 기사로 소개된 적이 있다. 새로 출생하는 신생아들을 대상으로 유전체를 분석해보니 모든 아기들이 대략 130개 정도의 유전자 돌연변이를 가지고 있었다고 한다. 물론 이 돌연변이는 대부분 중성 돌연변이, 즉 염기서열에 변화가 일어났지만 생성되는 유전자 산물인 단백질의 아미노산 서열에는 변화가 없는 돌연변이였다고 한다. 하지만 이 유전자 돌연변이 중 치명적인 것들도 분명 존재하였으니 우리 인간들이 유전적으로 완전하지 않은 상태에서 태어난다는 것은 분명한 사실이다. 이후 2012년 《사이언스》에서 185명의 성인을 대상으로 유전체를 분석한 결과를 보고하였다. 이 결과는 더 놀랍다. 모든 성인 인간이 평균적으로 20여 개의 유전자에 치명적인 돌연변이를 가지고 있다는 것이다.[*] 즉 거의 모든 인간들이 유전적으로 불완전한 상태에서 태어나는데도 다들 멀쩡히 잘살고 있는 것이다. 장애인과 비장애인 사이에 본질적인 차이는 없는 셈이다. 우리가 비장애인, 장애인이 함께하는 삶을 이상적인 복지국가로 여기는 생물학적 근거가 여기에 있지 않을까!

---

[*] 이를 추론하면 일란성 쌍둥이조차 유전체 수준에서 동일하지 않을 텐데, 실제로 2021년 1월 《네이처 유전학Nature Genetics》에 발표된 연구에 따르면 일란성 쌍둥이의 유전체를 분석한 결과 평균 5.2개 정도의 유전자에서 돌연변이에 의한 차이를 보였다고 한다. 그 결과 15퍼센트 정도의 일란성 쌍둥이는 발달 과정에서 뚜렷한 표현형상의 차이를 보인다고 한다. Jonsson et al. (2021) Differences between germline genomes of monozygotic twins. Nature Genetics. Vol. 53: 27–34.

| 돌연변이 인간이 생존하는 이유 |

왜 인간들은 돌연변이 유전자를 가지고도 별다른 문제 없이 살아갈까? 이에 대한 답은 진화론적 추론으로 이해할 수 있다. 인간을 비롯한 모든 생명은 유전적 완충력(buffer)을 가지고 있다. 평소에는 필요 없지만 매우 춥거나 매우 더울 때와 같이 극한 환경에서 필요한 유전자를 생물들은 가지고 있다. 이외에도 영양이 결핍되었을 때, 지나치게 영양 과다일 때 등 예외적인 상황에 필요한 유전자들도 가지고 있다. 이러한 유전자들은 생명체가 환경에 보다 탄력적으로 적응하게 해준다. 이건 생물학이 우리에게 주는 경제·사회학적인 교훈이다. 끊임없이 변화하는 동적인 세계에서 살아남으려면 항상 약간의 잉여가 필요하다. 그것이 시간이건 돈이건. 그래서 잉여스러움은 사치가 아니고 살아남기 위한 필수 조건이 된다.

| 현생인류의 융성은 인구 덕 |

화석학적 기록으로 보면 지난 100만 년 동안 고인류는 적어도 20여 종 이상이 지상에 출현했다 사라진 것으로 보인다. 그중에는 손을 사용한 인간; 호모 하빌리스(*Homo habilis*), 꼿꼿이 선 인간; 호모 에렉투스(*Homo erectus*), 슬기로운 사람; 호모 사피엔스(*Homo sapiens*), 두 배는 슬기로운 사람; 호모 사피엔스 사피엔스(*Homo sapiense sapiens*) 등이 포함된다. 보다 현생인류와 가까운 고인류인 네안데르탈인과 데니소바인도 이들에 포함된다. 이 중 네안데르탈인과 데니소바인은 현생인류와 한동안 공존하고 있었음에 틀림없다. 그렇다면 그 많은 고인류 중에 하필 현생인류만이 생존 경쟁에서 살아남은 이유는 무엇일까?

이러한 의문은 지난 10여 년간 고인류학자들에게 가장 신나는 질문 중 하나였을 것이다. 『총, 균, 쇠』의 저자 재레드 다이아몬드 교수는 슈뢰딩거의 『생명이란 무엇인가What is Life』 출판 50주년 기념 심포지엄에서 이 문제를 꽤 심도 있게 다루었다. 그의 주장에 따르면 아마도 현생인류의 언어 능력 획득이 다른 무엇보다도 현생인류에 경쟁 우위를 제공한 요인이 되었다. 논리적 언어를 구사하는 능력이야말로 현생인류의 협동이나 전술적 사냥 등을 효율적으로 실행하게 한 수단이었을 것이니 꽤 설득력 있는 주장이라고 생각한다. 이 주장은 특히 오늘날 400여 종에 이르는 영장류 중 우리 인간종이 세상을 지배하게 된 이유로는 가장 적절한 해답으로 보인다. 그러나 이는 20여 종의 고인류 중에서 인간이 생존경쟁에서 우위를 차지한 이유는 되지 못한다. 21세기 초반에 언어 능력을 제공해주는 유전자 *FOXP2*[*]가 발견되었고, 이 유전자의 서열이 네안데르탈인과는 차이가 없다는 사실이 밝혀지게 되었기 때문이다. 다른 포유동물의 경우, 즉 원숭이나 생쥐 등에서는 제법 유의미한 차이가 나타나는데 말이다.

언어 구사 능력이 네안데르탈인과 차이가 없었다면 우리 인류가 생존경쟁에서 살아남은 이유를 다른 특성에서 찾아야 할 것이다. 최근 이 분야의 전문가 닉 롱그리치(Nick Longrich) 교수는 우리 현생인류가 아프리카를 떠난 이후로 지능에 큰 진보가 없었음에도 현대인들이 수렵 채취인들에 비해 비약적인 기술 문명을 누릴 수 있게 된 것은 인구의 급격한 증가 때문이라고 주장하고 있다. 일종의 집단지성 효과를 우리가 얻고 있다는 뜻인데, 인구가 많아질수록 기발한 기술혁신을 꾀할 수 있는 아이디어

---

[*] *FOXP2* 유전자에 돌연변이가 있는 사람은 발성이 명확하지 않을 뿐만 아니라, 문장을 조리 있게 구성하지도 못한다. 즉 이 유전자는 발성기관의 구조와 문법 체계의 논리적 이해에 모두 관여하는 유전자이다.

의 출현 가능성이 더 높아지기 때문에 인류의 인구수가 증가하면 할수록 과학기술은 빠른 성장을 이루게 된다는 것이다. 아주 그럴듯한 논리가 아닌가!

롱그리치 교수의 이 주장을 받아들인다면 현생인류가 다른 고인류를 제치고 살아남은 이유는 자식을 헌신적으로 돌보는 생물학적 본성 때문이라 할 것이다. 인간은 일부일처제 경향 때문에 자식을 보다 헌신적으로 돌본다. 긴 유아기 덕분에 육체적 능력과 생식적 능력을 충분히 갖출 때까지 부모의 보호를 받는다. 이와 같은 이타적 행위 혹은 친족선택의 생물학적 본성에 의해 보다 쉽게 집단을 형성할 수 있게 된 것이 현생인류의 빠른 인구 증가의 원인이자 기술혁신의 배경이 되지 않았을까? 이러한 기술혁신 가운데 많은 인구를 먹여 살리는 농업 기술의 발전이 단연코 문명을 태동시킨 인류사적 대전환의 동력이었을 것이다.

5

GMO 먹어도 되나?

    내 고향 상주에 가면 부업 삼아 농사일을 하는 사촌형님을 비롯해 많은 일가 친지들이 농사를 짓고 있다. 고향에 가면 대화에서 빠지지 않고 등장하는 화제 중의 하나가 GM 작물(유전자 변형 작물)[*]의 먹거리 안전성 문제이다.^{**} 그거 정말 먹어도 되냐는 질문이 그것이다. 이에 대한 답으로 필자는 일간 신문의 칼럼을 통해, 혹은 유튜브를 통해 안전한 식품임을 설

---

*   GMO는 Genetically Modified Organism의 약자로 유전자 변형 농산물이라고 흔히 부른다. 이보다 부정적인 의미로 '유전자 조작 농산물'이라고 번역하기도 하고, 긍정적인 의미로 '유전자 개량 농산물'이라고 번역하기도 한다. 비슷한 용어로 LMO도 있는데, 이는 Living Modified Organism의 약자로 살아 있는, 즉 생식 가능하여 자손을 얻을 수 있는 유전자 변형 생물을 의미한다. 둘의 차이는 통조림 속의 콩과 곡물 시장의 콩을 비교하면 쉽게 알 수 있다. 통조림 속의 콩은 GMO이지만 LMO는 아니다. 반면 곡물시장의 콩은 GMO이면서 동시에 LMO이다. 이 책에서는 GMO가 형용사로 사용될 때 GM OOO이라고 표기하였다.

**   GMO 안전성을 설명하는 다음 책을 소개한다. 하나는 식품영양학자인 최낙언 선생이 쓴 『GMO 논란의 암호를 풀다』이며, 다른 하나는 『과학의 씨앗』(마크 라이너스)이다. 앞의 책은 한국인 과학자가 우리의 식문화와 의식 등이 어떻게 반 GMO 정서와 맞아떨어지게 되었는지 배경을 이해하는 데 도움이 된다. 『과학의 씨앗』은 저자 자신이 어떻게 극렬한 환경주의자에서 반 GMO 운동의 적극적 비판자가 되었는지 그 일련의 과정을 잘 보여주고 있다.

명해왔다.

이미 GMO에 관해 전문가로서의 견해를 여러 차례 밝혔고, 내 첫 번째 책 『이일하 교수의 생물학 산책』에서도 유전공학을 설명하면서 GM 작물의 안전성과 필요성에 대해 주장한 바 있다. 그럼에도 이 책에서 다시 설명하게 된 것은 지난 여름 받은 한 통의 이메일 때문이다. 강원도에 사는 한 고등학생이 GMO의 안전성에 대해 큰 문제가 없을 거라 믿고 지내왔는데 2020년에 국내에 소개된 『유전자 조작 식품의 비밀』(후나세 슈스케)을 읽고 혼란스럽다며 전문가로서의 내 견해가 그동안 바뀌지 않았는지 물어왔다. 이 책에는 큰 종양을 매달고 있는 생쥐 사진이 GM 옥수수를 먹은 후라고 소개된다. 이는 프랑스 세랄리니 교수팀이 수행한 실험으로 언론에서도 크게 다뤄졌다. 백문이 불여일견이라고 그런 충격적인 사진을 보면 당연히 GM 옥수수가 대단히 위험한 식품이라 믿게 된다. 여기서는 그간의 글과 강연 등을 반복하는 대신에 학생의 질문에 대한 답과 함께 반 GMO 정서가 유럽과 미국, 그리고 한국에서 왜 형성되었는지 그 배경을 살펴보려 한다. 그 배경을 이해하면 반 GMO 운동의 정서를 이해할 수 있고 이를 극복하기 위한 방안을 모색할 수 있을 것이다.

| 세랄리니의 거짓 선동 |

2012년 프랑스의 세랄리니 교수팀은 GMO를 먹어 암이 생긴 생쥐에 관한 논문을 《식품 및 화학 독성학*Food and Chemical Toxicology*》이라는 학술지에 발표했다. 사진 속의 생쥐는 GM 옥수수를 먹은 뒤 암이 생긴 것이 맞다(그림 4-9). 다만 GM 옥수수와 암 발생의 인과관계가 해당 논문에서 입증되지 않았을 뿐이다. 어떤 과학 논문도 특정 주장을 하기 위해서

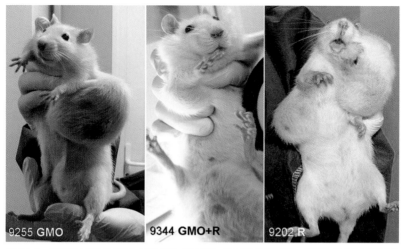

그림 4-9 **세랄리니 교수의 GMO 먹은 생쥐.** 이 생쥐는 암 연구에 사용되는 특별한 생쥐로 암에 걸리기 쉬운 특성을 가졌다. 일반 음식을 먹인 생쥐도 비슷한 비율로 암이 발생한다.

는 대조구를 설정하여 비교하여야 한다. 세랄리니 교수의 논문에서는 당연히 non-GM 옥수수를 먹은 쥐가 대조구이다. 이 둘을 비교한 결과는 놀랍게도 유의미한 차이가 없다. 즉 GM 옥수수가 암을 일으킨다는 가설이 기각된다. 결과를 접한 일반인들은 어쨌건 GM 옥수수를 먹은 쥐가 암에 걸린 게 사실이 아니냐고 할 것이다. 이것이 세랄리니 교수나 반 GMO 운동을 하는 환경주의자들이 쳐놓은 함정이다.

실험에 사용된 쥐는 암 연구를 수행하는 연구자들이 흔히 사용하는 모델 생쥐로 암 발생율이 높은 종이다. 암 연구를 용이하게 해주는 특별한 용도의 생쥐인 것이다. 이런 생쥐를 사용하면 이 생쥐에게 무엇을 먹이든지 자연발생적 돌연변이, 즉 암이 쉽게 나타나게 된다. 결국 세랄리니 교수의 이 논문은 주류 과학자들의 비판 속에서 편집장 직권으로 2013년 철회가 되었다. 그러나 반 GMO 운동에 친화적인 또 다른 유럽의 저널에서

2014년 토씨 하나 바뀌지 않고 재출판된다.

　2012년 세랄리니 교수의 논문이 발표되자 언론은 용감한 과학자의 훌륭한 과학업적이라며 대서특필하였다. 그러나 다음 해 논문의 결격 사유 때문에 철회되자 대부분의 언론들은 침묵하였다. 당연히 일반인들에게는 GMO를 먹어 암 걸린 생쥐의 기억만 남게 된다. 그다음 해 이 논문이 환경주의자들의 주장에 동조하는 저널에 다시 실리게 되자 언론은 다시 환호작약하게 된다. 이런 식의 해프닝은 언론에서 계속 반복되었다.

　GMO의 먹거리로서의 안전성에 의문을 품는 많은 언론 홍보와 논문들이 주류 과학자들의 심층적 분석에 의해 반복적으로 기각되어왔다. 이 중 일반인들이 신뢰할 수 있는 특기할 만한 보고서 하나가 2016년 5월 미국 과학학술원*에서 발표되었다. '유전공학 작물: 경험과 전망'이라는 보고서 인데 1996년 이후 발표된 GMO 관련 900여 편의 논문을 농학, 식품학, 보건학, 의학 전문가들 80여 명이 심층적으로 분석하여 GMO가 건강에 해롭다는 근거는 단 하나도 찾지 못했다고 결론을 내렸다. 오히려 이 보고서에서는 GM 작물이 생산성이 뛰어나고 환경에 도움이 된다는 근거가 되는 논문**들을 부각시키고 있다. 반 GMO 운동가들은 80여 명의 학술원 회원들이 모두 영혼을 팔아먹고 거짓 결과를 내렸다고 선동한다. 80여

---

*　미국 과학학술원은 미국에서 가장 뛰어난 과학적 발견을 한 학자들을 매년 분야별로 2~3명씩 선정하여 회원으로 받아들이는 기관이다. 언제부터인가 미국뿐만 아니라 전 세계적으로 우수한 과학자들도 회원으로 선정하고 있다. 미국 명문 대학의 기준이 그 학교에 몇 명의 학술원 회원이 있는지로 평가할 만큼 미국에서는 학술원 회원이라는 것이 과학자로서는 최고의 영예이다.

**　GM 작물이 일반 작물보다 농약은 37퍼센트 적게 사용하였고, 생산량은 22퍼센트 증가하였으며, 농부들의 수입은 68퍼센트 늘어났다는 논문 두 편을 소개한다. (*PloS One* (2014) Vol. 9, e111629; *Scientific Reports* (2018) Vol. 8, 3113). 현재까지 비슷한 결과의 논문은 계속 발표되고 있지만 언론에서는 거의 소개되지 않고 있다.

명의 저명한 과학자들이 모두 매수되어 영혼을 파는 것이 진정 가능한 일일까. 다음으로 이 분야의 전문가라 할 수는 없지만 최고의 석학이라 할 수 있는 노벨상 수상자 107명이 2016년 6월 그린피스 운동가들에게 인류에 백해무익한 반 GMO 운동을 중단하라고 공개적인 편지를 연명으로 보냈다.

『과학의 씨앗』 저자 마크 라이너스는 미국학술원에서 발간한 '지구온난화와 기후변화 보고서'는 올바른 보고로 받아들이면서 '유전공학 작물: 경험과 전망'이라는 보고서는 잘못이라고 주장하는 것은 스스로 모순된 행위라고 판단하여 입장을 180도 바꾸었다고 한다. 그리고 그간의 잘못을 반성하기 위해, 자신의 잘못된 행위를 바로잡으려는 노력의 일환으로 『과학의 씨앗』을 저술하게 되었음을 고백하고 있다.

| 반 GMO 운동의 선구 |

GM 작물은 적어도 미국에서는 1996년 마켓에서 판매되기 시작하여 4년 동안 아무런 제재를 받지 않고 소비자들에게 유통되었다. 필자도 이 시기에 미국에서 연구생활을 했으므로 꽤 많은 양의 GMO를 먹었을 것이다. 필자를 비롯해 2억 명의 미국인들이 GMO를 4년 동안 별문제 없이 먹었고 지금도 먹고 있다. 아주 사소한 일로도 소송을 즐겨하는 미국인들이 GMO를 먹어 건강에 탈이 생겼다는 소송을 한 일은 단 한 건도 없다.*
그런데 1999년 미국이 GM 농산물을 유럽에 수출하면서 그린피스의 반

---

* 최근 GM 작물 재배에 사용되는 라운드업 제초제 때문에 암이 걸렸다고 소송을 하고, 몬산토를 인수한 바이엘사로부터 보상금을 받은 사례가 있기는 하다. 이 사례는 뒤에 다시 논의하겠지만 GM 작물의 먹거리로서의 안전성과는 아무 상관 없는 농약 안전성 이슈이다.

그림 4-10 　유럽의 광우병 파동 당시 영국 농무성 장관의 소고기 시식 홍보장면. 출처: BBC News 웹
사이트

GMO 운동의 덫에 걸리게 된다. 유럽은 이미 1990년대 초반 광우병 파
동을 거치면서 먹거리로서의 안전성에 관한 한 정부의 말을 신뢰하지 못
하게 되었다. 광우병의 원인이 과학적으로 확인되기도 전에 영국과 프랑
스 등 유럽의 주요국에서는 정부가 적극적으로 나서서 '소고기를 먹는다
고 광우병에 걸리지 않는다'는 홍보를 하고 있었다. 인터넷에 검색해보면
영국의 농무성 장관이 자신의 손녀딸과 함께 소고기 버거를 먹는 홍보 장
면을 쉽게 찾을 수 있다(그림 4-10). 이 사진이 유명해진 이유는 농무성 장
관이 먹고 있는 햄버거에서 소고기 패티가 아래로 살짝 밀려 있는데 이는
자신의 손녀딸에게는 먹이면서 자신은 먹지 않으려는 정치인의 사악한
민낯을 보여주는 장면으로 해석되었기 때문이다. 어쨌든 현재의 과학 상

식으로 보면 해서는 안 되는 위험한 행위를 정부가 나서서 선동한 꼴인데 그 때문에 유럽의 대중들은 먹거리에 관해서는 누구의 말도 들으면 안 된다는 교훈을 얻었다. 이후 그린피스를 포함한 환경주의자들의 직관 혹은 '느낌적 느낌'에 의해 먹거리에 유전자가 오염되면 큰일난다는 이데올로기가 반GMO 종교처럼 형성된다.

| 반GMO 운동의 확산 |

『과학의 씨앗』을 읽어보면 초기 환경주의자들이 어떻게 반GMO 운동을 선동하였는지 잘 기술되어 있다. 신의 영역이라 생각되는 DNA 간섭이 그린피스 운동가들에게는 신성모독으로 받아들여졌고 도덕적 관점에서 이를 이해하기 시작했다. 해서는 안 되는 반도덕적 행위라고 판단한 환경주의자들은 GMO에 대한 극단적인 반대운동을 벌여나갔고 이들의 캠페인에 의해 GMO가 혐오식품이라는 인식이 대중들에게 확산되기 시작했다. 이제 GMO 식품에는 선뜻 손이 가지 않게 된 상황이다.* 유럽에서 불어닥친 프랑켄푸드라는 낙인찍기는 미국으로 역수출된다. 그간 아무도 이의를 제기하지 않아 잘 먹고 있었는데 '그거 먹으면 안 되는 거였어' 하고 미국 대중들이 불같이 화를 내기 시작했다. 더구나 최초의 GM 토마토 플레이버 세이버(Flavr Savr)가 식재료로서의 안전성에 대한 충분

---

* 직관적인 이해를 위해 TV 다큐멘터리에서 본 에피소드를 하나 소개한다. 아프리카의 어느 지역에 가면 습지가 하나 있는데, 이곳에는 엄청난 수의 파리떼가 들끓고 있다. 이 지역 주민들은 그물망으로 이 파리떼를 채집하여 집에서 맷돌로 간 다음 케이크를 만든다. 이 파리 케이크를 지역 주민들은 식량으로 사용할 뿐만 아니라 시장에 내다 팔기까지 한다. 필자도 이 장면을 보면서 혐오감을 느꼈다. 음식에 대한 혐오감은 생각해보면 밑도 끝도 없는 경우가 제법 많다. GMO에 대한 혐오도 그중 하나일 뿐이다.

한 검토 없이 일반 작물처럼 승인되었다는 사실이 폭로*되면서 불에 기름을 부은 꼴이 되었다. 이에 미국 의회에서는 GMO 식품에 대해 엄격한 제재를 가하기 시작했다.

그 결과 2020년 현재 미국 본토에서는 GM 식품의 유통 판매가 전면 금지되어 있다. 다만 GM 작물에서 뽑은 식용유나 과자 첨가물 등 가공된 식품에만 제한적으로 허용되고 있다. 단 하나의 예외가 GM 파파야이다. 파파야는 바이러스병에 의해 멸종위기 상황을 맞았는데 이때 하와이에서 병저항성을 가진 GM 파파야가 개발되었고 울며 겨자 먹기 식으로 미국에서 GM 파파야의 생산과 판매를 허용하게 된 것이다. 아예 안 먹을 건지 GM이라도 먹을 건지 강요된 선택에서 미국인들은 먹기를 선택한 것이다.** 이와 비슷한 처지에 빠진 것이 바나나이다. 현재 전 세계에는 캐번디시 바나나***가 생산 유통되고 있는데 이 바나나가 최근 곰팡이병에 걸려 빠른 속도로 멸종되고 있는 중이다. 이미 병저항성을 가진 GM 바나나가 몇 개 국가에서 개발되어 있지만 안 먹을 건지 GM이라도 먹을 건지 인류는 장고 중이다. 어쩌면 우리 세대가 바나나 맛을 기억하고 있는 마

---

*   이에 대해서는 필자가 DBR(동아 비즈니스 리뷰)에 쓴 2015년 3월자 연재물, '플레이버 세이버' 관련 글을 참조하라. https://dbr.donga.com/article/view/1203/article_no/6915/ac/search

**   이 말은 약간의 과장이 있다. 실은 현재 미국에서 판매되는 파파야의 80퍼센트가 GMO이고 하와이에서만 모든 파파야가 GMO이다. 미국에서는 완전히 멸종되기 전에 GM 파파야를 선택한 것이다.

***   바나나는 종자를 통해 번식되지 않고 가지치기에 의해 무성 번식이 되는 작물이다. 현재 전 세계에 생산되는 바나나는 사실상 유전적으로 동일한 캐번디시 클론들이다. 1950년대 이전에는 빅 마이크(Big Mike 혹은 Gros Michel) 한 종류의 바나나가 전 세계적으로 생산되었는데 1950년대 Fusarium Tropical Race 1(TR1)이라는 곰팡이병에 걸려 멸종되었다. 우리 인류는 간신히 TR1에 저항성을 가진 캐번디시 바나나를 찾아내어 빅 마이크를 대체하는 데 성공하였다. 그러나 2010년대 중반 이후 비슷한 종류의 곰팡이 Fusarium TR2에 의해 다시 멸종위기 상황에 몰리게 된 것이다. 이 곰팡이병은 바나나 줄기에 침투하여 잎이 마르고 줄기가 썩게 만든다.

지막 세대가 될지도 모르겠다.

| 한국에서는 |

반 GMO 정서의 확산 과정에 우리나라에서는 더 극적인 사건이 일어난다. 유럽이나 미국에서 반 GMO 운동이 전개되고 있는 상황에서 우리나라의 선도적 식품회사인 풀무원은 자사의 모든 제품에 국산 콩만을 사용하고 있으며 GM은 어림도 없다고 대대적인 홍보를 하고 있었다. 그런데 1999년 소비자보호원(소보원)에서 국내 생산 두부들을 조사해보니 시중 두부의 82퍼센트에 GM 콩이 섞여 들어가 있더라는 충격적인 발표를 한 것이다. 이 GMO 두부 중에는 풀무원 두부도 포함되어 있었다. 이후 무려 3년간의 긴 소송전이 풀무원과 소보원 간에 벌어진다. 이 소송에서 필자는 큰 교훈을 하나 얻었다. 사실과 진실은 다르다는 것과 법적으로는 진실은 아무런 의미가 없고 사실만 중요하다는 깨달음이었다.

GM 콩을 먹어도 문제가 없느냐는 질문. 이 질문은 진실의 영역이다. 그게 해롭지 않다면 GM 콩이 섞여 있건 말았건 그게 무슨 문제이겠나? 그러나 풀무원 두부의 GM 콩이 큰 이슈가 되었을 때 이 질문을 한 기자는 한 명도 없었다. 이 문제에 관심이 있는 사람은 일반인들뿐이었다. 필자는 그 당시 많은 주변인들에게 그 질문을 받고 또 받았다. 그러나 정작 법정에서 중요한 것은 풀무원 두부에 GM 콩이 섞여 들어갔느냐 아니냐는 사실의 문제였다. 진실의 영역, GM 콩이 해로운지 해롭지 않은지는 사실의 영역에서는 아무런 의미가 없었다. 이 지루한 소송은 3년을 끈 뒤에—소보원의 연구자가 미국 식품안전청에 검사의뢰를 해서 그 결과를 마지막 공판에서 공개하기로 된 시점에—풀무원이 소송을 취하해버리면서 끝이 났다.

이 소송은 한국에서 기막힌 사회적 역할을 수행하게 된다. GMO는 먹으면 큰일나는 식품으로 낙인이 저절로 찍힌 것이다. 그게 해롭지 않다면 풀무원이 왜 그렇게 긴 소송전을 불사했겠는가! 질 것이 뻔한 소송이었음에도.* 그렇게 한국 사회에서 GM 식품은 혐오식품이 되었다. 물론 이 과정에서 GMO 사이비 과학자들의 역할도 한몫을 했다.

| 반 GMO가 종교가 된 이유 |

필자는 반 GMO 운동이 종교라 서슴없이 말한다. 논리적 추론이나 과학적 증명이 필요 없는 믿음의 영역이기 때문이다. 이들에게는 아무리 많은 증거와 자료들을 가져다줘도 믿지 못한다. GM 작물을 미국 FDA에서 승인하기 위해 만들어진 수많은 데이터는 신뢰할 수 없는 것들일 뿐이며, GM 작물이 생산성의 증가와 친환경적 결과를 가져왔다는 논문들도 몬산토, 바이엘 등에 매수된 왜곡된 결과일 뿐이다. 왜 이렇게 되었을까?

반 GMO 종교가 형성된 가장 큰 이유를 『과학의 씨앗』에서 마크 라이너스는 GM 기술에 대한 도덕적 거부감 혹은 신성모독이라는 정서적 이유로 들고 있다. 환경운동가들에게는 인간이 DNA를 직접 건드려서 자연적인 진화 과정에 개입한다는 사실이 대단히 불경스러워 보였던 것이다. 그런 관점에서 보면 이들 반 GMO 운동가들이 최근 들어 녹색혁명 자체

---

* 풀무원처럼 큰 기업에서 PCR이라는 간단한 방법으로 GMO 여부를 판단할 수 있는 것을 모르고 끝까지 소송을 전개했다고 믿기는 어렵다. 당시 서울대 생태학 연구실에서 확인한 바에 따르면 강원도에서 생산되는 옥수수의 5~10퍼센트 정도가 GM 옥수수였다. 이는 콩 또한 GM 콩이 의도하지 않게 이미 우리 농가에 깊숙이 침투되었을 가능성을 보여준다. 아마도 풀무원은 순수한 국산콩을 재료로 사용하였을 텐데 GMO의 비의도적 혼입의 억울한 희생자였을 것이다.

를 비판하고 나서는 맥락을 이해할 수 있게 된다. 인류를 기아에서 해방시킨 녹색혁명과 그 선구자 노먼 볼로그 박사까지 비난하는 것은 결국은 인간이 신의 영역—DNA 변형—에 손을 대는 것이라 확장해서 이해하기 때문이다.

신성모독과 더불어 또 하나의 이유가 불가지론(不可知論)이라고 생각한다. 과학 분야에서는 아직 우리가 알지 못하는 영역이 있고 그 미지의 세계를 과학자들은 겸허히 받아들인다. 그 점에서는 필자도 다르지 않다. 반 GMO 운동에서 과학적 논증으로 밀리게 되면 내세우는 것이 불가지론이다. GMO가 아직은 문제를 일으키지 않았지만 긴 세월이 지난 뒤에 어떤 문제가 생길지 어떻게 장담하느냐는 주장이다. 이 부분에 대해서는 필자도 할 말이 없다. 100년 뒤, 1,000년 뒤 무슨 일이 생길지 어떻게 아느냐, 그걸 누가 장담할 수 있겠는가! 여전히 새로운 생물학적 발견들이 이루어지고 있고, 과거에는 상상도 못 했던 기작들이 보고되고 있는데 미래의 일에 대해 누가 단정 지어 말할 수 있겠는가? 이게 반대의 또 다른 이유이며 해답을 모르는 상황(不可知)에서 종교로 빠지게 되는 이유이다.

돌이켜보면 필자가 연구활동을 해왔던 지난 30여 년의 기간에만 해도 생물학 분야에서 RNA 간섭이라는 새로운 발견이 있었고, CRISPR라는 세균의 면역 기능이 새로이 밝혀졌으며, COVID-19라는 기상천외한 바이러스가 창궐하였다. 이러한 새로운 발견들이 불가지론의 바탕이 되고 있다. 그러나 과학자가 판단할 수 있는 영역 또한 존재한다. 필자는 GMO가 인간의 건강에 해롭다는 사실이 밝혀진다면 이는 엄청난 생물학적 발견이 될 것이라 생각한다. 물론 그동안 발표된 1천여 편의 GMO 관련 논문을 보면 그럴 가능성은 0에 수렴한다. GMO의 불안전성을 생물학적으로 밝혀내고자 한다면, 광우병의 원인이 단백질일 리 없다고 굳게 믿으며 숨겨진 바이러스를 찾기 위해 소와 양의 뇌를 20년째 뒤졌던 예일대 의과대학 명예교수 로라 마누엘리디스 박사의 연구*를 돌아보길 바란다. 혹은 1990년대 중반까지도 유전자의 본질이 DNA라는 증거가 없다고 학회 때마다 나타나서 주장한 노과학자의 에피소드도 좋은 교훈이 된다. 불가지론의 세계에서도 바뀌지 않을 결론은 있다.

| 식품은 과학이다** |

2012년 중국에서 히트한 영화 〈온고 1942〉를 관람할 기회가 있었다. 1942년부터 1944년까지 중국 허난성을 휩쓸었던 혹독한 대기근 상황에서 사람들이 살아남기 위해 어떤 짓까지도 할 수 있는지, 인간성이 어떻게 피폐해져가는지를 보여주는 웰메이드 영화였다. 굶주림을 모면하기 위해 자신의 아이들과 부인을 팔아 치우고, 대지주의 고고한 딸은 비스킷 하나를 얻기 위해 하인에게 몸까지도 스스럼없이 내놓는 극한 상황을 맛있게 익은 고구마를 까먹으면서 보고 있었다. 전쟁도 기아도 없는 태평성대에 살게 된 것이 얼마나 다행한 일인가!

인류가 절대적인 기아에서 해방된 것은 따져보면 아주 최근의 일이다. 1960년대 집중적으로 진행된 녹색혁명 덕에 비로소 인류는 식량 생산량이 필요량을 초과하는 풍요로운 사회를 갖게 된 것이다. 인류사적 중요성

---

*   이분은 같은 대학의 뛰어난 바이러스 학자였던 남편 마누엘리디스 교수의 유지를 이어받아 광우병의 원인인 바이러스를 찾는 연구를 2017년까지도 학부생들을 데리고 꾸준히 수행하고 있었다. 이미 학계에서는 광우병 원인 단백질 프리온의 발견 공로로 스탠리 프루시너 박사에게 노벨상(1997년)을 수여한 한참 뒤임에도 말이다.

**   이 글은 2016년 7월 27일 조선일보에 기고한 글을 전제한 것이다.

을 따지면 산업혁명보다 훨씬 더 큰 의미를 가진 혁명이다. 녹색혁명의 견인차 역할을 한 것은 농법의 개량이나 화학비료의 개발 등도 한몫했지만 무엇보다 작물의 품종 개량에 있었다. 생산성이 높고 병충해 등에 내성을 가진 품종이 개발되면서 수확량이 획기적으로 증대된 것이다. 이때 집중적으로 선발된 형질은 다수확성과 왜소증 형질이다. 이러한 형질은 자연계에 존재하던 야생 작물에서 교배를 통해 표준종에 도입되기도 했고, 아예 표준종을 인위적으로 돌연변이시켜 왜소증 형질을 만들어내기도 했다. 우리나라의 보릿고개를 넘게 해준 기특한 통일벼도 이렇게 해서 만들어진 것이다.

녹색혁명 과정에서 활용되었던 품종 개발 기술을 우리는 육종이라고 한다. 사실 전통적인 육종은 우리 인류가 1만여 년 전 농업을 시작한 이래 꾸준히 진행되어온 과정이며, 이는 자연선택에 의한 진화 과정과 다르지 않다. 육종이건 진화이건 생물의 형질이 변화하기 위해서는 유전적인 변화, 즉 DNA 상에 변화가 일어나야 하기 때문이다. 육종 과정에서의 유전적 변화가 자연스러운 것으로 받아들여졌기 때문에 녹색혁명의 주역들, 왜소증 밀, 벼, 옥수수 등이 자연스럽게 받아들여진, 실은 환대를 받은 것이다.

그런데 1990년대 이후 새로운 농생명기술이 발전하면서 특정 유전자 한둘만 도입하는 GMO 기술이 개발되었다. 과거 전통 육종에 따르면 필요한 유전자 하나를 얻기 위해 교배 과정에서 필연적으로 따라오게 되는 많은 유전자의 도입이 불가피했던 품종에는 아무런 거부감이 없던 소비자들이 한두 개의 유전자를 도입한 GM 작물은 위험할 수 있다고 꺼림칙하게 여기게 된 것이다. 그러다보니 과거 어떠한 신품종보다 더 철저한 안전성 검사, 성분 검사를 GMO 식품 승인 과정에 적용하게 되었다. 그럼에도 유럽에서 많은 식물과학의 대가들이 연명으로 서명하면서 GMO 농산물이 안전하다고 주장을 하고, 100여 명의 노벨상 수상자들이 GMO가 인간이나 동물에 해롭다는 어떠한 증거도 없으므로 GMO 반대운동을 중단해야 한다고 요청해도 막무가내인 사람들이 있다.

우리들 과학자들에게 식품은 과학이다. GMO 또한 종교적 신념이 아니라 과학적으로 인식할 필요가 있다. GMO에는 품종에 유용한 특성을 부여하는 유전자, DNA 한 조각이 들어가 있을 뿐이다. 또한 DNA 조각이 무작위로 유전체에 삽입되면서 혹여 일어나게 될 물질대사 교란을 우려하여 철저한 성분 검사를 통해 안전하다고 결론 내린 것이다. 이들은 우리 뱃속으로 들어가면 그저 핵산과 단백질이라는 영양분으로 흡수될 뿐이다. 먹거리로서의 안전성 시비를 과학적으로 보면 참으로 납득할 수 없는 주장이다.

많은 인구학자들이 동의하는 분명한 사실은 2050년엔 세계 인구가 90억 명이 넘게 될 것이라는 예측이다. 현재의 작물 생산량으로는 90억 인구를 절대로 먹여 살릴 수가 없다. 그때가 되면 전 세계가 '1942년 중국 허난성'이 될 것이며, 그 폐해는 식량안보를 확보하지 않은 나라에서부터 먼저 시작될 것이다. 식량자급률이 23퍼센트밖에 되지 않는 우리나라에서 그 끔찍한 상황을 겪고 싶지 않다. 어떻게 해야 할지 답은 명확하다. 작물 생산량을 획기적으로 늘릴 방법을 고안해야 한다. 그 해답이 GM 작물 개발을 통한 생산성 한계 극복에 있다. 식량안보 차원에서 우리는 GM 작물 개발 연구를 계속해나가야 한다.

아무리 좋은 음식이라도 부정적 인식이 박혀버리면 꺼림칙해서 기피하게 되는 것이 인간의 본능이다. 이러한 본능은 인류의 진화 과정에서 해로운 음식을 피하도록 획득된 본성이다. GMO에 대한 꺼림칙한 인식, GMO에 대한 마녀사냥식의 거부감을 우리 과학자들은 바로잡을 의무가 있다. 또한 정부도 이러한 국민의 인식을 전환시키기 위한 적극적인 노력이 필요하다. 내가 영화를 보며 맛있게 까먹은 고구마가 실은 천연의 GMO*인 것을 사람들에게 알릴 필요가 있다.

---

* 2015년 《미국국립과학원회보PNAS》 저널에는 현재 우리가 먹는 모든 고구마가 천연의 GMO라는 논문이 발표되었다. 현재 GMO를 판별하는 기준인 PCR 법을 사용하면 모든 고구마에 GM 유전자가 들어 있음을 알 수 있다. 이 유전자는 수천 년 전에 우연히 고구마가 아그로박테리아에 감염된 결과 도입된 것으로 보인다. Kyndt *et al*. (2015) The genome of cultivated sweet potato contains Agrobacterium T-DNAs with expressed genes: An example of a naturally transgenic food crop. *PNAS*. Vol. 112: 5844-5849.

6

GMO는 일반 농산물과 어떻게 다른가?

방울토마토는 일반토마토의 1/100 크기밖에 되지 않는다. 방울토마토는 GM 작물인가? 샤인머스캣은 포도알이 일반 포도에 비해 상당히 크다. 샤인머스캣은 GM 작물인가? 이 질문을 유전학자들에게 하면 '그렇다'이고 일반인에게 하면 '아니다'이다. 유전학자들 입장에서는 현존하는 모든 작물이 유전적으로 변형된(Genetically Modified) 작물인 반면 일반인들에게는 현대적 형질전환 기술에 의해 유전적으로 변형된 작물만 GMO이기 때문이다. 방울토마토는 수백 년 전에 그리스, 이스라엘 등지에서 육종에 의해 개량된 토마토*이며, 일반토마토와는 적어도 6개 이상의 유전자가 변형되어 달라진 토마토이다. 2016년 이후 선풍적인 인기를 끌며 등장한

---

* 엄밀하게 말하면 토마토는 중남미 안데스 지역에서 작물화되던 초기에는 크기가 포도알 정도로 작은 방울토마토였다. 이후 점차 토마토의 크기가 커지는 방향으로 개량되었으며 스페인이 이 지역을 정복하고 유럽으로 들여오면서 현재에 이르렀다. 방울토마토를 상품화한 국가는 근대의 이스라엘이라 생각되나 이미 독자적으로 그리스의 작은 섬에서 방울토마토가 개량되었다고 하면서 서로 원조라 다투고 있다.

샤인머스캣은 두 종의 서로 다른 포도 품종의 교배에 의해 얻은 잡종의 개발과 적절한 시기의 솎아내기, 지베렐린 처리 등의 농법 개발의 합작에 의해 생산해낸, 말하자면 육종과 농법이 빚어낸 포도 품종이다. 두 종의 교배에 의해 잡종강세 효과를 얻은 포도이므로 이 또한 기존의 포도와는 다른, 즉 유전자가 변형된 포도인 셈이다. 이 경우는 한두 개의 유전자가 아니라 수많은 유전자 조합의 결과라 할 것이다.

| 녹색혁명과 유전자 혁명 |

오랜 기간의 전통 육종을 통해 야생 식물은 조금씩 유전적으로 개량되면서 자연계 생존 능력은 떨어지지만, 농업생산성은 향상된 작물로 변해갔다. 이 과정이 자연스럽지 않다고 주장할 수 있다. 농부들의 손에 의해 인공적으로 선택되어온 것이 작물화의 역사이기 때문이다. 농업은 자연의 입장에서 생각하면 결코 자연스럽지 않다. 더구나 식물의 입장에서는 특정 방향으로 강요되어온 진화의 역사이기도 하다. 자연계 식물은 같은 환경조건에서도 발아하는 시기가 저마다 달라야 하고, 종자가 껍질에서 터져 나오는 시기도 제각각이어야 하며, 과일에는 적당한 독소도 포함되어 있어야 한다. 그 형질들이 야생에서 식물이 진화적으로 성공할 가능성을 증가시킨다. 그러나 농부는 같은 시기에 발아하는 작물, 탈곡기로 쉽게 종자를 한꺼번에 털어낼 수 있는 작물, 독소가 없는 작물들을 지속적으로 선택해왔다. 우리는 현대의 뛰어난 분자유전학적 분석을 통해 현재의 작물들에서 어떤 유전자가 선택되어왔는지, 어떤 유전자가 변형되어왔는지 잘 알고 있다. 나아가서 1960년대 녹색혁명 시기에는 인위적인 돌연변이를 일으켜 농부가 원하는 형질을 가진 품종을 손쉽게 선택하기도 했다.

녹색혁명 당시 널리 활용되었던 돌연변이 방법은 종자에 방사능을 쬐어주는 기법이었다. 주로 선택하고자 했던 돌연변이 형질은 키가 작은 난쟁이 증상이다. 가능하면 작물이 흡수한 영양분이 종자에만 축적되기를 원했기 때문이다. 이 당시 얻은 농산품 중 하나가 황금 약속 보리(Golden Promise Barley)이다(그림 3-5). 돌이켜보면 현재 GMO 반대운동을 하는 사람들 입장에서는 크게 놀랄 일이다. 현재 형질전환 기술을 이용하면 한두 개의 유전자가 식물 유전체의 특정 지역에 들어가게 되지만 녹색혁명에서 활용했던 돌연변이법을 이용하면 수많은 유전자에 돌연변이가 일어나게 되고 이 돌연변이들이 무슨 짓을 할지 알 수 없게 된다.* 현대의 기법이 훨씬 깔끔한 방식으로 유전자 변형을 유도하는 것이다. 어느 게 더 안전한 방식일까? 더구나 다음에서 설명하고자 하는 CRISPR 기법을 이용하면 정교하게 내가 원하는 바로 그 자리에만 돌연변이를 일으킬 수 있다. 이에 대해 『과학의 씨앗』을 번역한 서울대 생명과학부 조형택 교수는 "뇌수술을 할 때 사용하는 도구로 과거 녹색혁명 당시 작물 개량에 사용하였던 돌연변이법이 망치를 들고 마구잡이로 두들겨서 수술하는 것이라면 CRISPR 기법은 정교한 메스로 문제 부위만 들어내는 수술"이라 비유하였다. 농업기술은 점차 정교한 기법으로 바뀌어가고 있는데 GMO 반대운동가들은 옛날 기법을 사용하여야만 한다고 주장하고 있는 셈이다. 전통육종이건 녹색혁명이건 모두 유전자 변형을 선택하여 작물의 생산성, 혹은 품질을 향상시킨 것이다. 유전자가 변형된다는 측면에서는 본질적

---

* 실험실에서 사용하는 애기장대로 무작위 돌연변이를 시켜보면 전체 유전자 3만 개 중 대략 2,300개의 유전자에 돌연변이가 일어나게 된다. 그러나 형질전환 기법으로 유전자를 삽입하게 되면 한두 개의 유전자에만 변이가 일어나게 된다.

인 차이가 없다.

| GMO 생산 기법 |

GMO 생산 기법은 현대의 식물학 연구실에서 일상적으로 행해지는 형질전환 기술이 작물에 적용된 것이다. 작물의 형질을 원하는 방식으로 바꾸어주는 '기능 제공 유전자'와 형질전환이 된 작물을 선택할 수 있게 도와주는 역할을 하는 '항생제 저항성 유전자*'가 GM 작물에 도입된다. 이 유전자, 혹은 DNA 조각을 도입하는 방법에는 입자총 방식과 자연계에 존재하는 유전공학자, 아그로박테리아라는 미생물을 이용하는 방법이 있다. 어느 방법이건 유전자 DNA 조각을 무작위로 작물의 유전체 속에 삽입하게 된다. 이때 유전자가 유전체의 여러 군데 삽입될 수 있는데 최근에는 단 한 군데에만 유전자가 삽입된 형질전환체를 선별함으로써 GMO 반대 운동가들의 비난을 피하고 있다. GMO 반대 운동가들의 또 다른 우려는 삽입되어 들어간 DNA 조각 때문에 전체 물질대사 회로에 오작동이 일어나 알레르기 원인 물질이나 독소가 생산될 수 있다는 것이다. 이 때문에 GM 작물이 상품화될 때 미국 식품의약국(FDA)에서는 철저하게 성분 분석을 하며 기존의 농작물과 실질적으로 동등한지 여부를 따지게 되는 것이다. GM 작물을 생산하는 과정에 악마의 물질이 들어갈 수도 있는 것 아니냐고 주장하는 것은 종교의 영역이거나 불가지론의 영역에 의존하는 것이다. 과학은 이미 20세기에 생기(vital force 혹은 spirit)라는 것이 생

---

* 항생제 저항성 유전자가 도입되는 이유는 형질전환된 세포를 선발하는 것이 백사장에서 바늘 찾기만큼 확률이 낮은 일이기 때문에 형질전환되지 않은 세포를 항생제로 깔끔하게 제거해버리기 위함이다. 항생제 처리 후 살아남는 세포는 모두 형질전환된 세포이기 때문이다.

물체에 깃들어 있지 않음을 반복적으로 입증해왔다. GM 기술로 생산하나, 무작위 돌연변이 기술로 생산하나, 전통육종법으로 생산하나 작물에 유전적 변형이 이루어지는 것은 매한가지다.

| 라운드업이라는 제초제 |

GMO 논란으로 난데없이 비난의 화살을 맞은 것이 제초제 라운드업이다. '라운드업'은 1970년 잡초제거제로 몬산토에서 우연히 개발한 농약이다. 원래는 센물을 단물로 전환시키는 연수제를 개발하고자 만들었는데 제초제 효과가 뛰어난 것을 우연히 알게 되었다. 이 농약을 발견한 몬산토 연구원, 존 프란츠는 첫 번째 야외시험 결과를 보고 '유레카'를 외쳤다고 한다. 그만큼 효능이 뛰어나고 부작용이 거의 없는 제초제였던 것이다. 필자는 1970년대 논에 농약을 치다가 그 독성 때문에 농부가 입원까지 해야 했던 어린 시절의 기억이 있다. 현재는 농약이 끊임없이 개량되어 농약 살포 후 2~3주만 지나면 모두 분해되고 잔류농약이 거의 없게 되는 농약들이 이용되고 있다. 그러나 1970년대 농약의 기억을 갖고 있는 세대는 농약에 대해 심한 거부감이 있다. 반 GMO 운동가들은 GM 작물에 대한 공격이 비과학적이라는 비판을 받게 되자 GM 작물을 키울 때 사용하는 제초제 '라운드업'을 공격하기 시작했다.

라운드업은 화학명이 N-인산메틸 글리신이며 글리포세이트라는 일반 명칭을 가진 몬산토사의 농약이다. 글리포세이트는 작물이 자라면서 생산하는 방향족 아미노산(티로신, 트립토판, 페닐알라닌)을 생산하지 못하게 억제하는 화합물이다. 따라서 식물은 쌍떡잎식물이나 외떡잎식물 할 것 없이 글리포세이트를 뿌려주면 모두 죽게 된다. 우리 인간을 포함하여 대부분의 포유동물은 필수 아미노산을 스스로 생산하지 못하고 음식을 통해 흡수하기 때문에 이 제초제는 인간에게는 무해하다. 더구나 토양 속의 글리포세이트는 토양미생물에 의해 비교적 빨리 분해되기 때문에 작물을 파종하기 전에 제초제를 살포하면 잡초 없이 작물을 키울 수 있고 잔류 농약이 없는 토양을 유지할 수 있다. 이 덕분에 농부들은 라운드업이 처음 판매되던 1970~80년대에는 신이 내린 농약이라고 극찬을 했다고 한다.

그런데 GM 작물의 대부분이 라운드업 저항성 유전자를 가지고 있다는 사실을 반 GMO 운동가들이 공격 대상으로 삼기 시작했다. 농약에 대해 안 좋은 기억이 있는 세대들에게 농약의 위험성이라는 인식을 라운드업에 씌우기 시작한 것이다. 그러자 1970~80년대 신이 내린 농약이었던 라운드업이 2000년대에 들어와서 악마의 농약이 되어버렸다. 반 GMO 단체들이 라운드업이 해롭다는 주장을 반복하는 와중에 2015년 UN 산하의 연구소 중 하나인 국제암연구소(IARC, International Agency for Research on Cancer)에서 글리포세이트를 위험성이 있는 물질로 분류하였다. 이때 사용한 기준이 안전성 평가(**Hazard** Assessment)이며 이 기준에 따르면 커피는 글리포세이트보다 10배나 더 암이 걸릴 위험성이 높은 물질이다. 위험성이 과장되었다는 논란이 벌어지자 UN 연구소 4군데를 포함한 10여 군데의 국제적 연구소에서 위험성 평가(**Risk** Assessment)를 수행하여 글리포세이트는 위험성이 없는 물질이라 판정하였다. 여기서 **Hazard**는 잠재적 위험성을 말하는 것이고 **Risk**는 실제적 위험성을 의미하는 미묘한 차이가 있다. 이 때문에 커피는 안전성 평가에서는 위험한 식품이나 위험 평가에서는 무해한 식품이 된다.

어쨌건 UN 산하의 IARC에서 내린 이 결정 때문에 이후 몬산토를 합병한 바이엘사는 엄청난 소송 쟁의에 시달리게 된다. 주목할 만한 재판은 캘리포니아에서 진행된 소송으로 드웨인 존슨이라는 교사가 바이엘사를 상대로 비호지킨 림프종이라는 암이 라운드업 때문에 생긴 것이니 이를 배상하라는 것이었다. 캘리포니아 지역의 판사들이 고소인에게 우호적인 상황에서 바이엘사는 결국 100억 달러라는 배상액을 지급하는 것으로 합의하였고, 이후 수천 건의 유사한 소송에서 합의금의 액수가 점점 줄어들더니 최근에는 1,000달러 정도의 합의금으로 해결이 되고 있다고 한다. 지켜보는 입장에서는 변호사들이 쥐어틀어서 강제로 돈을 뜯어내는 것처럼 보인다. 과연 윤리적으로 옳은 일인가?

7

정교한 유전체 수술 가위 CRISPR

　21세기 대표적인 생물학적 발견 하나를 꼽으라면 대부분의 생물학자들이 주저 없이 유전자 가위 기술, CRISPR-Cas9 시스템의 발견을 꼽는다. 2010년대 중반부터 노벨상 수상 가능성 1위 후보로 손꼽혀온 프랑스 과학자 엠마뉘엘 샤르팡티에(Emmanuelle Charpentier)와 미국 과학자 제니퍼 다우드나(Jennifer A. Doudna)가 2020년 마침내 CRISPR 기능 발견의 공로로 노벨화학상을 수상하게 된다. 1987년 일본 과학자에 의해 우연히 발견된 세균 속 묘한 DNA 염기서열, 이 염기서열이 틀림없이 어떤 중요한 생물학적 기능을 가지고 있을 것이라 확신한 전 세계 여러 과학자들의 통찰력, 우여곡절 끝에 밝혀지는 세균의 후천성 면역 기작, 그리고 이를 활용한 유전자 가위 기술의 개발 과정은 한 편의 극적인 드라마이다. 현대 생물학자들이 어떻게 새로운 생명현상을 발견하게 되는지를 보여주는 좋은 사례이기도 하다. 세간에 관심이 집중되는 유전자 가위 기술, CRISPR의 과학적 발견 과정을 소개한다.*

| CRISPR 발견의 배경 |

생물학은 20세기에 들어서서야 비로소 박물학적 성격을 벗어나 물리학이나 화학과 마찬가지로 분자 수준에서 이해되기 시작했다. 1953년 왓슨과 크릭 박사에 의해 DNA 이중나선 구조가 밝혀지면서 유전자의 실체가 확인되었고, 이때부터 생물학은 전혀 다른 모습의 학문으로 진화하게 된다. 20세기에 완전히 정립된 물리학, 화학 분야와 달리 생물학은 1953년을 기점으로 생명현상을 분자 수준에서 이해하기 시작한 것이다. 이후부터 1958년에 제안된 크릭 박사의 센트럴 도그마[**]의 비밀이 빠른 속도로 밝혀지게 되었고, 1980년대 말에 이르게 되면 생물학의 중심 주제, 전사와 번역의 분자 기작이 완전히 밝혀지게 된다. 그렇다고 생물학이 완전히 정립된 것은 아니었다. 여전히 생물학 분야에서는 새로운 생명현상이 발견되어 필자와 같은 생물학자들을 놀라게 만든다. 그런 놀라운 발견의 예로 마이크로 RNA에 의한 바이러스 방어 기작, 즉 RNA 간섭[***]을 들 수 있고 또 다른 예로 지금 소개하고자 하는 세균의 후천성 면역 기작이 있다. 후천성 면역 기작이란 우리 인간과 같은 고등동물이 한 번 감염된 적이 있는 병원체에 대해 면역력을 가지는 기작을 말한다. 소아마비, 마마, 장티푸스 등의 병원체에 대한 면역반응이 좋은 예이다. 이와 유사하게 병

---

[*]   이 글은 DBR(동아 비즈니스 리뷰)에 2017년 1월 발표한 필자의 글을 다시 갈무리하여 쓴 것이다.

[**] 센트럴 도그마는 1958년 크릭 박사가 제안한 생물학의 중심 이론으로 DNA 속의 정보가 RNA 형태로 전환되어 단백질이 만들어진다는 이론이다. 유전자란 하나의 단백질을 생성하는 데 필요한 정보를 말하는데, 따라서 센트럴 도그마는 유전자 정보가 어떻게 단백질 발현으로 이어지는지를 설명하는 이론이다.

[***] RNA 간섭이란 진핵생물들이 바이러스 감염 등 외래 유전자의 침입이 있을 때 이로부터 자신의 세포를 보호하기 위한 방어 기작으로 RNA를 제거하는 기작을 말한다. RNA 간섭은 세균과 같은 원핵생물에는 없는, 진핵생물에만 나타나는 방어 기작이다.

원체에 대한 기억 능력을 세균이 가지고 있다는 사실이 최근에 밝혀진 것이다.

세균의 후천성 면역 기작, CRISPR(Clustered Regularly Interspaced Short Palindromic Repeats)는 유전자 가위 기술*로 개발되어 최근 생물학 분야에서 가장 뜨거운 연구 분야가 되었다. 1980년대 후반부터 유전자 치료를 위한 유전자 가위 기술이 몇몇 과학자 및 바이오벤처 연구진들에 의해 개발되어왔으나 크게 주목받지 못하다가, 이 분야가 CRISPR를 만나면서 미래 신기술로 일약 스타덤에 오른 것이다. CRISPR가 뭐길래 매스컴에서 그렇게 주목을 하고 있고, 벤처캐피탈들이 눈독을 들이는 걸까?

| 이게 뭐고? 생소한 염기서열의 발견 |

1987년, 특정 유전자의 염기서열을 밝혀내면 한 편의 논문이 되던, 현대 생물학자들에게는 호랑이 담배 피던 시절쯤 되는 시기에 오사카 대학의 나카타(Atsuo Nakato) 교수는 단백질 분해 효소의 유전자를 동정하여 그 염기서열을 《미생물학회지Journal of Bacteriology》에 발표하였다. 그런데 나카타 교수는 이 유전자의 끝부분에 묘하게 생긴 염기서열이 붙어 있는 것을 발견하였다. 특정 염기서열이 반복하여 연결된 구조가 이 유전자 끝부분에 붙어 있었던 것이다. 그림 4-11 (가)에서 그 구조를 볼 수 있다. 반복서열은 29개의 염기쌍으로 이루어져 있었고, 모두 5번 반복되는데 반복서열과 반복서열 사이에 정확히 32개의 염기쌍으로 이루어진 간격서

---

* 유전자 가위 기술은 'Gene Editing'에 대한 공인된 번역어이다. 언론 매체에서 유전자 편집으로 번역해 부르고 있으나 이 분야의 과학자들은 '유전자 편집'이라는 용어가 의미를 과장·왜곡하고 있다고 주장한다. 이에 미래부에서 논의한 결과 유전자 가위 기술로 용어를 정리한 바 있다.

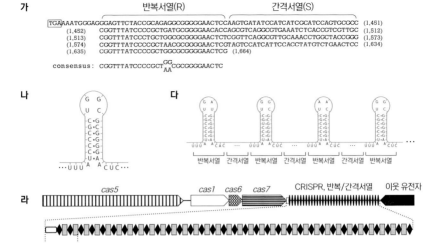

CRISPR 구조 도해. (가) 나카타 교수가 1987년 발견한 CRISPR의 특이한 반복서열 구조. 제
일 첫 3염기, TGA는 단백질 분해 효소의 종결신호이다. (나) 반복서열 단위의 머리핀 구조 사례.
RNA로 전사되면 이와 같은 2차 구조를 갖게 된다. (다) CRISPR 부위가 전사되어서 만드는 가
상적 머리핀 구조. (라) CRISPR 서열에서 수백 염기쌍 떨어진 자리에서 발견되는 CAS 유전자들
(*cas5, cas1, cas6, cas7*). CRISPR 내에 반복서열은 다이아몬드 형태, 간격서열은 사각형 형
태로 표시. 이 CRISPR의 경우 32개의 반복서열을 가지고 있다.

열(spacer)이 끼워져 있었다. 이 간격서열은 그 길이는 모두 동일하지만 저
마다 서로 다른 염기서열을 가지고 있었다. 이 염기서열이 흥미로웠던 것
은 반복서열이 특별한 2차구조를 만들어내는 회문 구조(palindrome)였던
것이다. 회문 구조란 바로 읽으나 거꾸로 읽으나 똑같은 문장이 되는 구
조를 말하는데 "소주 만 병만 주소" 같은 문장 형태이다.

　반복서열에서 나타나는 회문 구조는 정확히는 AT/GC 염기쌍 규칙에
서 나타나는 상보성의 회문 구조이다(그림 4-11 (나)). 누가 보더라도 이렇
게 특이한 형태를 가진 염기서열이라면 어떤 기능이 있을 것이라 생각하
게 된다. 나카타 교수는 그 구조가 참 특이한데 어떤 생물학적 중요성을
가지는지 모르겠다고 솔직하게 말하며 논문을 마무리하였다. CRISPR를

처음 인지한 연구논문이었다. 앞으로 이해를 위해서 반복서열(R)과 간격서열(S)을 기억해주시기 바란다.

| 생소한 염기서열 구조의 보편성 |

이후 많은 과학자들의 기억 속에서 나카타 교수가 발견한 묘한 염기서열의 존재가 지워질 무렵인 2000년, 스페인의 과학자 모히카(Francisco J. M. Mojica) 박사가 이 묘한 구조가 실은 많은 세균의 유전체* 내에 존재한다고 보고하게 된다. 그는 1995년부터 나카타 박사가 관찰한 염기서열 형태를 다른 세균에서도 발견하기 시작했고, 이후 2000년에 20여 종의 세균에서 발견된 유사한 염기서열 형태를 정리해서 논문으로 발표한 것이다. 이 논문에서 모히카 박사는 이 특이한 염기서열 구조를 규칙적인 간격으로 떨어진 짧은 반복서열이라는 의미의 SRSR(Short Regularly Spaced Repeats)이라 명명하였다. 반복서열이 일정한 간격으로 떨어져 있음을 분명히 인지한 것이다. 이때부터 본격적으로 이 특이한 염기서열 구조에 미생물학자들이 관심을 갖게 된다. 13년간 간과되어온 구조가 바야흐로 빛을 보기 시작한 것이다.

| CRISPR 용어의 제안과 완전한 구조의 발견 |

2000년대가 무르익으면서 염기서열 결정 기술은 비약적으로 발전하기 시작했다. 덕분에 염기서열 분석 가격은 급속도로 저렴해졌으며, 많

---

* 유전체는 게놈이라 소개되기도 하는데 한 생물체가 가진 유전정보의 총합을 말한다. 즉, 한 생명체가 가진 DNA 염기서열 전체를 가리킨다.

은 세균들의 유전체 염기서열이 속속 발표되기 시작했다. 그 와중에 모히카 교수가 제안한 SRSR이 꽤 흔하게 나타나는 현상임이 알려지게 되었다. 이후 2002년 네덜란드의 얀선(Ruud Jassen) 박사는 이 특별한 염기서열 구조의 특성을 분석하여 현재 알려진 이름 CRISPR(Clustered Regularly Interspaced Short Palindromic Repeats)라 부르자고 제안하였다. 그는 이 염기서열이 가진 다섯 가지 특성을 적시하였는데, 첫째, 이러한 염기서열은 진핵생물에는 없고 세균과 고세균 등의 원핵생물*에만 나타나며, 둘째, 한 종에서 발견되는 CRISPR의 반복서열은 항상 같았으며 유전체의 특정 위치에 뭉쳐서 나타났다. 그래서 'Clustered'이다. 이 반복서열은 서로 다른 종에서는 염기서열도 다르고 심지어 그 크기도 다르다. 이를테면 살모넬라(*Salmonella typhimurium*)에서는 21 염기쌍으로 이루어져 있지만 스트렙토코커스(*Streptococcus pyogenes*)에서는 37 염기쌍으로 이루어져 있다. 셋째, 반복서열 사이에 존재하는 간격서열(spacer)의 길이는 항상 일정하였다. 그래서 'Regularly Interspaced'이다. 물론 서열은 앞에서 언급한 대로 서로 다르다. 넷째, CRISPR 서열에서 수백 염기쌍 떨어진 근처에 *cas*라 불리는 단백질 암호 유전자들 몇 개가 연속해 연결되어 있다(그림 4-11 (라)). 다섯째, CRISPR 염기서열 안에는 어떤 단백질 암호 유전자도 존재하지 않는다. 이들 특성 대부분은 사실 스페인의 모히카 박사도 확인하고 있었던 구조이다.

얀선 교수의 특이한 발견은 네 번째 특성, *cas*라는 유전자의 발견에 있

---

* 모든 생물은 원핵생물 아니면 진핵생물이다. 원핵세포는 세포를 염색했을 때 핵이 보이지 않는 세포이며, 진핵세포는 동그란 형태로 짙게 염색되는 핵이 있는 세포이다. 모든 세균은 세포핵이 없는 원핵생물이고 동ㆍ식물은 진핵생물이다.

다. *CAS*는 'CRISPR associated'의 약자로 CRISPR 구조에 연결되어 있는 유전자라는 의미이다. 대개 원핵생물에서는 함께 작용하는 유전자들은 서로 연결되어 있으므로 직관적으로 *CAS* 유전자도 CRISPR와 함께 작용하는 유전자일 것으로 짐작된다. 어쨌든 CRISPR-Cas 시스템의 완전한 구조가 얀선 박사에 의해 발견된 것이다. 그렇다면 기능은 무엇일까?

| 기능을 밝히기 위한 과학자들의 통찰력 |

CRISPR-Cas 시스템의 완전한 구조를 알아내었다고 해서 이게 무엇을 하는 시스템인지 저절로 알게 되는 것은 아니다. 기능을 이해하는 가장 손쉬운 방법은 단백질의 구조가 무엇과 비슷한가를 찾아보는 것이다. 그동안 분자생물학적 연구가 꾸준히 진행되면서 많은 단백질 유전자의 염기서열이 밝혀져 있고 이들이 데이터베이스에 차곡차곡 쌓여 있다. 이 데이터베이스는 새로운 유전자를 찾았을 때 이 유전자가 이미 알려져 있는 어떤 유전자와 염기서열이 유사한지 그래서 그 유전자가 어떤 종류의 단백질을 암호화하고 있는지 추정하는 데 이용된다. CRISPR-Cas 시스템에서 *CAS*는 단백질을 암호화하는 유전자이므로 이 유전자와 유사한 염기서열을 가진 단백질 유전자를 데이터베이스에서 찾아볼 수 있다.

이러한 검색 결과 *CAS*는 헬리케이즈(helicase)라는 DNA 이중나선을 풀어내는 단백질 유전자와 *RecB*라는 DNA 분해 효소 유전자와 유사한 염기서열을 가지고 있었다. 이러한 구조적 유사성 때문에 얀선을 비롯한 몇몇 과학자들은 CRISPR-Cas가 DNA 수선을 담당하고 있지 않을까 유추하게 되었다. 말하자면 DNA 염기서열에 손상이 생겼을 때 이를 정상 염기서열로 수선하는 기능을 담당하고 있는 것이 아닌가 추측한 것이다. 이미

DNA 수선 기작은 진핵생물이나 원핵생물에서 잘 알려져 있고 이 과정에 DNA 이중나선을 풀어내고 DNA를 절단하는 등의 작업이 필요하다는 것을 잘 알고 있었기 때문이다.

또 한편 미국 국립보건원(NIH) 연구소의 쿠닌(Eugene Koonin) 박사는 생물정보학을 이용하여 제각각 염기서열이 다른 간격서열(S)이 어디서 유래했는지를 알아보고자 하였다. 즉 간격서열을 데이터베이스에 집어넣어 서열이 유사한 DNA 조각을 찾아내고자 한 것이다. 쿠닌 박사는 2006년 놀라운 사실을 발견하게 된다. 간격서열이 세균의 바이러스인 박테리오파아지 유전체의 일부 서열과 같다는 사실을 알아낸 것이다. 이러한 사실에서 유추하여 쿠닌 박사는 CRISPR가 바이러스의 침투에 대비하여 바이러스의 유전자 정보를 간격서열 형태로 가지고 있다가 바이러스가 침투하면 이를 잘라내어 없애버리는 후천성 면역 기작을 가진 게 아닐까 제안하게 된다. 이미 이때는 RNA 간섭이라는 생물학적 현상을 이해하고 있었을 때이므로 쿠닌 박사는 세균이 RNA 간섭 대신에 CRISPR-Cas 시스템을 가지고 있는 것이라 생각하였다. 진핵생물의 RNA 간섭에 작용하는 효소와 CRISPR의 *CAS*가 암호화하는 단백질은 서로 다르기 때문에 분자기작은 물론 전혀 다를 수밖에 없었다. 또한 CRISPR 시스템은 RNA 간섭에 비해 고등동물에서 작용하는 후천성 면역 현상과 개념적으로 훨씬 유사하였다.

이제까지 CRISPR의 기능에 대한 두 가지 가설을 소개하였다. DNA 수선 기작 혹은 RNA 간섭과 유사한 바이러스 방어 기작, 두 가설 중 어떤 것이 옳을까? 이 의문은 곧 풀리게 된다.

| CRISPR의 후천성 면역 기능 발견 |

유제품 가공 회사인 다니스코(DANISCO)는 독일 코펜하겐과 미국의 위스콘신 주 매디슨 두 군데에 연구소를 두고 운영하고 있다. 이 연구소의 주된 관심사는 유제품 발효에 사용되는 우수한 발효균을 유지 관리하는 것이다. 발효균이 한동안 유제품 생산을 잘해내다가 어느 순간 바이러스에 감염되면 모두 죽어버리기 때문에 기업이 엄청난 손실을 보고 있었다. 이 때문에 균주를 유지하는 일이 대단히 중요한 연구소의 업무였는데 다니스코는 쿠닌 박사의 논문에서 그 해결 가능성을 발견한 것이다. CRISPR가 세균의 후천성 면역 기작이고 간격서열이 바이러스에 대한 면역을 제공한다면 문제가 되는 바이러스의 DNA 조각을 간격서열 자리에 집어넣은 세균을 만들면 바이러스에 감염되지 않는 균주를 만들 수 있지 않을까?

매디슨의 바랑고우(Rodolphe Barrangou) 박사와 코펜하겐의 호바스(Philippe Horvath) 박사는 이 아이디어를 검증하는 실험을 훌륭하게 수행해내 2007년 《사이언스》에 논문을 발표하게 된다. 이들은 실제 도입하는 간격서열의 종류에 따라 바이러스에 대한 저항성이 결정된다는 사실을 매우 아름다운 실험으로 입증해내었다. 이로써 세균이 가진 항바이러스 방어 기작이 밝혀지게 된 것인데, 이 작용 기작은 우리 인간과 같은 고등동물이 가진 후천성 면역 기작, 즉 한 번 병원체에 감염되면 다음번 감염에서는 귀신도 모르게 병원체를 제거해버리는 면역 기작과 개념적으로 같은 현상인 것이다. CRISPR에서는 한 번 감염된 적이 있는 바이러스의 염기서열 정보를 간격서열에 집어 넣어두고 있다가 다음에 또 같은 바이러스가 침투해오면 이를 재빨리 제거해버리는 것이다. 2007년에 발표된 이들의 논문은 CRISPR의 기능을 완벽하게 증명해낸 논문으로 이들을 노벨상 수상자의 단상 끝에 다다르게 만들었다. 이제 '어떻게'라는 문제만 남았다. 즉 CRISPR-Cas 시스템이 어떻게 후천성 면역 작용을 하게 되느냐라는 의문이다.

| 혜성같이 등장한 두 여성 과학자, 기작을 풀다 |

프랑스 출신의 여성 과학자 엠마뉘엘 샤르팡티에는 우연히 CRISPR-Cas 시스템에 관심을 가지게 되었다. 어릴 적부터 의학 분야에서 인류에 공헌하고 싶다는 꿈을 가졌던 그녀는 파스퇴르 연구소에서 세균의 항생제 저항성 기작과 관련한 연구로 박사 학위를 받았다. 이후 미국으로 건너가 박사후연구원 생활을 마친 후 오스트리아의 비엔나 대학에 자리를 얻어 독립연구자로 과학계에 발을 디디게 된다. 이때까지만 해도 그녀는 특출하지는 않아서 항상 연구비에 쪼들리며 전전긍긍했다고 한다. 이런 상황에서 그녀의 눈에 들어온 것이 CRISPR-Cas 시스템이다. 아직 어떻게 작동하는지는 모르지만 세균의 후천성 면역 작용을 담당하고 있다니 도전해볼 만한 과제 아닌가! 그녀는 먼저 진핵생물의 RNA 간섭에서 작용하는 마이크로 RNA와 비슷한 RNA가 있을지도 모른다는 거의 황당한 상상을 하였다. 황당한 상상인 것이 RNA 간섭과는 분자 수준의 유사성이 거의 없었기 때문이다. 특히 이들에 작용하는 효소 단백질이 전혀 다른 단백질이었기 때문에 RNA가 매개하는 효소 활성을 상정해야 할 이유도 없었다. 아마 한 가지 유사성을 찾자면 회문 구조 서열(palindrome sequence) 정도였을 것이다.* 그나마도 CRISPR 시스템 중에는 회문 구조 서열이 없는 유형도 제법 있어서 현재의 관점에서 보면 어떻게 그런 엉뚱

한 상상을 할 수 있었을지 의아할 정도이다.

샤르팡티에 박사는 놀라울 정도로 대담하였다. 그녀는 CRISPR의 간격 서열과 유사한 서열을 가진 RNA를 찾기 위해 전체 마이크로 RNA의 염기서열을 결정하는 작업을 진행하였다. 대담해야 이 연구를 수행할 수 있었던 것이 항상 연구비에 허덕이는 연구자의 입장에서 전체 RNA 염기서열을 결정하는 작업이 너무나 많은 연구비가 소요되는 작업인 데다, 될지 안 될지 모르는 연구에 기꺼이 시간을 들여 실험해보겠다는 대학원생을 찾기도 쉽지 않았을 것이기 때문이다. 어쨌든 이 작업을 통해 그녀는 간격서열(S)과 상보적인 염기서열을 가진 crRNA(CRISPR RNA)를 찾아내었고 이어서 crRNA와 상보적인 서열을 가진 작은 RNA, tracrRNA(trans-activating crRNA)를 찾아내었다.

TracrRNA와 crRNA를 찾았으니 이들이 CAS와 함께 어떤 일을 하는지 생화학적인 기능을 밝혀낼 차례이다. 이때 샤르팡티에 교수는 운명적으로 미국 캘리포니아-버클리 대학의 제니퍼 다우드나 교수를 만나게 된다. RNA 생물학 관련 국제 학회에서 이 둘은 조우했다. 다우드나 교수는 RNA 구조 결정학 분야의 대가로서 '혜성같이 등장한'이라는 문구와는 거리가 먼, 이미 기반이 탄탄히 잡힌 과학자였다. 샤르팡티에 교수는 자신이 발견한 tracrRNA를 다우드나 교수에게 설명하고 이들이 결합한 CAS 단백질의 3차구조를 밝혀내면 '어떻게'라는 의문에 대한 해답을 얻을 수 있을 것이라 설득한다. 결국 두 사람은 의기투합하여 2012년 그 구조를 밝혀내었을 뿐만 아니라, 이를 활용하면 유전자 편집도 가능함을 알아내게

---

* RNA 간섭에서 마이크로 RNA가 만들어질 때 회문 구조가 이용된다.

된다. 2012년《사이언스》에 발표된 이 논문을 통해 세균이 가진 후천성 면역 시스템의 생화학적 기작이 밝혀졌으며 유전자 가위 기술 분야의 새 지평이 열린 것이다.

이제 CRISPR가 작용하는 방식에 대해 간단히 알아보자.* 우선 바이러 스가 세균 내에 침투해온다(바이러스뿐만 아니라 외래유전자가 침투해와도 마찬가지 작용이 일어난다). 침투한 바이러스 DNA는 일정한 길이로 잘려 서 반복서열(R) 사이에 삽입된다. 반복서열과 간격서열이 교대되어 나타 나는 CRISPR는 일종의 세균이 가진 병력(病歷)쯤 되는 셈이다. 병력이 많 아지면 많아질수록 반복서열과 간격서열의 횟수는 점점 늘어나게 된다 (그림 4-11 (라)). 이후 같은 바이러스가 침투해오면 이들은 간격서열에 의 해 쉽게 인지되고 잘려서 제거된다. CAS 단백질은 이러한 과정을 담당하 는 효소들이다.

| 유전자 가위 기술에 활용하다 |

1980년대 중반부터 진행되어온 유전자 가위 기술의 개발은 마침 2011 년에 획기적 전기를 맞고 있었다. 그동안 유전자 편집을 위해서 징크 핑 거 유전자**를 활용해왔는데, 이 기술은 특정 염기서열을 선택적으로 자 르기 위해 다양한 징크 핑거 모듈을 만들어내고 이 모듈들을 복잡한 단백 질 공학을 활용하여 연결시키는 만만치 않은 작업을 필요로 했다. 그런데

---

*   CRISPR 작용 기작에 대해서는 샤르팡티에 교수와 다우드나 교수가 행한 노벨상 수상 기념 강의에서 들
     을 수 있다. 유튜브에서 찾아 한번 들어보기를 권한다.
**   징크 핑거 유전자는 DNA에 결합하는 구조적 모듈인 징크 핑거(zinc finger)를 가진 유전자를 말한다. 하
     나의 징크 핑거는 세 염기를 인지하므로 모두 64개($4 \times 4 \times 4$)의 모듈을 가지면 원하는 염기서열을 인식
     하는 단백질을 얼마든지 만들 수 있다.

2011년에 이보다 간단한 단백질 공학을 요구하는 TALEN*이라는 기술이 개발되어 유전자 편집 분야의 과학자들을 환호하게 만들었다. 이제 징크 핑거 기술을 밀어내고 TALEN이 천하를 제패할 날이 머지않았다고 생각하고 있던 순간에 CRISPR 시스템이 등장한 것이다. CRISPR 시스템은 특정 염기서열을 인지하기 위해 복잡한 단백질 공학 기법이 필요하지 않다. CRISPR의 간격서열에서 유래한 crRNA가 특정 염기서열을 AU/GC 염기쌍 규칙에 의해 간단하게 인지하기 때문이다. 특정 염기서열을 가진 DNA, 혹은 RNA는 매우 쉽게 생산해낼 수 있기 때문에 CRISPR를 이용하면 유전자 교정이 너무나 간단해진다.

이러한 편리성을 간파한 유전자 가위 기술 분야의 과학자들은 원핵생물에서 사용되던 CRISPR 시스템을 진핵생물, 즉 인간과 농작물, 가축 등에 활용할 수 있게 빠른 속도로 개량하기 시작했다. 먼저 2012년 샤르팡티에와 다우드나 교수가 CRISPR를 활용하면 인위적 유전자 교정이 가능하다는 사실을 보였고, 이후 하버드 대학의 조지 처치(Geroge Church) 교수**와 펑 장(Feng Zhang) 박사, 그리고 서울대 김진수 교수가 CRISPR를 인간 유전체 교정에 활용할 수 있게 개량하였다. 더구나 생물학자들은 유전자 교정뿐만 아니라 유전자 발현 조절을 포함한 다양한 생물학적 활용에 CRISPR를 이용하기 시작했다. 최근에는 유전체를 교정하는 데 이 기술을 이용하여 근육질이 풍부한 돼지, 색깔이 쉬 갈변하지 않는 버섯의

---

* TALEN은 Transcription Activator Like Effector Nuclease의 약자로서 식물 병원체가 가진 침투 단백질을 개량한 시스템인데 본문 내용의 이해에 꼭 필요하지 않으므로 자세한 설명을 생략한다.
** 조지 처치 교수는 합성생물학 분야의 선구자로 최근에는 맘모스 부활 프로젝트를 진행하고 있다. 『이일하 교수의 생물학 산책』에서 괴짜 과학자인 처치 교수에 얽힌 재미있는 에피소드를 소개했다.

생산 등 가축이나 작물의 개량에 적극적으로 활용하고 있다. 2012년 이후 생물학 분야에서 CRISPR가 가장 뜨거운 이슈가 된 이유가 여기에 있다. 현재 CRISPR를 활용한 유전자 가위 기술은 샤르팡티에/다우드나, 처치/장, 김진수 교수 세 그룹이 치열하게 특허권 관련 분쟁 중*이다.

| 칭송받지 못한 영웅 |

돌이켜보면 노벨상의 업적은 많은 경우 예상치 못한 발견에서 나왔다. 그러나 몇몇 경우는 노벨상이 예약된 발견들도 있었다. CRISPR의 발견이 그중 하나가 아닐까 한다. 누가 먼저 과감히 뛰어드느냐가 중요해지는 주제 말이다. 많은 과학자들이 눈독을 들이고 이 분야에 뛰어들었고 그중 일부는 뛰어난 발견을 하였으며 노벨상 수상이라는 영광을 얻었다. 과학적 발견에 이르렀지만 영광을 얻지 못한 과학자도 있다. 북유럽 리투아니아의 빌뉴스 대학에 교수로 있는 비르기니유스 식스니스(Virginijus Šikšnys)는 샤르팡티에와 다우드나 교수의 노벨상 업적인 2012년《사이언스》논문과 거의 같은 내용의 논문을 독립적으로 2012년 4월《셀》지에 투고하였지만 게재 거부당했다. 심사도 하지 않은 채 반려된 것이다. 이후《미국국립과학원회보PNAS》9월호에 동 논문이 발표되었는데 이때는 이

---

*   CRISPR를 인간세포에서 유전자 가위로 활용할 수 있음을 보인 논문은 처치와 장 교수가 김진수 교수보다 1개월 빨리 발표했으나(각각 2013년 2월《사이언스》, 2013년 3월《네이처 바이오테크놀로지》에 발표), 이 기술을 미국 특허청에 먼저 신청한 것은 김진수 교수였다. 그러나 처치/장 교수의 인간 유전자 교정 기술이 먼저 미국 특허청에 등록되었다. 다우드나/샤르팡티에 교수는 이 기술이 CRISPR-Cas9 특허권을 침해하고 있다는 소송을 제기하였으나 미국에서는 처치/장 교수의 손을 들어주었고, 유럽에서도 비슷한 흐름이 이어지고 있다. 이 특허 분쟁의 결론은 말하자면 빨강 테니스공은 노랑 테니스공과 다르니 특허권이 인정된다는 것이다. 최근 새로이 전개되고 있는 소송에서는 김진수 교수의 우선권을 인정해 처치/장 교수에게 선 발명을 입증하라는 결정이 내려졌다고 한다. 아직 특허 분쟁의 결론이 내려지지 않았다.

미 샤르팡티에와 다우드나 교수의 논문이 빠른 처리(fast track)로 《사이언스》 저널 8월호에 발표된 이후였다.

　과학 분야에서 동시 발견은 흔하게 일어나는 일인데 불행히도 식스니스 교수는 과학계에서 그 공로를 인정받지 못하고 잊혀졌다. 최근에야 식스니스의 업적도 조명해야 한다는 목소리*가 나오고 있는데 노벨상 수상자를 결정하는 노르웨이의 카롤린스카 연구소는 끝내 식스니스 교수를 외면하였다. 국가 브랜드가 얼마나 중요한지를 보여주는 사례라 할 수도 있겠다. 노벨상 수상자가 결정되는 10월 무렵이면 국가마다 열심히 응원에 나서는 풍토를 마냥 비난하지는 않았으면 좋겠다.

| CRISPR를 이용한 농작물 |

　CRISPR를 이용하면 우리는 흔적도 없이 깔끔하게 우리가 원하는 대로 작물을 개량할 수 있다. 가장 먼저 CRISPR로 생산된 농산물은 갈변하지 않는 버섯이다. 갈변하는 데 작용하는 효소 유전자 하나를 싹둑 잘라 없애면 쉽게 얻을 수 있기 때문이다. 일본에서는 2021년 9월부터 CRISPR 기술을 적용하여 GABA(γ-aminobutyric acid, 고혈압을 낮추는 성분) 생산량을 높인 토마토를 정식 식품으로 승인받아 마켓에서 판매하고 있다. 조만간 갈변하지 않는 사과도 생산될 것이다. 앞에서 예로 든 캐번디시 바나나도 CRISPR를 이용하면 쉽게 곰팡이 저항성 바나나로 개량할 수 있다. 이들 작물을 GE(Genetically Engineered) 작물이라고 부르는데 이들은 현재

---

*　《네이처》에서 식스니스 교수의 업적과 안타까운 사연을 기사로 잘 소개하고 있다. *Nature* (2018) Vol. 558; 17-18.

미국에서는 더 이상 GMO로 분류하지 않는다. 유럽의 EU 재판정은 이들도 GMO로 불러야 한다고 판정했다. 이에 따르면 1960년대 녹색혁명 당시 개발되었던 농작물도 GMO로 불러야 하는 난처한 상황이 된다. 더구나 GE 작물은 스스로 공개하지 않으면 CRISPR로 생긴 돌연변이인지 자연발생적 돌연변이인지를 확인할 방법이 없다. 검정할 수 있는 방법이 없는데 GMO 딱지를 붙이게 되면 불필요한 비용만 낭비하게 될 것이다. 따라서 최근의 논의 과정에서 조만간 EU도 GMO라 딱지를 붙이지 않게 될 전망이다. 이에 농작물 개량에 CRISPR를 도입하려는 시도가 전 세계에서 진행되고 있다. 이것이 반 GMO 운동이라는 견고한 둑을 무너뜨리는 시발점이 될 것이라 기대한다. 우리 인류는 조만간 배고프게 될 것이니 이에 대비할 새로운 기수가 적절한 시점에 등장한 것이다.

지난 2020년, 세기에 한 번 있을까 말까 한 대역병 COVID-19가 전 세계를 강타했다. 중국 우한 지역에서 2019년 12월경에 발발한 코로나 바이러스는 시간이 지날수록 점점 확산되더니 결국 유럽과 미국을 포함한 전 세계를 공포에 몰아넣었다. 그동안 선진국이라 자부하던 미국과 유럽, 일본의 민낯을 보았고, 위기 상황에서 각국의 시민의식과 민도가 적나라하게 드러나는 것을 목도했다. 이 기간에 나는 코로나 사태가 곧 종식될 것이라는 믿음을 가지고 호주로 안식년을 떠났다. 코로나 사태가 길게 갈 것이라는 상상을 조금이라도 했더라면 아마 한국에 있었을 것이다. 돌이켜 생각해보면 그렇게 한국을 떠나 호주 애들레이드 대학에서 고강도의 사회적 거리두기를 실천한 덕분에 이 책을 펴낼 수 있었다.

애들레이드 대학의 연구실에서 도보 2~3분 거리에는 세계적 명성을 가진 애들레이드 식물원(Adelaide Botanic Garden)이 있었다. 1857년 개원한 이 식물원에는 전 세계 다양한 식물들이 섹션별로 나뉘어 자라고 있었고 호주 토종 식물들도 잘 보존되어 있었다. 또 식물원 한켠에는 살아 있는 화석이라 칭하는 울레미 소나무 한 주가 따뜻한 햇살을 받으며 자라고 있었다(그림). 이 소나무는 호주 시드니에서 120킬로미터 떨어진 뉴사우

그림 애들레이드 식물원의 울레미 소나무.

스웨일스 주 국립공원의 협곡에서 발견된 식물을 증식한 것인데, 그동안은 화석기록으로만 알려져 있었다고 한다. 말하자면 우리나라의 은행나무와 비슷한 발견 과정을 거친 식물이다. 은행나무도 서구인들에게는 화석기록으로만 존재하던 식물이었는데 중국을 방문한 유럽의 식물학자에 의해 서구세계에 소개되면서 살아 있는 화석이라 불려왔다. 산책 중에 만나는 이 울레미 소나무는 식물의 영원한 생명력을 되새기게 했다. 애들레이드 식물원 덕분에 나는 전 세계 다양한 식물들을 접할 수 있었고, 식물에 대한 이해 또한 깊어졌다. 식물원에서 보낸 시간은 식물에 대한 생물학적 이해를 돕는 이 책의 구상과 집필로 이어졌다.

책이 나오기까지 물심양면으로 도와준 여러분들에게 감사를 드린다. 특히 곁에서 원고의 새로운 꼭지가 쓰일 때마다 가장 먼저 읽고 독자로서

의견을 던져준 아내 양희에게 감사를 전한다. 비판보다는 격려를 앞세워 지치지 않고 글을 써나가게 한 것이 고래도 춤추게 하는 아내의 칭찬이 아니었을까 싶다. 또한 이 자리를 빌려 자신의 연구실 한켠을 흔쾌히 내어준 애들레이드 대학의 이안 설(Iain R. Searle) 교수, 호주의 아름다운 자연을 함께 즐겨준 호주 교포들로 구성된 조이너스 클럽 멤버들에게도 고마움을 전한다. 그들이 아니었으면 호주라는 낯선 땅에서의 생활이 마냥 행복하지는 않았을 것이다. 스트레스 제로의 일상, 그로 인한 류머티즘으로부터의 해방이 모두 조이너스 멤버들의 공헌이라 생각하면 고맙기 그지없는 동료들이었다. 이 책을 거듭 수정하는 중에 만난 제주도 환상숲곶자왈 공원의 이형철 대표님께도 감사 인사를 전하고 싶다. 대표님의 자세한 안내 덕분에 제주도의 야생 밀림에 대해 이해하게 되었고 더구나 갈등(葛藤, 칡과 등나무를 뜻함)의 어원에 관한 평생 잊지 못할 장면을 구경할 수 있었다. 바쁜 연구 시간을 쪼개어 그림을 그려준 식물발달유전학 연구실의 전명준 군과 원고를 읽고 수정해준 전명준, 경진슬, 사진자료를 찾아준 이경라 씨에게 감사드리며, 자신이 소장한 예쁜 사진들을 기꺼이 내어준 서울대 수학과 계승혁 교수님께도 깊은 감사를 드린다.

마지막으로 이 책이 나오기까지 애써주신 궁리출판 여러분들에게 감사드린다. 탈고하기까지 묵묵히 기다려준 이갑수 사장님, 설명을 쉽게 이해하도록 간단명료한 그림을 그려준 전미혜 디자이너님, 원고를 꼼꼼히 읽고 교정작업을 해준 김주희 편집자님에게도 깊은 감사를 드린다.

찾아보기

| 용어 |

이일하 교수의
식물학 산책

1판 1쇄 펴냄 2022년 5월 16일
1판 2쇄 펴냄 2024년 6월 20일

지은이 이일하

주간 김현숙 | 편집 김주희, 이나연
디자인 이현정, 전미혜
마케팅 백국현(제작), 문윤기 | 관리 오유나

펴낸곳 궁리출판 | 펴낸이 이갑수

등록 1999년 3월 29일 제300-2004-162호
주소 10881 경기도 파주시 회동길 325-12
전화 031-955-9818 | 팩스 031-955-9848
홈페이지 www.kungree.com
전자우편 kungree@kungree.com
페이스북 /kungreepress | 트위터 @kungreepress
인스타그램 /kungree_press

ⓒ 이일하, 2022.

ISBN 978-89-5820-767-2   03480